北京冬奥会延庆赛区

建设记忆（上册）

2022

《国家重大工程档案》编辑部 编著

人民交通出版社股份有限公司
China Communications Press Co.,Ltd.

图书在版编目 (CIP) 数据

北京冬奥会延庆赛区建设记忆. 上册 /《国家重大工程档案》编辑部编著 . —北京：人民交通出版社股份有限公司，2022.12

ISBN 978-7-114-18372-0

Ⅰ. ①北… Ⅱ. ①国… Ⅲ. ①冬季奥运会—体育建筑—建筑工程—概况—延庆区 Ⅳ. ① TU245.4

中国版本图书馆 CIP 数据核字 (2022) 第 237625 号

Beijing Dong'aohui Yanqing Saiqu Jianshe Jiyi (Shangce)

书　　名：北京冬奥会延庆赛区建设记忆 (上册)
著 作 者：《国家重大工程档案》编辑部
责任编辑：齐黄柏盈
责任校对：赵媛媛　魏佳宁
责任印制：刘高彤
出版发行：人民交通出版社股份有限公司
地　　址：(100011)北京市朝阳区安定门外外馆斜街3号
网　　址：http：//www.ccpcl.com.cn
销售电话：(010)59757973
总 经 销：人民交通出版社股份有限公司发行部
经　　销：各地新华书店
印　　刷：北京地大彩印有限公司
开　　本：889×1194　1/16
印　　张：18.5
字　　数：341千
版　　次：2022年12月　第1版
印　　次：2022年12月　第1次印刷
书　　号：ISBN 978-7-114-18372-0
定　　价：180.00元

卷首语

————

国际奥林匹克运动，对于世界文明的发展和人类社会的进步，具有重大意义。中国北京已于 2008 年成功举办夏季奥运会，又于 2022 年举办冬季奥运会，这使北京成为世界首座"双奥之城"，使中国成为国际奥林匹克运动至关重要的一员。从参与者到举办者，从支持者到担当者，不仅体现了中国对奥林匹克运动的贡献，也体现了中国构建人类命运共同体的民族担当；不仅展示了中国"阳光、富强、开放"的良好形象，也增强了中国走自身特色发展道路的坚定信心；不仅展示了中国工程建设的卓越实力，也将推动中国建筑行业的创新发展。

习近平总书记指出："历经 7 年艰辛努力，北京冬奥会、冬残奥会胜利举办，举国关注，举世瞩目。中国人民同各国人民一道，克服各种困难挑战，再一次共创了一场载入史册的奥运盛会，再一次共享奥林匹克的荣光。事实再次证明，中国人民有意愿、有决心为促进奥林匹克运动发展、促进世界人民团结友谊作出贡献，而且有能力、有热情继续作出新的更大的贡献！"[1]

北京冬奥会、冬残奥会是在全党全国各族人民向第二个百年奋斗目标迈进的关键时期举办的重大标志性活动。冬奥盛会取得了"坚持党的集中统一领导，坚持集中力量办大事，坚持主动防范应对各种风险挑战，坚持办赛和服务人民、促进发展相结合"的宝贵经验，创造了"胸怀大局、自信开放、迎难而上、追求卓越、共创未来"的北京冬奥精神，还为后人留下了珍贵的冬奥遗产。

北京冬奥盛会硕果累累，场馆建设是取得这些成绩的重要前提，是办好北京冬奥会、冬残奥会的重中之重。北京冬奥会场馆和基础设施建设，自 2016 年开始规划设计，2017 年开工建设，2020 年底所有新建、改造竞赛场馆和主要非竞赛场馆基本完工，2021 年全部交付使用。冬奥会场馆及其配套设施的建设，落实了"绿色、共享、开放、廉洁"的办奥理念，突出了"科技、智慧、绿色、节俭"的建筑特色，为赛会的

---

[1]参见：《在北京冬奥会、冬残奥会总结表彰大会上的讲话》，《人民日报》，2022年 4 月 9 日 02 版。

成功举办打下了坚实基础。

延庆赛区是北京 2022 年冬奥会、冬残奥会的三大赛区之一，其核心区位于北京市延庆区燕山山脉军都山以南的海陀山区域、小海陀南麓山谷地带，南临延庆盆地，邻近松山国家森林公园自然保护区。国家高山滑雪中心、国家雪车雪橇中心两大竞赛场馆，延庆冬奥村、山地新闻中心两大非竞赛场馆，以及大量配套基础设施，就建设在这里。

延庆赛区的建设是北京冬奥会场馆建设中挑战性最强的建设项目。赛区场馆及其配套设施全部为新建，工程建设面临四大挑战：一是场馆设计、建设、运行方面的"零经验"；二是高山、深谷、密林环境所带来的规划、建设、运行的"高难度"；三是高标准赛事、体育与文化融合和向世界展现中国文化的窗口的"高要求"；四是对生态敏感地区的环境保护和经济不发达地区的可持续发展所必须做出的"综合考量"。但延庆赛区一直在攻坚克难中前行，工程建设者们赢得了挑战。

面对"零经验"和"高难度"，建设者们采取中外融合工作方式，发挥中方单位熟悉国内情况、各专业力量充足、工作效率高的特点，与国外相关领域权威高度协同开展工作，因地制宜提出创新性解决方案，对各种特殊建造难点进行重点突破，使小海陀这片在建设之初还无水、无电、无路、无通信信号的"四无"山区，崛起了一座崭新的冬奥之城，为北京 2022 年冬奥会的成功举办提供了坚实保障。

面对"高要求"和"综合考量"，建设者们主动作为，把国际组织的需求与中国自身的条件及发展需要结合起来，把办一届"精彩、非凡、卓越"的赛会的目标与延庆赛区可持续发展的长期目标统筹起来，坚持自我，勇于创新，使得延庆赛区不仅出色地完成了比赛任务，也为世界提供了一份举世瞩目的"精彩、非凡、卓越"的建筑记忆。

正如习近平总书记所指出："冬奥遗产成果丰硕，实现成功办奥和区域发展双丰收。北京冬奥会、冬残奥会筹办举办对国家发展特别是京津冀协同发展具有强有力的牵引作用。我们把冬奥筹办举办作为推动京津冀协同发展的重要抓手，区域交通更加便捷，生态环境明显改善，产业联动更加紧密，公共服务更加均衡。"①

---

① 参见：《在北京冬奥会、冬残奥会总结表彰大会上的讲话》，《人民日报》，2022 年 4 月 9 日 02 版。

延庆赛区的场馆设施建设，不仅留下了"雪飞燕"（国家高山滑雪中心）、"雪游龙"（国家雪车雪橇中心）等造福人民的优质资产，还造就了一方绿水青山和旅游胜地。建设者们围绕"山林场馆、生态冬奥"理念，从规划设计到工程建设，从建筑设计、景观设计、赛道设计的联合创新，到项目建设、生态环保、可持续利用的科技攻关，都在办好赛会的前提下，最大限度地注重奥运遗产的长期良性利用、运营和可持续发展，最大程度地减少工程建设对既有自然环境的扰动，使建筑景观与自然有机结合。现在，延庆赛区建成了国际一流的、具有里程碑意义的国家高山滑雪中心、国家雪车雪橇中心，建成了国家级雪上训练基地，建成了集山地冰雪运动、休闲旅游、冬奥主题公园为一体的服务空间；成为体现绿色、生态、可持续发展理念的工程典范，是北京2022年冬奥会、冬残奥会的重要遗产。

为创造历史的人们记录历史，让历史告诉未来。北京冬奥会延庆赛区的冬奥场馆设施建设，是中国建筑史上崭新的篇章。本书对北京2022年冬奥会及冬残奥会延庆赛区的国家高山滑雪中心、国家雪车雪橇中心两大比赛场馆，延庆冬奥村、山地新闻中心两大非竞赛场馆，以及大量配套基础设施的建设，从规划、勘测、设计，到施工、运营及赛后利用的全过程，进行全面、系统的记录；对建设过程中的党建引领、科技创新和生态修复与环境保护，做史料性、经验性的记述；对工程建设中的亮点、重点、难点及在攻坚克难中创造的文化、科技成果和优秀建设团队及个人，予以客观、真实的反映，以期为北京冬奥工程建设留下一份珍贵的记忆，为中国建筑史留下一个全新的篇章，为冬奥工程的建设者和延庆的经济社会发展提供一种独特的价值。

《国家重大工程档案》编辑部
《北京冬奥会延庆赛区建设记忆》编审委员会
《北京冬奥会延庆赛区建设记忆》编辑委员会

序

遵循以习近平同志为核心的党中央着眼我国改革开放和现代化建设全局作出的重大决策，中国奥委会于 2013 年 11 月 3 日正式致函国际奥委会，提名北京市为 2022 年第 24 届冬奥会的申办城市。2015 年 7 月 31 日，在马来西亚首都吉隆坡举行的第 128 届国际奥委会全体会议上，北京如愿获得举办权。

2015 年 12 月 15 日，北京 2022 年冬奥会和冬残奥会组织委员会（简称"北京冬奥组委"）成立。北京控股集团有限公司（简称"北控集团"）成为延庆赛区的主建设方，在北京冬奥组委领导下，在北京市委市政府、市重大项目办、延庆区组织下，负责延庆赛区的场馆建设、运营和赛后利用。这是北控集团担当国家使命、迎接时代挑战、发挥企业能力、走上国际奥运建设第一阵营的重大契机。我们北控人胸怀祖国、放眼世界、勇挑重担、不辱使命，创造了"雪飞燕""雪游龙"等中国建筑史和国际奥运史上的杰作，向世界展示了中国能力，实践了中国方案，彰显了中国精神。

奥运场馆建设是北京冬奥的重中之重，而延庆赛区则是北京冬奥场馆建设中的难中之难。延庆赛区的所有场馆及其配套基础设施，全部为新建，其建设周期最短、施工难度最大、设计标准最高、质量要求最严、现场参建队伍最多。因此，北控集团自领受延庆赛区建设任务伊始，就秉承"让北京为北控而骄傲，让世界为北京而骄傲"的宗旨，从工程进度、安全质量、环保科技、赛事服务等各个方面，举全集团之力，人人全身心投入，从零开始，一往无前。

在延庆赛区建设开局之始，我们北控人就到往届冬奥会场馆开展实地学习考察，请国际专家来项目上进行交流指导，为圆满完成场馆建设任务奠定了基础。在建设过程中，面对雪道设计与地形实况存在巨大矛盾的工程挑战，我们根据实际情况，多方协作，调整设计，提出中国方案，在山脊、谷底间筑起了面积达 25.15 万平方米的 4 条冬奥竞赛雪道，在保证设计目的能够达到的同时，既降低了建设成本，又缩短了工期，使"高山滑雪"项目这颗"冬奥会皇冠上的明珠"在延庆大放异彩；面对建设难度极大的双曲面雪车雪橇赛道的毫米级精度要求，我们基于国内相关产业的技术优势，应用包括高精度 BIM 在内的系列先进技术，对传统的夹具范式和制造工艺进行了改进，大幅提高了制造效率和赛道骨架安装的精度保障，建成了被国际雪车联合会主席伊沃·费里亚尼所称赞的"近几年全球新建赛道里最好的一条"的雪车雪橇赛道；面对历史上首次雪车雪橇赛道位于山体南坡带来的阳光照射威胁赛道冰面安全、增大能耗的课题，我们开创性地构建了赛道遮阳棚、遮阳帘与"人工地形"结合形成的"地形气候保护系统"，确保了北京 2022 年冬奥会赛事的高质量进行。针对冬奥村设计，我们力求做到与众不同且体现中国特色。由此，与以往奥运村常见的"高楼大厦"形成鲜明对比，延庆冬奥村呈现出的是一个美轮美奂的"冬奥山村"。冬奥村的建筑体现的是中国北方山村模式，"村落"依山形地势而建，秉承中国传统的山水文化，半开放的院落中，原有的树木成为主角，让建筑掩映于山水林木之中。

各国专家和冬奥会官员们，在与我们共同工作的日日夜夜里，见证了中国建设者如何执着地追求更好的方案，如何改造运输设备、调集各种力量，在没有供水、供电、道路和通信信号的大山里创造施工条件，如何从无到有地创制标准规范，用忘我的奋斗，用聪明才智，坚定不移地、充满必胜信念地前进，创造出惊艳世界的杰出成就。

来到北京冬奥会延庆赛区的各国运动员、教练员们，看到了山林掩映中的场馆、公路绕行保护的珍稀植物，看到了我们不辞繁难的生态修复工作所达成的与自然和谐共存的环境，见证了中国人践行"绿水青山就是金山银山"理念的最新成果，见证了我们启动预案，集体动员，保障道路畅通、赛道安全的使命感和行动力。

北京冬奥会的成功举办，说明我们已经跻身于以往为欧洲、北美国家和日本等国所占据的、更高精度的建设领域，在高山滑雪、雪车雪橇这些中国人以前从未涉及的冬奥基础设施建设之中，北控集团代表中国，给出了完美的答案。而且，我们还以独特的创见，为世界奥运建筑的建设提供了新思路、积累了新经验，扩展了未来其他冬季运动国际赛事相关建设的解决方案库，乃至为更广阔的建筑设计领域增添了又一项可资借鉴的中国方案。

北京冬奥会的成功举办，不仅让世界见证了中国能力、中国方案和中国对国际奥林匹克运动的卓越贡献，还让全世界人民看见了新时代的中国景象、中国精神和中国人民在中国共产党的领导下砥砺前行的强大力量。

随着北京冬奥会的完美落幕，一份早已绘就的、对于冬奥遗产可持续利用的蓝图，已经展开在我们面前。延庆赛区的赛前建设和赛时运营，留下了一份丰厚且富足的奥运遗产，不仅包括建筑物的物质遗产，还有包括重大国际赛事举办经验、奥林匹克精神薪火传承在内的精神遗产。为充分利用好奥运遗产，实现全民共享冬奥成果，2022年5月1日，延庆奥林匹克园区正式对外营业，"最美冬奥城"第一时间呈现于世人面前。我们还将大力推进冰雪产业的可持续发展，更多的惊喜与精彩值得期待。

"更快、更高、更强、更团结"的格言，在北京冬奥会上，闪耀着奥林匹克运动的光辉，这也是我们北控集团参与冬奥建设运营的生动写照；北京冬奥会"一起向未来"的主题口号，表现了人类社会的愿望，这也是我们北控人勇毅前行的心声；《北京冬奥会延庆赛区建设记忆》忠实、全面、客观地记录了建设者砥砺奋进的足迹，这里面有我们的智慧、汗水和生命中光辉的岁月。

时间可以作证，在延庆赛区留下的像"雪飞燕""雪游龙"等气势磅礴、足以载入史册的绝美建筑，以及如诗画般铺陈于山林间的延庆冬奥村，将作为我们北控集团永攀高峰的里程碑，矗立在中华民族伟大复兴的征途上！

共筑中国梦，一起向未来。

北京控股集团有限公司党委书记、董事长

将中国梦与奥运精神织进项目经纬
——记北京冬奥会延庆赛区建设运行项目管理工作

机会永远只属于敢于胜利、勇于拼搏者，对于走在伟大复兴征程上的中华民族来说是如此，对于北京 2022 年冬奥会、冬残奥会延庆赛区建设运行项目的业主单位——北京控股集团有限公司（简称"北控集团"）来说同样如此。

在 2022 年冬奥会的申办阶段，北控集团即作为延庆赛区业主的意向单位之一，名列中国向国际奥委会提交的申办文件之中。对于这样一份当时只是有可能落在自己肩上的特殊使命，北控集团认为自身作为拥有成功接待 APEC 峰会的北京雁栖湖国际会展中心，以及北京城市副中心建设等重大项目管理经验和相应人才储备的主办城市本地龙头企业，有责任贡献力量。于是，马上开始将自身带入到项目业主的角色中去，以主人翁的心态全力开展项目管理的准备工作：派出先遣队调查项目所在区域建设条件，协助中国奥委会进行储雪等技术试验，积极建立对项目情况的认识；遣员赴外国的冬奥会场馆，特别是当时正在建设中的韩国平昌冬奥会的场馆进行调研；邀请相关国际组织的专家进行技术交流……

最终，北控集团凭着对项目的透彻理解和技术上的准备，顺利当选为北京 2022 年冬奥会延庆赛区建设运营的业主单位；随即安排北京北控置业有限责任公司（2017 年 10 月更名为北京北控置业集团有限公司，简称"北控置业集团"）调集原 APEC 峰会相关项目的骨干力量组建北京北控京奥建设有限公司（简称"北控京奥公司"），作为延庆赛区建设运营项目 A 部分，即国家高山滑雪中心、国家雪车雪橇中心两个竞赛场馆及配套设施项目的建设单位。同时，安排北控置业集团作为政府出资人代表，与社会资本方共同出资成立了北京国家高山滑雪有限公司，作为项目 B 部分，即延庆冬奥村、山地新闻中心建设及延庆赛区赛后改造运营项目的建设单位。

这个飞峙于北京市第二高峰，翻腾于云层上下的项目，终于迎来了它的管理者。可这样一个对中国而言是前所未有的项目，该如何管理呢？项目位于原始山林之中，工程建设所需的水、电和通信信号都没有，甚至道路也没有，不要说机械设备、建筑材料运不上去，一些陡峭处连人爬上去都费劲；新冠肺炎疫情之下，国际奥委会专家无法来华，对项目的定期检查只能通过互联网进行，不仅中外团队的时差难以协调，不同工作机制的对接更是平添难度；工期极为紧张，品质要求超高，但不能放松对绿色办奥、节俭办奥的追求……

这样一个项目，该怎么管？

牵手全球参建单位的"千根线"

从 2017 年建设开始的第一天起，北京 2022 年冬奥会延庆赛区就预先"欠下"了几百天的工期。项目所在的山区，每年 11 月即开始进入严寒期，最低温度可达 –30℃，阵风可达 11 级，直到来年 5 月才真正化冻，严重影响施工；6 月开始又进入汛期，直到 9 月才出汛，一年里真正适合施工的时间剩不下多少，看似距离冬奥会开幕还有四五年，实际可用工期却要短得多。

如此紧张的工期，每一天都不能浪费。因此从施工伊始，第一件事即是限期一个月抢通从海拔 800 米处到海拔 1500 米处的施工道路，确保施工周期在理想施工季节到来的一天同步启动，到 2021 年底完成数万平方米临时设施的搭建，项目全程始终处在白热化的"战斗"状态。在此期间，各种环境恶劣、工期紧张、规范空白带来的超出设计、施工单一环节范畴和参建单位各自能力之外的困难，都需要通过项目的管理来协调赛区内外部关系，解决各种问题；国际奥委会、各相关国际单项体育组织、外方设计单位和供应商与延庆赛区的距离跨越整个地球，中外各方工作流程、技术标准差异甚大，时差大到昼夜颠倒，更需要通过项目的管理加以梳理、实现对接；大量烦琐、艰深的技术攻关，也需要通过项目的管理，整合各相关单位的力量形成合力，多方调集资源提供助力。

从海拔 1500 米的施工点到海拔 2200 米的施工点，山势越发陡峭，项目前期人员攀爬竟需要三四个小时才能抵达，项目管理工作穷尽了一切办法解决建筑材料上送的问题，包括调动骡马（以每匹不能超过 100 千克的运力"蚂蚁搬家"）、改装六轮驱动的运输车辆，乃至进行直升机吊装；面对风险很大的直升机山地作业没有规范可循的局面，项目管理工作既要向上级主管单位和相关领域主管部门负责，又要解决外聘飞行员的问题，对现场地形气象条件、起吊规程、卸载指挥调度的把控更是容不下丝毫疏忽，必须落实到整套的保障措施和专门的团队中，以至于吊运阶段结束后，北控置业集团总经理、北控京奥公司董事长兼总支书记李书平成了半个直升机专家，对国内可以触及的米-26、卡-32、米-171等机型如数家珍。

而针对赛区所在地电力基础设施薄弱、无法按时供电的问题，北京国家高山滑雪有限公司加强各业务统筹协调，优化审核流程，编制完成柴油发电机使用方案，满足了施工启动过程中的用电需求，保障了用电安全。为了降低用电成本，积极与管廊建设方面沟通协调，借用施工用电，为施工有序开展和加速推进创造了先决条件。

国家雪车雪橇中心赛道的设计单位——德国戴勒公司给出的设计周期，与依据2019年冬进行雪车雪橇测试赛的规划倒排出的抢工期的需求形成了矛盾，以至于到2018年8月，施工单位得到的图纸仍然寥寥可数。为此，经过北京冬奥组委的协调，确定了依照进度相对较快、国内设计单位出具的国家雪车雪橇中心地下基础部分的图纸提前开工，待外方图纸到位后再进行深化的安排，由此形成了让图纸进度追赶施工进度，从而确保了建设进度的"神奇"局面。

国家雪车雪橇中心空间双曲面赛道施工所必须的喷射混凝土施工相关材料、工艺等整套技术，是国内未曾涉足的。项目管理部门基于施工单位的研发成果，请来美国喷射混凝土领域权威专家和行业组织的会长进行现场指导，并手把手地传授混凝土喷射的施工方法，成功推进了相关课题的研究。

从帮助参建单位扫清各种障碍，到协调各参建单位之间的关系，各种形式的项目管理工作在建设进程中无处不在、无时不有，宛如一根根细腻且坚韧的丝线，将各方力量、各种要素和谐、紧密地编织在一起，一点一点将赛区恢宏的图景变为现实。

卓越追求指向的"一个点"

尽管带来的压力如此之大，工期对于延庆赛区建设项目而言却不是唯一重要的。"安全、进度、品质等等要素达到一个平衡的点，才能成就一个成功的项目。"李书平说，"项目管理工作就是要求得出各个要素之间的最优解，主导各参建单位向着这个最优解无限靠近。"

建筑品质的价值通过人的体验得到兑现，除了设计中的艺术理念和文化内涵外，也渗透在方方面面的建造细节之中。如何通过延庆赛区的建造品质展现中国人对美好生活的理解和向往的愿望，并将其转化为建

设工作中的具体指标？项目管理工作的抓手，就是在满足雪车雪橇赛道毫米级精度、几十千米长制冷管道制冰均匀等国际奥委会和各国际单项体育组织苛刻的体育建筑技术要求的基础上，按照鲁班奖、詹天佑奖、竣工长城杯、结构长城杯的标准，对建设过程进行约束。

山地施工的空间极为局促，不同专业、不同单位间的交叉是家常便饭，确保安全的项目管理工作和确保工期一样不容丝毫妥协。赛区面积广大，又紧邻自然保护区，施工过程中的山林消防安全挑战巨大。项目管理工作采取了广设 10 立方米容量的大水罐，并为之加装太阳能和风能加热装置进行防冻的方式，配合覆盖整个赛区的红外线监控，以求杜绝火灾隐患。

不仅如此，项目管理工作还肩负着将习近平总书记叮嘱的节俭特色和绿色办奥的理念贯彻落实的责任。

建设项目落实成本控制的大头在规划设计阶段。为此，针对国家高山滑雪中心、国家雪车雪橇中心这样中国前所未有的特殊建筑，项目管理工作须在充分吃透、尊重其设计方案背后的设计精神和客观需要的基础上，根据项目实际情况，找到降低成本的空间，并取得外方设计单位的支持和配合。

作为这一领域的初学者，谈何容易？

国家高山滑雪中心的外方设计团队给出竞速雪道的图纸时，中方感受到了巨大的压力：照此设计施工，将需要沿着山势对山脊进行巨量的挖方。外方设计的初衷是塑造出充满挑战、能够让世界顶尖运动员充分发挥竞技水平的坡度和赛道曲线，但现场陡峭的地形、恶劣的施工条件，使得巨大的挖方量将带来工期无法保证的严重风险和巨大的成本。项目管理工作要如何才能在竞赛需要与保证工期和坚持节俭原则的矛盾之间，找到一个"最优解"？

唯有一寸一寸地研究图纸所欲实现的竞赛效果，结合对现场地形的深度调查，找到既能实现设计所欲达到的目的，又能节省工程量的方法。辛苦扎实的工作之下，中方提出将雪道整体抬升 2~3 米的调整设计的设想，赢得了外方设计团队的重视。设计人员专门乘飞机飞过半个地球，来到延庆赛区实地考察中方设想的可行性，并最终同意。只此一举，成功节省了 20 万立方米土石方所需耗费的工期和成本。

设施设备选型的工作也是一样。国际奥委会和国际单项体育组织在专业化程度很高的冬季运动相关特种设备的采购上有其惯例。而北京

2022 年冬奥会延庆赛区的项目管理工作要践行节俭办奥原则和严格规范招采手续，便不可避免地要面临与国际奥委会相关管理矩阵磨合的问题。唯有吃透赛事需求、供应商的产品特色和技术指标，乃至全球市场的状况，才能实现与国际奥委会和国际单项体育组织管理工作的顺畅对接。

环保理念，尤其是生态环境保护理念的落实，同样不可避免地给各参建单位"出难题"。无论是冬奥村施工全过程中绕开原地保护的 127 棵珍稀树木，跟进每一株异地保护苗木的迁移、回植过程和养护情况，还是在坡度超过 40°的崖壁上剥离、回填表土，进行生态修复，都会极大地增加项目的复杂程度，给工期带来挑战。项目管理工作组首先提高站位、自我加码，基于专业团队对赛区所在地域生态环境的本底调查，结合项目建设的具体情况，与北京冬奥组委一道提出了包含 55 条内容的生态环境保护措施矩阵。而后，一方面成立环保及可持续发展工作组，并要求各施工单位、监理单位专设领导及工作人员负责相关工作，派出技术人员参与相关课题的研究，确保了生态环境保护矩阵中的每一项任务都分解到对应参建单位的具体工作中去。另一方面，聘请第三方环保管家，并且积极拥抱舆论监督，高度重视并为曾经参与制定生态保护矩阵的北京林业大学张志翔教授及其团队每月攀登赛区山岭、查看生态保护工作状况并出具调查报告的志愿行动提供方便，使包括项目管理者自身在内的所有参建方的生态保护措施落实情况得到有效监督。

从充分考虑节俭办奥和赛时、赛后赛区运营工作的品质与效率，向中外设计团队提要求，到坚决守好安全关、环保关，给施工、监理单位"出难题"，如果将一个项目的建设过程视为一个人的成长历程，这样的项目管理工作便正是一个人追求卓越的具象化体现。而北京 2022 年冬奥会延庆赛区项目管理工作在如此追求卓越的志愿之下，梳理、组织、激励相关的各方力量、各种要素向着项目建设"最优解"抵近的效果，已经在冬奥会、冬残奥会期间来自世界各地的运动员、教练员、竞赛官员的交口称赞中，得到了最好的证明。

将奥运精神灌注进项目经纬的"一根针"

2022 年 2 月 11 日，气象服务部门预报，延庆赛区将迎来一场持续时间长、气温下降幅度大、能见度低的降雪。由延庆冬奥村通至国家高山滑雪中心集散广场及两个结束区 7.6 千米长的赛区 2 号路，平均坡度达 8%，一旦被冰雪覆盖，将给行车安全带来巨大的安全隐患，很可能会干扰冬奥会的赛程。同时，大雪也会给冬奥村中运动员、教练员、赛会官员的生活带来不便。

顶着大雪保证道路通畅，这是一场没有取巧方案、只能正面迎击的战斗，需要顽强的"战士"，需要高效的组织。

在冬奥村，"战士"们提前一天到达预定"战位"，在大雪如期而至后连续奋战 25 个小时，保证了严寒供电、供热的安全和稳定，"村民"出行不受天气影响；在弯曲盘旋的山路上，众多不同专业领域、分工条线的项目管理人员、服务人员与保洁团队并肩作战，轮班上阵，昼夜不息，实现了对赛事"随下随清，雪停路净"的承诺。

"战士"们何以能释放出如此大的能量，"战斗"何以能实现如此有效的组织？

延庆赛区的建设和冬奥会、冬残奥会期间的运行保障是一场漫长的战役，有些环节需要积极主动地挑战智慧的极限，有些领域需要数年如一日地专注和勤奋，有些时候需要集中迸发的斗志和热情，而所有这些都需要精神力量的引领和支撑才能实现。北控京奥公司党总支在北控集团党委和北控置业集团党委的领导下，联合各参建单位组建了北京 2022 年冬奥会和冬残奥会延庆赛区核心区联合党委。正是在联合党委指引下，项目管理工作才能将勇于挑战、追求卓越、团结一心的精神力量调动起来，灌注到赛区建设和运行保障的点点滴滴之中。

在前期建设阶段，联合党委的执行副书记轮值机制成功促进了参建各方集思广益、相互借鉴。各单位根据轮值当时项目上遇到的技术、工艺、管理难题，组织考察自家典型项目，分享经验、心得，帮助其他单位获得启发、拓宽思路。同时，各单位针对赛区地处山区，建设者进出不易，与外界隔绝的时间长、程度深、生活单调的状况，请来专业人员提供理发、心理疏导等服务；组织球赛丰富建设者的生活；逢年过节争取到电信运营商向坚守岗位的建设者赠送网络流量，方便建设者与家人通过网络视频连线……各种关心建设者生活的举措，也通过轮值机制在整个赛区得到推广，对于保证整个赛区始终拥有旺盛的士气发挥了重要的作用。这一机制得到了中宣部的高度评价，联合党委也荣获北京市委宣传部、首都文明办组织评选的"2021 北京榜样"年度特别奖。

在场馆及运行保障机制的测试方面，项目管理工作因新冠肺炎疫情的影响面临巨大挑战。本应由国际奥委会专家定期来到延庆赛区，针对施工技术标准和进度进行的"飞行检查"，不得不让位于赛区乃至国家防疫的需要，改为线上进行。昼夜颠倒的时差同时增加了中方团队和外方专家的工作强度，很多中方人员不得不时常处于晚间与外方专家开会，次日继续在项目上指导工作的连轴转状态。同时，通过网络视频而非外方专家亲至现场的方式进行检查，以及在不能当面交流的情况下进行中方项目管理工作与国际奥委会工程进度管理矩阵的对接，沟通成本也大幅提高。

到了 2021 年底，进行世界杯级测试赛时，项目管理工作的强度更是达到了空前的程度。由于防疫的需要，整个测试赛与未来的冬奥会一样，处在与社会隔绝的闭环管理状态之下，这使得人员、物资进出的管理面临双重压力：疫情传播将给赛区建设乃至冬奥会举办带来无法估量的严重风险，因此防疫管理不能有丝毫松懈；但与此同时，国际单项体育组织技术代表根据运动员表现和反馈，乃至实况转播情况，针对场馆细节提出的全部，甚至是反复多次的调整要求，都必须在测试赛期间落实并立即检验其效果。仅运动员自雪车雪橇赛道出发区 1 起跑时，出发区 2、出发区 3 所需的挡板，就进行了 5 轮修改。而该挡板长约 14 米，重达几百千克。对其进行的修改需要使用卷扬机等大型设备，必须连夜完成，以便次日再次进行测试，还需要从赛区外调入专业技术人员。最终，该项修改是由河北省的技术工人穿着防护服进入赛区施工完成的。

为期 50 天的测试赛，项目管理部门的工作是在两班倒，24 小时不停，白天服务比赛，晚间服务中国国家队训练，间隙落实修改要求中度过的，没有坚韧的毅力和极大的耐心，这些专业细致的工作难以完成。

北京 2022 年冬奥会和冬残奥会延庆赛区这个"北京市海拔最高的联合党委"，带给建设者的精神力量，同样攀上了高峰。

也正是在这样的精神力量引领下，北京国家高山滑雪有限公司赛时保障团队积极主动地超前规划，组织各相关单位制定了全面、详细的预案，包括对除雪工具进行超出保洁团队人数的储备，为进行更大范围动员、应对极端天气做足了准备。并在赛时实现了雪情出现时一声召唤，全体响应，不分团队，不分职务，团结一心，勇往直前，像运动员在冬奥会、冬残奥会赛场上的拼搏一样，成为更快、更高、更强、更团结的奥林匹克格言最好的写照。

在被灯光映照得闪亮的漫天雪花中，无数劳动者在层层叠叠的山路上奋进的火热场景，深深刻进了李书平的心中。挺着快到预产期的肚子往来于赛区山路上的经历，永远留在了工程师王珺的心中。腰系安全绳，用肩膀扛起一棵棵树木，攀上陡坡，完成北京 2022 年冬奥会延庆赛区生态修复的经历；在不容转身的狭窄空间里一寸寸打下人工挖孔桩，建成北京 2022 年冬奥会延庆赛区的"雪飞燕"和"雪游龙"的经历……都将成为参与北京 2022 年冬奥会、冬残奥会延庆赛区建设运行项目的劳动者们永恒的回忆。而无数劳动者被项目管理工作的"千根线"牵着，由灌注了中国梦与奥运精神的"一根针"指引着，绣出一个又一个和谐美好的"点"，最终成就一幅杰出画卷的历程，也必将成为全体中国人民的时代记忆。

因为它正是中华民族伟大复兴进程的又一写照，也正是新冠肺炎疫情挑战下全球人民共同构建人类命运共同体的生动诠释。

竞速雪道

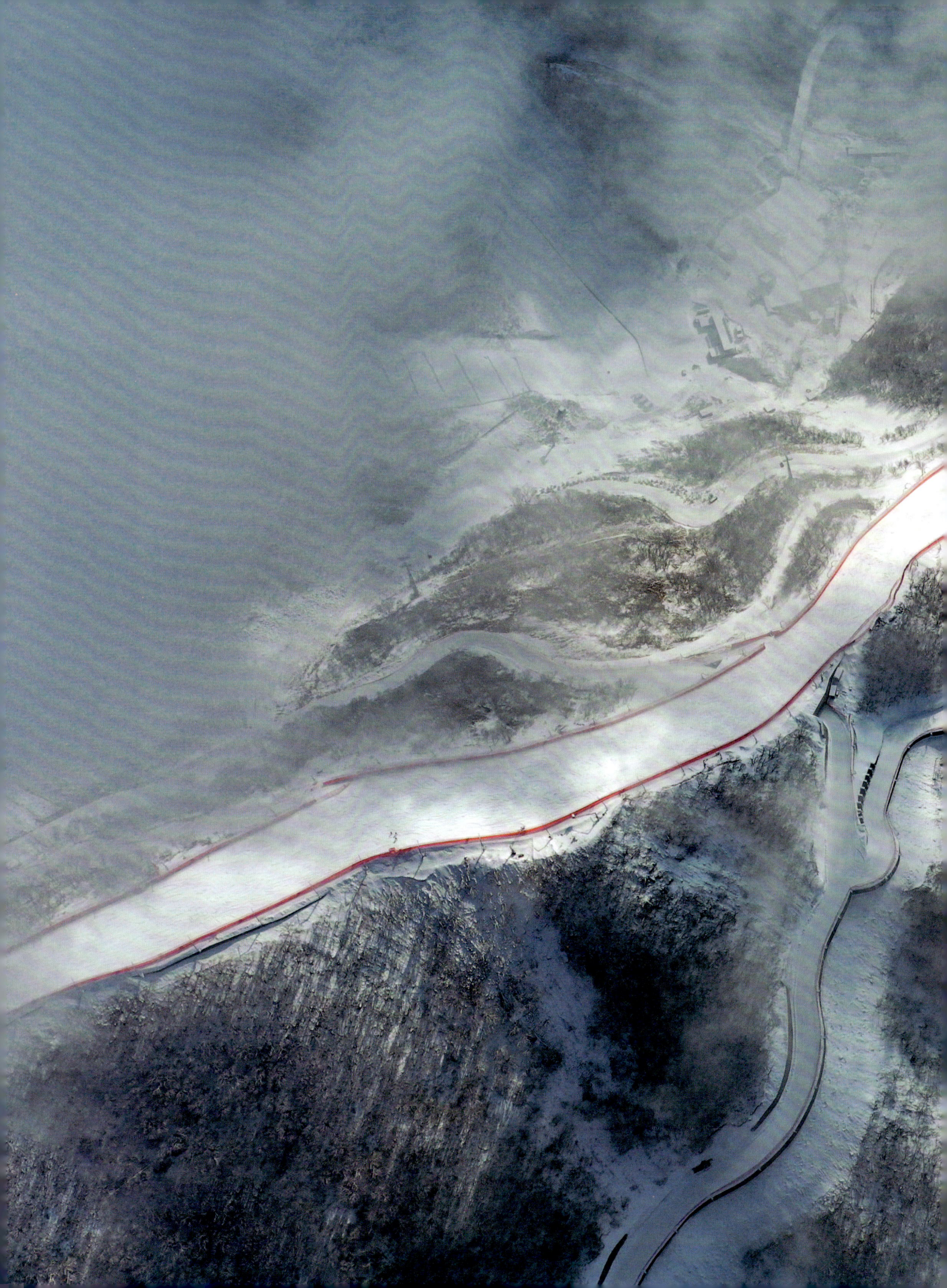

云雾中的岩石赛道

缆车揽胜

流线

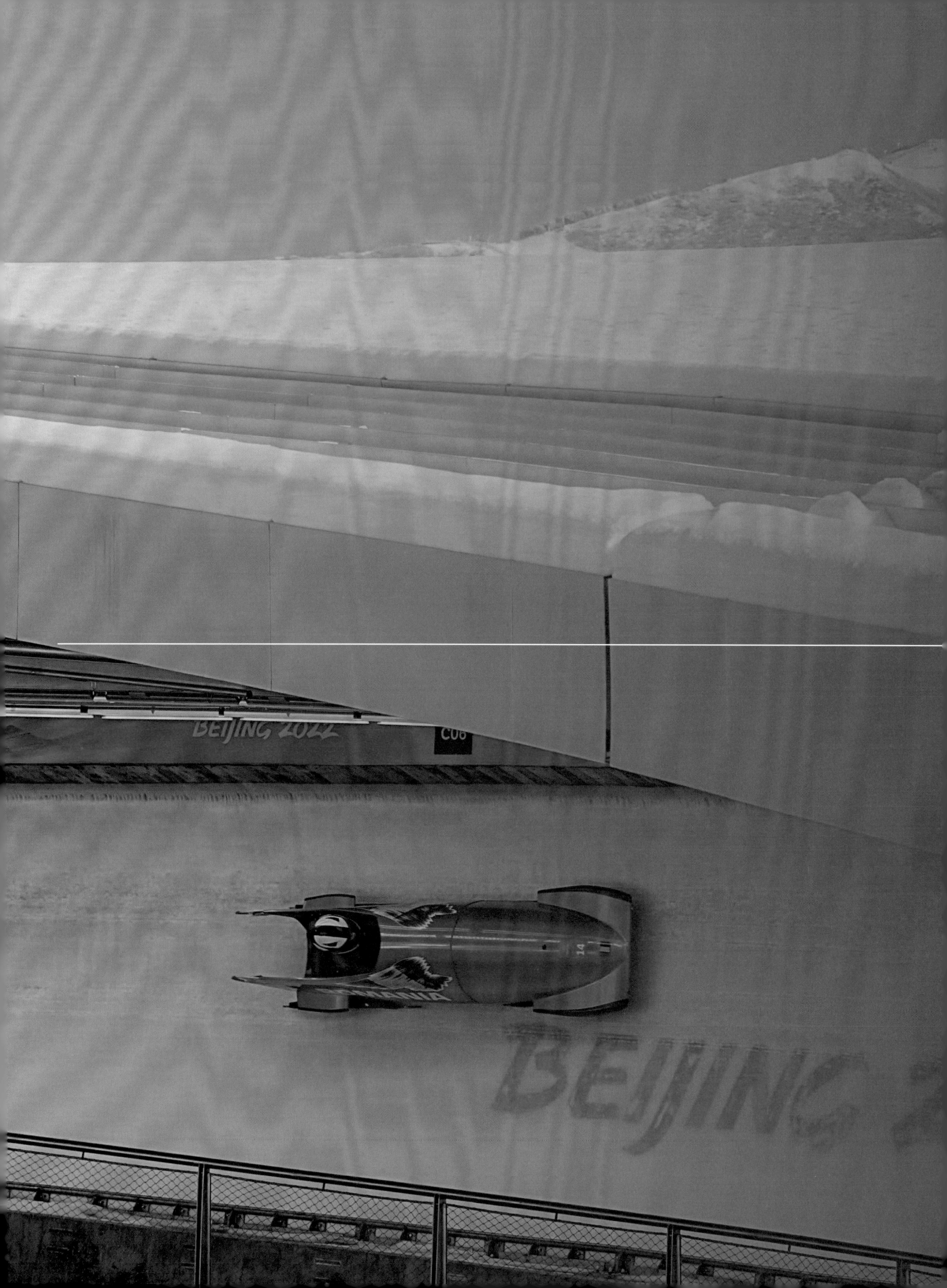

目录

录

上

册

CONTENTS

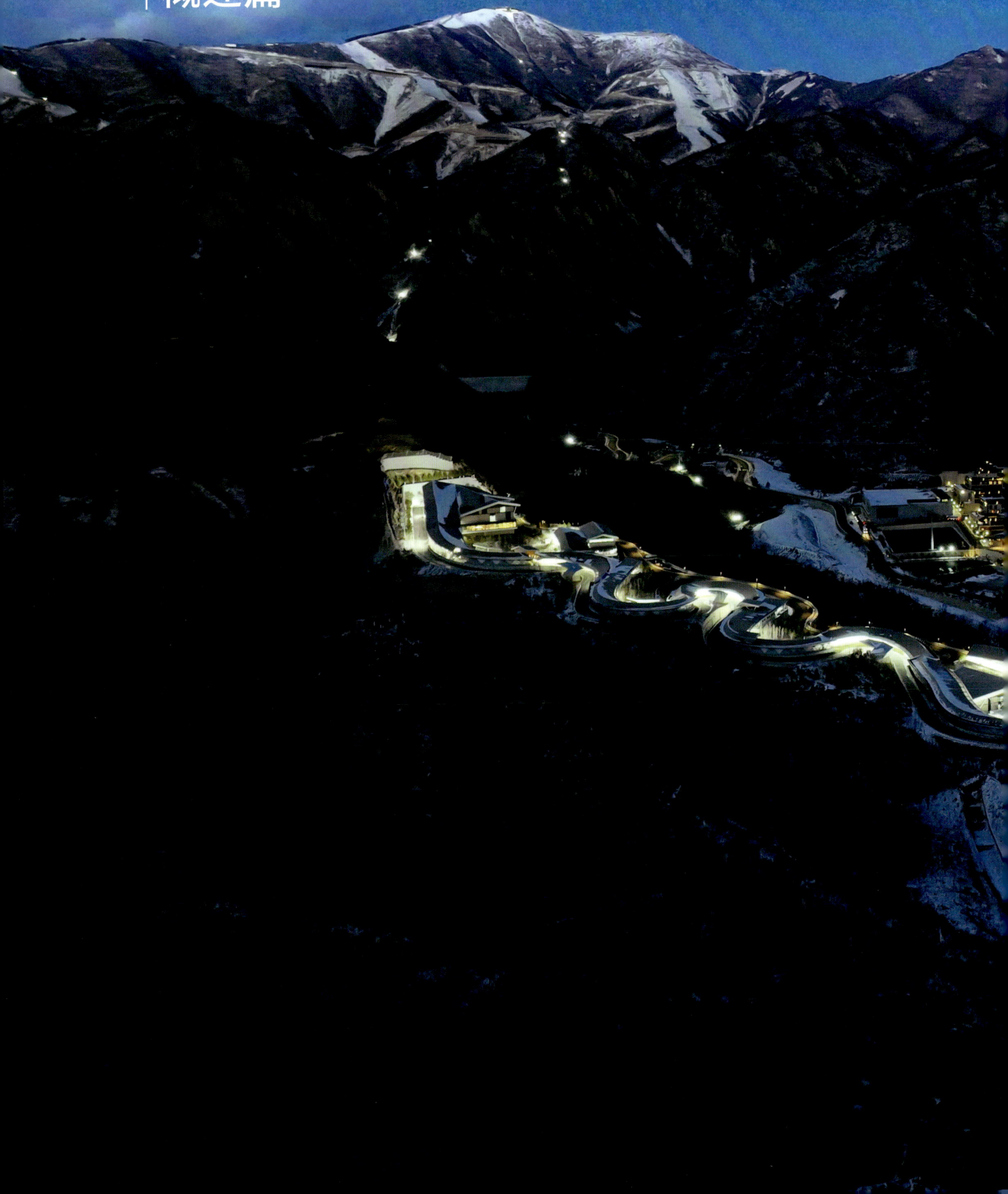

Overview

概述篇

Overview
概述篇

01

冬奥会延庆赛区

概述篇

Overview

2015 年 7 月 30 日，北京取得了 2022 年冬奥会举办资格。2015 年 7 月 31 日，《主办城市合同》签订，至此中国获得了 2022 年冬奥会的举办权。

北京冬奥会、冬残奥会是在全党全国各族人民向第二个百年奋斗目标迈进的关键时期举办的重大标志性活动，是展现国家形象、促进国家发展、振奋民族精神的一个重要契机，对京津冀协同发展有着强有力的牵动作用。2015 年 11 月，国家主席习近平作出重要指示强调，办好 2022 年北京冬奥会，是我们对国际奥林匹克大家庭的庄严承诺，也是实施京津冀协同发展战略的重要举措；要坚持绿色办奥、共享办奥、开放办奥、廉洁办奥；要加强组织领导，统筹推进各项工作，确保把北京冬奥会办成一届精彩、非凡、卓越的奥运盛会。[①]

北京 2022 年冬奥会设 7 个大项、109 个小项，计划使用 25 个场馆。场馆分布在 3 个赛区，分别是北京赛区、延庆赛区和张家口赛区。延庆赛区主要举办高山滑雪、雪车、雪橇 3 个大项、21 个小项的比赛，将产生 21 块冬奥会金牌、30 块冬残奥会金牌。

2015 年 12 月 15 日，北京 2022 年冬奥会和冬残奥会组织委员会（简称"北京冬奥组委"）成立。2016 年 2 月 17 日，北京市人民政府明确了总体建设计划目标。国家高山滑雪中心、国家雪车雪橇中心两个竞赛场馆，延庆冬奥村、山地新闻中心两个非竞赛场馆，以及相关配套设施的建设随即在延庆启动。

2022 年 2 月 4 日至 2 月 20 日，北京 2022 年冬季奥运会（第 24 届冬季奥林匹克运动会）成功举办。2022 年 3 月 4 日至 3 月 13 日，北京 2022 年冬季残奥会（第 13 届冬季残疾人奥林匹克运动会）胜利闭幕。延庆赛区的场馆与配套设施，经过了冬奥会和冬残奥会的赛事检验，成为当之无愧的世界顶级赛馆，体现了中国建筑的荣光。根据习近平总书记"我们要积极谋划、接续奋斗，管理好、运用好北京冬奥遗产"[②]的指示，赛后，这里成了国家级滑雪旅游度假地、延庆奥林匹克园区和高山滑雪北京延庆国家训练基地。

---

①参见：《习近平对办好北京冬奥会作出重要指示》，《人民日报》，2015 年 11 月 25 日 01 版。

②参见：《在北京冬奥会、冬残奥会总结表彰大会上的讲话》，《人民日报》，2022 年 4 月 9 日 02 版。

项目建设背景及必要性

01 | 第一节　项目建设背景

一、北京－张家口主办 2022 年冬季奥林匹克运动会

2015 年 7 月 31 日，北京取得了 2022 年冬奥会举办资格。当天，北京冬奥申委主席、北京市市长王安顺，中国奥委会主席、国家体育总局局长刘鹏，张家口市市长侯亮与国际奥委会主席巴赫签订了《主办城市合同》。至此，我国获得了 2022 年冬奥会的举办权。2022 年冬季奥林匹克运动会（第 24 届冬季奥林匹克运动会）主办城市为北京市和河北省张家口市。北京成为奥运史上第一个举办过夏季奥林匹克运动会和冬季奥林匹克运动会的城市，也是继 1952 年挪威的奥斯陆之后时隔整整 70 年后第二个举办冬奥会的首都城市。同时，中国也将成为一个举办过 5 次各类奥林匹克运动会的国家。

国家及北京市政府对北京 2022 年冬奥会给予了高度关注。2015 年 11 月，国家主席习近平对办好北京冬奥会作出重要指示强调，办好 2022 年北京冬奥会，是我们对国际奥林匹克大家庭的庄严承诺，也是实施京津冀协同发展战略的重要举措；要求坚持绿色办奥、共享办奥、开放办奥、廉洁办奥；要加强组织领导，统筹推进各项工作，确保把北京冬奥会办成一届精彩、非凡、卓越的奥运盛会。①

---

①参见：《习近平对办好北京冬奥会作出重要指示》，《人民日报》，2015 年 11 月 25 日 01 版。

国家雪车雪橇中心、延庆冬奥村与山地
新闻中心

二、延庆赛区承担北京 2022 年冬奥会高山滑雪、雪车雪橇项目比赛任务

延庆区位于北京市西北部，距市区 74km，总面积 1993.75km²，常住人口 31.6 万人，是首都生态涵养发展区，气候冬冷夏凉，素有北京夏都之美誉，正在依托丰富的冰雪资源，全力打造"冰雪之城"。延庆区生态环境优良，林木绿化率高，空气质量连续多年全市领先，因青山绿树、碧水蓝天而成为绿色北京的闪亮名片。延庆属京郊旅游胜地，区域内有八达岭长城、龙庆峡、玉渡山等 30 余个风光独特的景区景点，有冰灯冰雪节等精彩纷呈的休闲活动。延庆历史文化底蕴深厚，妫川文化和长城文化等特色鲜明的地域文化熠熠生辉，为人文北京增光添彩。近年来，延庆加快与世界接轨的步伐，2013 年成功创建世界地质公园，2014 年成功举办世界汽车房车露营大会和世界葡萄大会，2015 年成功举办世界马铃薯大会。作为 2019 年北京世界园艺博览会举办地和北京 2022 年冬奥会三大赛区之一，延庆迎来重大历史发展机遇。

延庆赛区位于北京市延庆区张山营镇小海陀山。赛区承担北京 2022 年冬奥会高山滑雪、雪车、雪橇项目的比赛任务。赛区将建设国家高山滑雪

中心、国家雪车雪橇中心、冬奥村、山地新闻中心以及相关配套设施，确保满足北京 2022 年冬奥会举办的各项功能需求。

02 | 第二节　项目建设必要性

一、项目建设是落实《北京 2022 年冬季奥林匹克运动会和残奥会申办报告》的需要

《北京 2022 年冬季奥林匹克运动会和残奥会申办报告》在"总体理念与场馆选址"中提出，北京 2022 年冬季奥林匹克运动会以方便运动员参赛为首要目标，将在运动员训练、比赛、交通、住宿、餐饮、医疗、文化交流等环节提供一流服务，帮助每个运动员发挥最佳，实现梦想。对参加冬残奥会的运动员而言，也将享有符合国际残奥会标准的无障碍设施和服务。北京 2022 年冬季奥林匹克运动会计划在北京、延庆、张家口 3 个赛区形成 3 个相对集中的场馆群。北京赛区：国家体育场、国家游泳中心、五棵松体育中心、国家体育馆、首都体育馆、国家速滑馆、北京奥运村、主新闻中心、国际广播中心、首都滑冰馆、首体综合馆、首体短道速滑训练馆、首钢滑雪大跳台中心、颁奖广场；

延庆赛区：国家高山滑雪中心、国家雪车雪橇中心、延庆奥运村、延庆山地新闻中心、颁奖广场；张家口赛区：云顶滑雪公园场地 A、云顶滑雪公园场地 B、冬季两项中心、北欧中心越野滑雪场、北欧中心跳台滑雪场、张家口奥运村、张家口山地媒体中心、颁奖广场。

李克强总理在致国际奥委会主席巴赫的信中提出，北京市每一项与 2022 年冬奥会相关的包括体育场馆和交通运输系统在内的基础设施建设、法律事项、安保等都将得到中国政府的担保。

项目建设的国家高山滑雪中心、国家雪车雪橇中心、延庆冬奥村等场馆及配套基础设施，是兑现北京 2022 年冬奥会申办承诺，为运动员提供一流的训练、比赛设施的需要。

二、项目建设是北京 2022 年冬奥会成功举办的必要条件

冬奥会项目可以分为竞速类（更快）、技巧类（更高）和综合类（更强）。竞速类包括速度滑冰、短道速滑、越野滑雪、高山滑雪、雪车、雪橇项目等；技巧类包括花样滑冰、跳台滑雪、自由式滑雪、单板滑雪部分项目等；综合类包括冰球、冰壶、冬季两项、北欧两项等。历次冬奥会项目设置略有不同，2022 年冬奥会设 7 个大项、109 个小项。北京 2022 年冬奥会和冬残奥会共有 3 个赛区，分别是北京赛区、延庆赛区和张家口赛区。北京 2022 年冬奥会设置冰上项目和雪上项目两类。北京赛区承办所有冰上项目和滑雪大跳台项目，延庆赛区和张家口赛区承办除滑雪大跳台项目以外所有的雪上项目。其中，北京赛区有 14 个竞赛、非竞赛场馆，将进行 2 个大项（冰上项目、滑雪大跳台）、33 个小项

的比赛。延庆赛区共有 5 个竞赛、非竞赛场馆，将进行 3 个大项（高山滑雪、雪车、雪橇）、4 个分项（高山滑雪、雪车、钢架雪车、雪橇）、21 个小项的比赛。张家口赛区共有 8 个竞赛、非竞赛场馆，将进行 2 个大项（滑雪、冬季两项）、6 个分项（单板滑雪、自由式滑雪、越野滑雪、跳台滑雪、北欧两项、冬季两项）、55 个小项的比赛。

延庆赛区承担着北京 2022 年冬奥会高山滑雪、雪车、钢架雪车、雪橇项目的比赛任务，并在赛后为国内外赛事及专业运动员训练提供比赛训练场所。项目的建设是保障北京 2022 年冬奥会顺利进行的必要前提，可以满足运动员赛前训练、赛时参赛以及观众观看比赛的需求，为运动员和观众提供便利的配套服务。

三、项目建设符合国家及北京市相关规划的相关要求

《全国冰雪场地设施建设规划（2016—2022 年）》提出，京津冀地区以冬奥会为契机，建设一批能承办高水平、综合性国际冰雪赛事的场馆。东北地区要在现有基础上扩大规模、提高质量，稳步推进冰雪场地设施建设。华北和西北地区重点建设一批以健身休闲为主的冰雪

场地设施。

《北京市国民经济和社会发展第十三个五年规划纲要》提出，推进新场馆建设。强化质量标准，体现以运动员为中心，鼓励社会力量参与场馆建设，重点推进国家速滑馆、北京冬奥村、首体速滑馆等新场馆建设，将国家速滑馆建设成国

家冰上运动基地。落实可持续发展理念，统筹考虑延庆赛区周边综合生态环境保护与群众健身休闲需求，建设好国家高山滑雪中心、国家雪车雪橇中心和延庆冬奥村。

《北京市延庆区国民经济和社会发展第十三个五年规划纲要》提出，协助做好延庆赛区场馆规划顶层设计，强化质量标准，体现以运动员为中心，鼓励社会力量参与，高水平建设国家高山滑雪中心、国家雪车雪橇中心、延庆奥运村、山地媒体中心等场馆设施。提前考虑冰雪产业发展空间需求，做好延庆赛区及周边区域土地储备。

《北京市人民政府关于加快冰雪运动发展的意见（2016—2022年）》提出，高标准建设北京2022年冬奥会比赛场馆。统筹考虑北京2022年冬奥会赛事需求、赛后利用和环境保护等因素，科学规划、精心设计，积极吸引社会资本，高标准建设比赛场馆。重点推进国家速滑馆、国家高山滑雪中心、国家雪车雪橇中心和北京奥运村建设。完成国家游泳中心、国家体育馆、五棵松体育中心、首都体育馆、国家体育场等场馆改造提升工作。

建设国家高山滑雪中心、国家雪车雪橇中心、延庆奥运村、山地新闻中心及配套基础设施，符合国家及北京市相关政策的要求，是落实相关规划的需要。

四、项目建设促进冰雪运动在我国的发展

冰雪运动开展的基本条件是具备"冰"和"雪"的资源。受我国北方地域的气候、地理环境等因素的影响，我国冰雪运动发展最好的地区基本局限在东北地区，特别是黑龙江省和吉林省。长久以来，我国冰雪运动的开展基本局限于东北三省，造成运动员选材范围小、群众参与度低、后备人才断档等不利局面。受体制的影响，冰雪运动市场化、商业化、职业化程度较低，自身造血能力不足，冰雪运动的开展基本依靠国家财政拨款，教练员、运动员工资过低，基础设施建设费偏少，所需资金投入不足，使得冰雪运动发展缓慢，经费投入的不足又使得部分教练员、运动员转型从事其他领域工作，造成人才流失严重。同时，我国冰雪运动基础薄弱，场地设施严重不足，也制约着我国冰雪运动的发展。项目的建设能在赛后为专业运动员及冰雪运动爱好者提供比赛训练的场所及完善的配套服务，能够推动冬季奥林匹克运动在中国发展、培养国家冰雪竞技运动员，有效提高我国冰雪运动水平及竞技水平。

综上，项目的建设是落实《北京2022年冬季奥林匹克运动会和残奥会申办报告》的需要，是北京2022年冬奥会成功举办的必要条件，符合国家及北京市相关规划的相关要求，将促进冰雪运动在我国的发展。

03 | 第三节 运动项目现状

一、高山滑雪

高山滑雪在我国起步较晚，加之受场地、器材、气候等诸多方面的制约，发展速度比较缓慢。目前，我国竞技滑雪水平居世界中下游，民众性的娱乐滑雪在近十年间才开始起步。

（一）竞技滑雪

我国的第一场滑雪比赛是 1951 年在吉林市举行的市级滑雪比赛。当时共有运动员 70 多人，技术水平不高，也没有专门的裁判，但这却是我国有记载的第一次正式滑雪赛会。从 1954 年起，黑龙江、内蒙古等地区先后派队参加吉林省的滑雪比赛。

第一届全国滑雪运动会是 1957 年 2 月在吉林通化举行的，当时共有

中国高山滑雪运动员征战冬残奥会

8个单位的165名运动员参加。高山滑雪设有两个项目。从此以后，全国性滑雪比赛和单项的全国比赛不断举办。

1959年，第一届全国冬运会的滑雪项目在吉林省吉林市举行（冰上项目在哈尔滨市举行）。参加滑雪项目的有吉林、黑龙江、内蒙古、新疆和中国人民解放军共5个代表队122名运动员。据记载，本届赛会运动员的器材有了较大的改进，一些水平较高的滑雪运动员采用了绑带固定型滑雪板，初步较规范地掌握了半犁式摆动及蹬冰式转弯技术。至今全国冬运会已经举行了13届，无论是项目设置、赛会规模还是运动员的技术水平，每届都有大幅度的提高。1987年第六届全国冬运会时，参赛代表团已有15个，运动员人数达573人；高山滑雪项目设有滑降、回转、大回转、三项全能，男女共8个项目。而到1999年第九届全国冬运会，参赛代表团已达30个，有1168名运动员参赛。高山比赛所设项目至此基本同冬奥会项目。无论是赛会的规模、场地的条件还是赛会的组织，都达到了国内最高水平。

中国最早参加的国际性滑雪比赛是1961年在波兰札河班湟举行的社会主义国家友军冬季运动会。中国人民解放军派队参加了比赛。1979年11月，国际滑雪联合会正式接纳中国滑雪协会为会员。

中国高山滑雪项目正式参加冬奥会是在1980年美国普莱西德湖举行的第13届冬奥会。当时中国派出两名运动员参加了高山滑雪的大回转和回转比赛。女运动员王桂珍在51名运动员参赛的大回转比赛中获第35名，在回转比赛中获第18名。男运动员朴东锡在83名运动员参加的大回转比赛中获第50名，在回转比赛中获第34名。从第13届冬奥会之后，我国滑雪运动的国际交往逐渐频繁，如参加了世界大学生冬季运动会、滑雪单项世界锦标赛、世界杯赛及亚洲冬运会等。通过参加这些比赛，运动员开阔了眼界，增长了知识，积累了经验，并得到了锻炼，竞技水平不断提高。在第一届亚洲冬运会上，我国运动员取得了4枚金牌、5枚银牌和12枚铜牌的好成绩。在高山项目中，女运动员金雪飞在大回转和回转比赛中夺得两枚铜牌。1996年，第三届亚洲冬季运动会在我国哈尔滨举行。赛会弘扬了"团结、友谊、发展、进步"的宗旨，不但组织圆满成功，而且我国还夺得了金牌总数第一名的好成绩。由于我国开展这项活动的时间较短，同时也受到其他一些因素的制约，故运动水平虽提高较快，但与世界先进水平相比还有相当大的差距。

（二）场地器材

伴随着滑雪运动的发展，滑雪场地及其设施也有了长足的发展。新中国成立前我国只有几座简陋的天然滑雪场，现在不但有较大规模的现代化竞技滑雪场地，而且还拥有相当数量的娱乐性滑雪场。黑龙江亚布力冰雪运动场已有了相当规模，不但可以进行高山、越野及空中技巧的比赛，还有标准的跳台滑雪。多年来，长白山高原冰雪运动训练基地与黑龙江亚布力冰雪运动场已接待了许多外国运动员在此训练。亚布力冰雪运动雪场凭借完善的场地设施，曾承办过第四届亚洲少年高山滑雪锦标赛、第三届亚洲冬运会、第七届全国冬运会等大型赛事。另外，在吉林市市郊修建了北大湖滑雪场，该雪场距市区较近，有着良好的地理位置，不但可以进行高山滑雪、越野滑雪和跳台滑雪，还可以进行自由式滑雪的比赛。

（三）群众性滑雪运动

我国群众性娱乐滑雪运动尚处于萌芽阶段，但毕竟已有人迈进了这个领域。任何事物的发展都要经历一个从无到有、从小到大的过程。伴随着竞技滑雪的开展，全民健身的娱乐性滑雪也有了一定程度的发展。如作为娱乐性滑雪场地之一的黑龙江玉泉滑雪场，每个冬季都接待数以万计的滑雪爱好者。

近年来，滑雪运动在学校体育教学中也迈出了可喜的一步。一些体育院校和普通高校相继开设了滑雪课，不仅丰富了高校体育教学的内容，同时也改变了我国东北地区高校冬季教学有冰无雪的状况。

总之，滑雪运动是一项极具魅力的体育项目，具有很高的锻炼价值，随着社会和经济的发展，将会有更多的爱好者投入到这项运动中，从而推动我国的滑雪运动得到更大发展。

二、雪车雪橇

雪车雪橇运动具有悠久的历史，包含雪车（Bobsleigh）、钢架雪车（Skeleton）和雪橇（Luge）三项运动。在 1924 年于法国夏慕尼举行的首届冬奥会中，雪车雪橇就被列为比赛项目。最初雪车雪橇比赛是在天然冰砌筑的赛道上进行。20 世纪 60 年代开始建设人工赛道，建立了赛道设计标准。此后，相关国际体育单项组织对赛道标准持续进行修正，以期实现更加快速、更加安全、更加公平的比赛。

雪车雪橇竞赛在长度 2km 左右的覆冰赛道上进行，是一个追求极限速度的体育项目，因此被称为"雪上的 F1 方程式车赛"，包括男、女双人雪车，男子四人雪车，女子单人雪车，男、女单人钢架雪车，男、女单人雪橇，自由性别双人雪橇，雪橇团队接力赛等 10 个小项。雪车雪橇比赛除了在出发时由运动员起跑加速外，其余全程均利用重力加速度加速，运动员仅靠身体进行控制。出于对运动员安全的考虑，国际雪车联合会（IBSF）和国际雪橇联合会（FIL）两个国际体育单项组织对比赛规则做了详细的规定，限定雪车雪橇赛道的设计最大速度为 135km/h，最大加速度为 5g（5倍重力加速度）。虽然国际体育单项组织对竞赛规则有详细的规定，但

男子四人雪车起跑加速

由于赛道需与场地现状地形尽可能贴合以减少对场地的扰动，而各条赛道所处的场地条件不同，全世界各地建设的雪车雪橇赛道也各不相同，每一条新建赛道都在已建赛道的基础上进一步进行了完善与发展。

我国雪车雪橇项目的发展起步较晚，正是申办2022年冬奥会，我国雪车雪橇项目的发展才进入了快车道。国家雪橇队、钢架雪车队、雪车队相继成立，并且随着国家体育总局启动跨项跨界选拔，鼓励田径、重竞技等运动员转项，逐渐壮大起来；运动员们的成绩稳步上升，在洲际杯、欧洲杯以及世界杯等奥运积分赛上连创佳绩。

在北京2022年冬奥会男子钢架雪车比赛中，我国运动员闫文港以四轮4分01秒77的成绩摘得铜牌。这是我国在此项目上的首枚奥运奖牌。未来，随着《冰雪运动发展规划（2016—2025年）》的落实，我国雪车雪橇项目有望实现跨越式发展，竞技水平和国际竞争力得到全面提升，后备人才培养体系得到完善，竞赛表演市场得到拓展。

第二章　CHAPTER TWO

延庆赛区建设总体规划

01 | 第一节　功能定位

　　为落实习近平总书记重要讲话精神，统筹考虑区域协同发展和可持续发展的目标，确定了延庆赛区核心区的功能定位。

一、国际一流的高山滑雪中心、雪车雪橇中心，国家级雪上运动训练基地

　　以办好北京 2022 年冬奥会为首要目标，将国家高山滑雪中心、国家雪车雪橇中心，建设成为兼具国际一流设施和国际一流绿色生态的奥运工程。未来作为北京雪上运动训练基地，满足雪上项目运动员训练、学习、生活的需求。

二、体现绿色可持续发展的典范工程，北京冰雪运动休闲公园

　　充分利用奥运遗产，统筹赛时需求与赛后利用，将延庆赛区、张家口赛区与绿色可持续理念及周边自然生态保护区相结合，建设国家冰雪运动休闲公园。延庆赛区核心区将成为其重要节点，提供多样化的冰雪运动及休闲配套服务设施，同时成为北京市群众雪上运动中心。

02 | 第二节　建设目标

一、兑现申办承诺，全面落实赛事和配套服务需求

在向国际奥委会提交的申办报告中，承诺 2022 年北京冬奥会期间延庆赛区将承办 3 个大项（高山滑雪、雪车、雪橇）、4 个分项（高山滑雪、雪车、钢架雪车、雪橇）、21 个小项的比赛。

延庆赛区将建设国家高山滑雪中心、国家雪车雪橇中心两大竞赛场馆，延庆冬奥村、山地新闻中心两大非竞赛场馆。京张城际高铁、京藏高速公路和兴延高速公路为延庆赛区对外交通的主要联系通道。

从延庆冬奥村到延庆赛区各竞赛场馆，车程均在 30 分钟以内。

二、坚持绿色办奥，注重区域环境可持续发展

坚持生态优先、资源节约、环境友好，充分展现中国传统文化，采用先进的理念与技术将赛区建设与文化基因、自然山水充分融合，成为带动区域环境可持续发展的典范，为冬奥会打下美丽中国底色。最大限度保留生态本底。在满足赛事的基本需求下，核心区内保留约 1000 万 m^2 国有林地及原有村庄肌理，并建设多处树木移栽园，以维护良好生态环境。实施适量、低调的人工建设，施工因地制宜、因势利导，基于本地资源禀赋条件，合理配置资源，严格控制建设规模。场馆采用本土化、天然材料建设，顺应山形和水势，减少对自然生态的干扰。采用国际一流的生态标准，在新能源利用、固体废弃物综合处理、水循环利用及绿色智能建筑等方面赶超国际水平。结合实际情况，在赛道设计上积极创新，建设遮阳系统，防止阳光直射，干扰赛道冰面，浪费能源。全面展示独特文化魅力，基于本地特色文化元素，向世界传递文化自信、展示文化魅力。建筑设计体现中国元素与地域特色。

三、坚持共享办奥，加强赛后利用，推动大众冰雪运动发展

积极引导社会资本参与场馆建设与赛后利用，充分利用奥运场馆与设施为大众提供运动休闲服务，实现"以雪上竞技运动带动雪上群众运动、

以群众体育的普及促进竞技体育的发展"的双重目标，使冬奥会产生良好的社会效应。充分考虑核心区赛后向社会大众开放的可能，同步建设大众雪道，并利用冬奥场馆提供大众冰雪运动设施，满足大众滑雪及配套需求。

近年来，延庆每年的旅游人数超过 2000 万人次，预计赛后每年将吸引更多的游客来到这个休闲公园参观冬奥会场馆、体验冰雪项目和参与登山、徒步穿越、山地自行车等体育运动，整个区域将实现四季运营。

四、坚持开放办奥，牵引京津冀协同发展，推动城乡统筹

以冬奥会为契机，带动城市及区域各方面建设，促进延庆产业转型升级与城市品质提升，加快延庆与张家口两地的生态环境保护、交通一体化与产业协同，落实京津冀协同发展战略。

促进延庆产业升级，发展带动张山营冰雪小镇建设与改善村庄居住环境，打造延庆旅游新地标，全面提升延庆旅游产业品质，丰富旅游内涵。通过冬奥会的举办，推进延庆－张家口区域性交通设施的建设。推动两地产业协作发展，以发展冰雪运动产业为带动，建设京张体育文化旅游带，大力推进两地体育文化、旅游休闲、会议展览等产业的发展。发挥延庆生态示范作用，进一步完善延庆的示范形象，推动张家口地区的生态环境保护，共同建设西北部生态涵养区，为京津冀协同发展提供生态保障。

北控集团党委书记、董事长田振清（前排中）在国家高山滑雪中心项目调研

延庆赛区场馆设施
建设工程概述

北京 2022 年冬奥会和冬残奥会共分 3 个赛区，分别是北京赛区、延庆赛区和张家口赛区。延庆赛区核心区共有 2 个竞赛场馆，分别为国家高山滑雪中心和国家雪车雪橇中心。延庆赛区核心区项目建成后，将成为国际一流的高山滑雪与雪车雪橇专业赛场、国家级雪上训练基地。北京市委市政府决定，延庆赛区项目建设和运营模式，采取政府与社会资本合作的方式进行。延庆赛区项目分为 A、B 两部分实施，其中 A 部分包括国家高山滑雪中心、国家雪车雪橇中心及配套基础设施，由市政府全额投资。B 部分包括延庆冬奥村、山地新闻中心以及整个赛区的赛后改造运营，由政府和社会资本方共同出资（即 PPP 项目模式）。延庆赛区 A 部分建设单位为北京北控京奥建设有限公司，B 部分建设单位为北京国家高山滑雪有限公司。

根据申奥承诺，北京冬奥组委将在国际奥委会、国际残奥委会和国际单项组织体育联合会的指导与监督下组织测试赛。冬奥会以及冬残奥会的竞赛组织将在相同的条件下举行。

2022 年冬奥会和冬残奥会延庆赛区 A 部分主要建设内容为国内首个冬奥会高山滑雪及雪车雪橇比赛项目竞赛场馆及配套设施，国内无类似工程建设及投资经验，雪道及赛道主要技术方案由外方设计团队完成。此外，该项目功能复杂，建设内容繁多、技术难度大，项目前期工作要求高，有许多全新的工作内容和工作方式需要创新和探索。A、B 两部分均采取"一会三函"建设模式。

国家高山滑雪中心

01 | 第一节　A部分项目概况

一、项目名称

国家高山滑雪中心、国家雪车雪橇中心及配套设施项目（本节简称"项目"）。

二、项目建设单位

项目建设单位：北京北控京奥建设有限公司。

三、项目选址

项目建设地点位于北京市延庆区张山营镇小海陀山，延庆中心城区西北约30km处，距离张山营镇中心区约10km，紧邻张山营镇西大庄科村。根据《建设项目选址意见书》（选字第110229101900005号）（2019规自（延）选字0004号），项目拟用地面积615662.14m²。

四、项目建设内容及规模

项目建设内容包括国家高山滑雪中心、国家雪车雪橇中心及配套

设施工程。

（一）国家高山滑雪中心

国家高山滑雪中心工程包括奥运赛道、雪道的造雪供水系统以及索道等工程，其中：

1. 奥运赛道

高山滑雪中心奥运赛道共设十条雪道，其中 C1、B1、D2、G1 四条雪道为竞赛雪道，F1、E1、D3、G2 四条雪道为训练雪道，竞赛雪道用地面积 25.15 万 m^2，训练雪道用地面积 23.83 万 m^2。

2. 造雪供水系统工程

造雪供水系统工程包括造雪机 170 台、泵房设备 32 台、冷却系统 8 套、降温系统 1 套、造雪控制系统 1 套，以及造雪管线 28000.00m。

3. 索道工程

客运索道共 9 条，总长度 9430m。其中，B1 脱挂式 8 人吊箱 1 条，长度 860m；B2 脱挂式 8 人吊箱 1 条，长度 300m；C 脱挂式 8 人吊箱 1 条，长度 1780m；D 固定式 4 人吊椅 1 条，长度 518m；E 固定式 4 人吊椅 1 条，长度 402m；F 脱挂式 6 人吊椅 1 条，长度 1947m；G 脱挂式 6 人吊椅 1 条，长度 1428m；H 拖牵索道 1 条，长度 950m。

（二）国家雪车雪橇中心

项目赛时作为北京 2022 年冬奥会雪车雪橇项目竞赛场馆及配套设施，赛后作为国家雪车雪橇中心，承担中国国家队训练基地、举办国际雪车雪橇赛事、供大众体验参观等功能。项目主要建设内容为我国第一条符合冬奥标准的雪车雪橇比赛赛道，以及配套用房和设施。其中比赛赛道长 1975m，有 16 个弯道，第 11 个弯道为全球独具特色的 360°回旋弯道；整体为空间扭曲双曲面板壳结构，内置 12 万 m 制冷管道，1350 套特制管道夹具及支架，由混凝土喷射成形。赛道遮阳棚是世界首个钢木组合结构雪车雪橇赛道顶棚，采用超长悬臂木结构桁架顶棚，共含 279 榀钢木组合梁，以木瓦为双曲屋面体系上部面层；与遮阳帘系统、"人工地形"结

C 索上站索道调试

360°回旋弯道环抱摄影平台

合形成地形气候保护系统（Terrain Weather Protection System，TWPS），可保护赛道冰面免于各种气候因素影响，确保赛事高质量进行，并起到降低赛道制冰能耗的作用。配套用房和设施包括出发区（共 5 个，其中 1 个为大众体验用）、结束区、训练道冰屋、团队车库、制冷机房、运行和后勤综合区、摄影平台、观众广场看台、观众广场雨棚等。总建筑面积 52536.57m²。服务于赛道制冰的氨制冷系统为全球液氨体量最大的单体工程。

摄影师记录比赛精彩瞬间

（三）附属配套工程及配套设施项目

附属配套工程及配套设施项目为国家高山滑雪中心、国家雪车雪橇中心附属配套工程及配套设施，建设内容具体如下。

1. 国家高山滑雪中心附属配套工程

（1）场馆工程

项目场馆工程包括集散广场及竞速结束区、中间平台、竞技结束区、山顶出发区、附属用房工程以及火灾报警系统、弱电智能化工程，其中：

①集散广场及竞速结束区建筑面积 24629.17m²，其中地上建筑面积 22825.25m²，地下建筑面积 1803.92m²。

②中间平台建筑面积 4164.71m²，其中地上建筑面积 2965.9m²，地下建筑面积 1198.81m²。

③竞技结束区建筑面积 8629.45m²。

④山顶出发区地上建筑面积 4341.93m²。

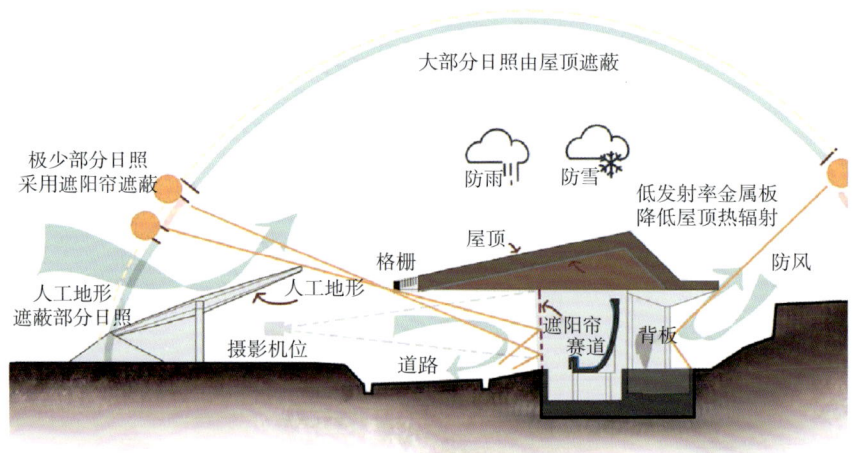

地形气候保护系统设计理念

人工地形可阻挡阳光在特定角度对赛道的直射

设置有横向截水沟的雪道

⑤附属用房包括索道 A1、A2 中站、造雪泵房 PS200 及生活用 3 号泵房、造雪泵房 PS300 及生活用 4 号泵房、造雪机库、高山压雪车库、CT400 冷却塔、山顶出发区污水处理站、G 索下站连接平台、高山雪道运维加油点等，其中：

索道中站（索道 A1、A2 中站）地上建筑面积 1183.17m²。

造雪泵房 PS200 及生活用 3 号泵房建筑面积 1901.92m²，其中地上建筑面积 1094.5m²，地下建筑面积 807.42m²。

造雪泵房 PS300 及生活用 4 号泵房建筑面积 1574.56m²，其中地上建筑面积 769.16m²，地下建筑面积 805.4m²。

造雪机库地上建筑面积 1034.00m²。

高山压雪车库地上建筑面积 800.00m²。

CT400 冷却塔建筑面积 869.84m²，其中地上建筑面积 202.2m²，地下建筑面积 667.64m²。

山顶出发区污水处理站地上建筑面积 105.00m²。

G 索下站连接平台地上建筑面积 111.18m²。

高山雪道运维加油点地上建筑面积 500.00m²。

另有污水处理设备 5 套，火灾报警系统 1 项，弱电智能化系统 1 项，室外泛光照明 1 项，电梯 30 台。

（2）雪道配套工程

雪道配套工程包括雪道排截水沟、雪道防护网、雪道挡风墙、联系雪道、技术雪道工程。其中：

①雪道截水沟 1 项。

②雪道防护网 1 项。

③雪道挡风墙长 1477.61m，面积 7490.81m²。

④联系雪道（含技术雪道）用

用于挂设雪道防护网的 C 形柱

地面积 38.74 万 m²；敞廊 1 座，面积 1372.32m²，高度 7.00m；隧道 2 条，共 94.00m（其中 J7 技术雪道隧道长 38.00m，J8 技术雪道隧道长 56.00m）；压雪车地锚 1 项。

（3）配套索道工程

配套索道共 2 条，总长度 2412.00m。其中：A1 脱挂式 8 人吊箱 1 条，长度 1046m；A2 脱挂式 8 人吊箱 1 条，长度 1366m。

（4）室外及其他工程

室外及其他工程包括：山顶围挡 16.1km，气象服务站迁移 1 项，景观生态修复 1 项，以及赛时相关计时、计分、监控、摄像、测速等系统采购安装及调试－基础预埋，拖牵雪道 1 项、导向标识 1 项。

2. 国家雪车雪橇中心附属配套工程

国家雪车雪橇中心附属配套工程主要包括室外工程及训练道 350m。其中，场地内部道路系统包含 8 条赛道伴随道路和园区 3 号路，总长 4753.31m。其他室外工程还包括观众主广场、媒体转播区以及相配套的停车场等。

救援保障人员由 A 类防护网前经过

3. 配套设施项目

①新建延庆赛区连接线（含 3 座桥梁）、园区 1 号路（含 1 座桥梁）、园区 2 号路（山下段和山上段，含山上段 3 座桥梁）、园区 3 号路、园区 4 号路、园区 5 号路（含 1 座桥梁）、园区 6 号路等 7 条主要道路，园区 3 号路和松闫路连接线、园区 1 号停车场支线（含 1 座桥梁）、BOH 后院停车场支线（含 1 座桥梁）、媒体转播平台支线、高山滑雪中心竞速结束区支线（含 1 座桥梁）、高山滑雪中心训练道休息区支线等 6 条支线道路，总长 14.68km；新建 3.82km 进场路和 1.14km 进场路共 2 条，总长 4.96km。

②新建安检广场 7710m²，以及直升机坪（临时）2 处。

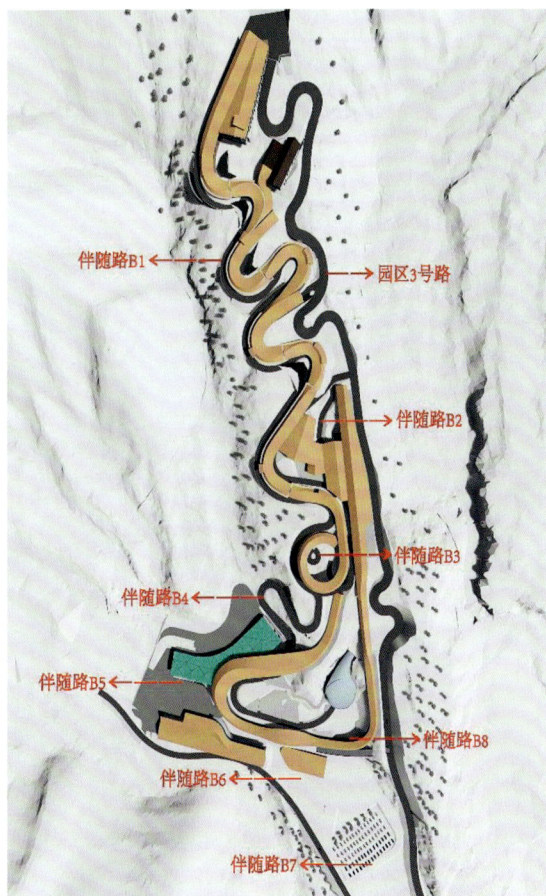

伴随路和园区 3 号路位置

安检广场雪景

③新建造雪引水工程，包括新建 900m 塘坝（96400m³）、1050m 塘坝（99000m³）、1290m 蓄水池（10000m³），1050m 泵站（6300kW·h）和 900m 泵站（1860kW·h），塘坝（蓄水池）间造雪引水管线 8762m，以及 1 座基流坝和 1930m 导流管。

④新建 10kV 电网工程，包括电缆 157923.4m、电力隧道管井 9839.1m、光缆 70142.7m、分界室 10 座（不含冬奥村分界室和山地新闻中心分界室）。

⑤新建生活用水工程，包括 2500m³ 蓄水池 1 座和泵站 4 座。

⑥新建污水处理站 1 座（处理能力为 2500m³/d）、提升泵站 1 座。

⑦沿赛区道路铺设供水管线 12520m、再生水管线 4000m、污水管线 2680m、电信管线 17904m。

⑧新建液化天然气（LNG）站 1 座。

⑨新建垃圾转运站 1 座。

⑩新建雪车雪橇入场隧道 143m，以及出口平台 1638m²，连接道路 80m。

⑪实施景观和可持续工程，包括表土剥离 39090m³，绿化及生态修复 394875m²，水体综合处理 4 处，保护小区 2500m²，近地保护小区 10000m²，动物通道 6 处，栖息地重建 58 处，以及草甸保护工程、固定生态监测样地、检验检疫、生态标识系统、灌木及草本迁地保护等。

⑫实施地质灾害治理工程，包括崩塌地质灾害 13 处、不稳定斜坡地质灾害 22 处、泥石流地质灾害 16 处。

⑬实施防洪排水设施工程，包括 D3 赛道河道改河 519m、雪车雪橇中心河道改河 380m、截洪沟 2698m、排水箱涵 851m、赛道排水沟 11915m，佛峪口沟防洪工程 1 项。

⑭实施场地准备及其他工程，包括临电工程 1 项、监控中心 1100m²、后勤保障中心 3000m² 等。

以上建设内容包含红线外工程，主要为园区 1 号停车场支线、园区 6 号路、延庆赛区连接线部分路段、园区 1 号路部分路段、园区 5 号路部分路段、部分电网工程、部分管线工程、部分绿化及生态修复工程等。

泵站施工

五、项目建设单位简介

北京北控京奥建设有限公司是北京北控置业有限责任公司出资设立的一家注册资金为 5000 万元的企业，主要服务于北京 2022 年冬奥会和冬残奥会场馆的建设。

北京北控京奥建设有限公司经营范围：施工总承包、专业承包；房地产开发；销售商品房；承办展览展示；物业管理；酒店管理；企业管理；餐饮管理；会议服务；商务文印服务；票务服务；体育运动项目经营；技术开发、转让、咨询、服务；设计、制作、代理、发布广告；社会经济咨询（投资咨询除外）；组织文化艺术交流活动。

经营说明：依法自主选择经营项目，开展经营活动；依法须经批准的项目，经相关部门批准后依批准的内容开展经营活动。

公司股东北京北控置业有限责任公司（2017 年 10 月更名为北京北控置业集团有限公司，简称"北控置业集团"）是北京控股集团有限公司的全资子公司，成立于 2010 年 6 月 8 日，注册资本为 32.84 亿元，业务涵盖地产开发、旅游酒店会展、养老医疗健康、物流租赁。公司投资建设的雁栖湖国际会都于 2014 年 11 月 11 日成功承办了亚太经合组织第二十二次领导人非正式会议。

02 | 第二节　B 部分项目概况

一、项目名称

延庆冬奥村、山地新闻中心以及整个赛区的赛后改造运营。

二、项目建设单位

项目建设单位：北京国家高山滑雪有限公司。

该公司由北控集团下属北控置业集团作为政府出资人代表，万科企业股份有限公司、北京住总集团有限责任公司和中国建筑一局（集团）有限公司作为社会资本方共同出资成立。

三、项目选址

延庆冬奥村工程位于延庆区张山营镇，北京 2022 年冬奥会和冬残奥会

冬奥村夜景

延庆赛区核心区南区的东部，海陀山脚下一块相对平缓的台地。场地北高南低，落差62m；东高西低，相差30m。冬奥村场地中间有一处原小庄户村村落遗迹。该地区平均海拔高度约940m。

四、项目建设内容及规模

北京国家高山滑雪有限公司承建的冬奥村和山地新闻中心项目为国内首例土地使用权、总承包建设权、赛后运营权"三标合一"的PPP项目。北京国家高山滑雪有限公司为建设单位，中国建筑设计研究院有限公司为主要设计单位，北京住总集团有限责任公司和中国建筑一局（集团）有限公司为总包单位，以及多家施工单位共同完成此项目。项目工期紧，质量要求高，建设环境艰苦，从建设、设计到施工都承受了巨大压力。自2018年12月30日开工，2019年12月30日延庆冬奥村主体结构完工，2020年8月20日住宿组团样板段亮相，2020年10月24日顺利完成发电，2020年11月20日实现供暖，至2020年底全面完工，仅仅用了2年时间。

（一）冬奥村

该项目的设计由中国建筑设计研究院有限公司、北京市市政工程设计研究总院有限公司等组成的北京2022年冬奥会及冬残奥会延庆赛区设计联合体共同承担。

其中，联合体成员中国建筑设计研究院有限公司承担的设计范围包括延庆冬奥村用地范围内的总平面设计、室外综合管线设计、建筑设计、结构设计、给排水设计、空调及通风设计、电气及智能化设计、室外景观设计、室内精装修设计（赛时）、夜景照明设计。

冬奥村位于延庆赛区南部，建筑面积118000m²，拥有各类客房706间，赛时共接待126个代表团超过1900名运动员及随队官员，是北京2022年冬奥会和冬残奥会最大的奥运村。

延庆冬奥村作为延庆赛区非竞赛场馆之一，将为运动员和随队人员提供餐饮、住宿、医疗、休闲、运动器材维修保养等综合服务，是运动员赛时主要生活区域，以专业技术和高品质服务，对赛时保障发挥着举足轻重的作用。

延庆冬奥村与其他竞赛场馆是相辅相成、相得益彰的，运动员的衣食住行得到保障，他们才能发挥最高竞赛水平，为世界奉献一场"简约、安全、精彩"的冬奥盛会。

冬奥村赛时为运动员提供休息场所，赛后可提供酒店和景区旅游接待。

延庆冬奥村含运行区、国际区、运动员区及预留区，在赛时为运动员和随队官员提供1430张床位（不含6个组团床位），提供安全便捷的国际化、专业化冬奥服务。

运行区：包括欢迎中心、访客中心、设施服务中心、安保中心、技术支持、后厨服务、员工餐厅、垃圾中转、交通场站、公共组团运行广场等。

国际区：包括山地新闻中心、商业服务中心、升旗广场等。

运动员区公共部分：包括餐厅、综合诊所、娱乐健身中心、奥委会服务中心、多信仰中心、冬奥村管理办公、冬奥村通信中心、安保后勤等。

运动员区居住部分：包括 6 个组团（含预留区）、运动员客房、NOC 办公、部分冬奥村管理办公、部分安保后勤、储藏等。

联系暖廊：不同高程的各功能区，地上可通过人行步道相贯通，并可通过室内步行暖廊连接在一起，为赛时赛后整合利用提供便利条件。

各组团分子项高程、层数和高度见表 1-3-1。

各组团分子项高程、层数和高度   表 1-3-1

项　　目	总建筑面积（m²）	地上建筑面积（m²）	地下建筑面积（m²）	层　数		建筑高度（m）	
				地上	地下	地上	地下
索道 A1 下站	2028	2028	—	2	—	15.50	—
公共组团北区	7173	6259	914	3	1	20.95	-5.25
公共组团南区	30775	21095	9680	4	2	23.20	-10.00
公共组团运行/停车区	4016	3646	370	1	1	6.20	-3.85
运动员居住 1 组团	14620	14620	—	4	—	19.45	—
运动员居住 2 组团	11557	6977	4580	3	1	14.92	-4.60
运动员居住 3 组团	12728	12728	—	4	—	18.55	—
运动员居住 4 组团	8979	7898	1081	5	1	22.74	-6.15
运动员居住 5 组团	9955	7621	2334	5	1	21.83	-4.35
运动员居住 6 组团	16260	8128	8132	5	2	23.35	-9.75
合计	118091	91000	27091	—	—	—	—

（二）山地新闻中心

该项目赛时为新闻中心，赛后改为园区服务的配套设施。

延庆山地新闻中心赛时可提供延庆赛区新闻宣传、对外展示接待及后勤保障用房等，包含宣传展示区、多功能活动区、休息区、后勤服务区等；并与赛区交通设施联系密切，可在赛时为整个赛区提供国际化、专业化的后勤保障服务。

宣传展示区可提供接待功能区域 1600m²，管理办公和会议区域 227m²。

多功能活动区可提供赛区新闻宣传和贵宾接待功能区域 1311m²，其中包括新闻媒体大厅、贵宾接待

室、休息室和生态环境监测中心等。

其他后勤服务区域面积共9248m²，包括后勤办公、管理用房，各类库房，设备机房、消防和安防以及楼宇管理等技术中心。其中可提供厨房区936m²、设备机房和技术中心3102m²。

服务大厅、门厅、前厅等公共区2638m²，其中自助餐厅区域849m²。

延庆冬奥村和山地新闻中心项目主要设计单位是中国建筑设计研究院有限公司（简称"中建院"）、维迩森室内建筑设计（上海）有限公司和山鼎设计股份有限公司联合体（简称"维迩森公司"），中建院主要负责项目各阶段设计工作，其中赛前开业的四星级酒店部分（4、5、6组团）、赛前开业的酒店公共区域（公共组团南区、公共组团北区）、赛后需改造的四星级酒店部分（3组团）、赛后需改造的五星级酒店区域（1、2组团）的会客区域室内设计工作由维迩森公司负责。

五、项目建设单位简介

施工单位：北京住总集团有限责任公司、中国建筑一局（集团）有限公司。

北京住总集团有限责任公司（简称"北京住总"）是以改革创新为驱动、科技研发为先导，建安施工、地产开发、现代服务三业并举，跨地区、跨行业、跨国经营的大型企业集团，是首都国有经济重要骨干企业。延庆冬奥村及山地新闻中心项目一标段为北京住总的重点工程，自开工建设以来，项目建设团队凝心聚力，攻坚克难，历时3年，实现了山林场馆、生态冬奥的完美结合，为北京2022年冬奥会的顺利举办奠定了坚实基础。

中国建筑一局（集团）有限公司（简称"中建一局"）是2022年世界500强第9位、世界最大投资建设集团——中国建筑集团有限公司旗下最具核心竞争力的世界一流企业。中建一局以习近平新时代中国特色社会主义思想为指导，全面贯彻党中央和国务院决策部署，全面落实中建集团"一创五强"战略目标和"166"战略举措，致力攻坚高质量发展、创建世界一流企业。2016年，中建一局凭借首创的5.5精品工程生产线荣获中国质量领域最高荣誉——中国质量奖，成为中国建设领域荣获该奖的首家企业，以专业、服务、品格"三重境界"代言"中国品质"。2017年，中建一局荣获"质量之光"年度魅力品牌第一名。

中建一局总部位于北京，成立于1953年，是新中国第一支建筑"国家队"。中建一局的发展历程是中国建筑业发展的历史缩影。1959年，建工部（住建部前身）授予中建一局"工业建筑的先锋，南征北战的铁军"称号，这也是中建一局"先锋文化"的由来。1994年，中建一局被确定为全国百家现代企业制度改革试点单位，在中国建筑行业率先推行现代企业制度。1995 年 10 月，中国建筑一局（集团）有限公司成立，1997 年正式挂牌，实现了从计划经济体制下的"工程局"向市场经济体制下的"有限责任公司"的转变。

中建一局深耕国内国外两个市场，统筹推进房屋建筑与基础设施、环境治理、投资运营"1+3"板块协同发展，经营区域覆盖全国 31 个省（自治区、直辖市），辐射"一带一路"沿线等欧、美、非、亚四大洲 20 余个国家和地区，为客户提供全产业链的高品质产品和全生命周期的超值服务。中建一局员工逾 3 万人，有全资企业和控股企业 30 余家，银行授信总额超过 1100 亿元，具有 AAA 级资信等级，注册资本 100 亿元，位居建筑行业前列。

延庆冬奥村及延庆山地新闻中心项目由中建一局下属华江建设有限公司参与承建。华江建设有限公司成立于 1999 年，工程辐射全国 20 个省（自治区、直辖市）。公司坚持"以客户为中心"的品牌强企战略，积极打造以传统房建为主、基础设施与特色古建业务双轮驱动的"1+2"协同发展布局，将基础设施和融投资业务作为转型升级的主方向，将古建修缮业务作为企业发展的特色载体，全力打造中建古建修缮第一品牌。多年来，华江建设有限公司始终坚持在发展中诚信守约，凭借先进的施工总承包管理经验，在传统房建业务、基础设施业务、融投资业务以及特色古建业务等工程领域承建了多项国家、省市级重点工程。公司已累计荣获中国建设工程鲁班奖（国家优质工程）、中国建筑工程钢结构金奖、全国建设工程项目施工安全生产标准化工地（原全国 AAA 级安全文明标准化工地）、省部级以上工程质量奖及科学技术奖等多项奖项。此外，华江建设有限公司相继获得全国建筑业领先企业、全国用户满意企业、北京市用户满意企业、北京市守信企业等荣誉称号。

北京北控京奥建设有限公司

施工总承包单位

- 上海宝冶集团有限公司（雪车雪橇中心）
- 北京城建集团有限责任公司（高山滑雪中心及场馆配套设施一标段）
- 中交一公局集团有限公司 中交隧道工程局有限公司（高山滑雪中心及场馆配套设施二标段）

设计单位

- 设计联合体 中国建筑设计研究院有限公司、北京市市政工程设计研究总院有限公司、加拿大伊克森（Ecosign）山地景区规划有限公司、德国戴勒（Deyle）有限公司

监理单位

- 北京双圆工程咨询监理有限公司
- 北京华诚建设监理有限责任公司

施工总承包单位

- 北京住总集团有限责任公司（冬奥村一标段、山地新闻中心）
- 中国建筑一局（集团）有限公司（冬奥村二标段）

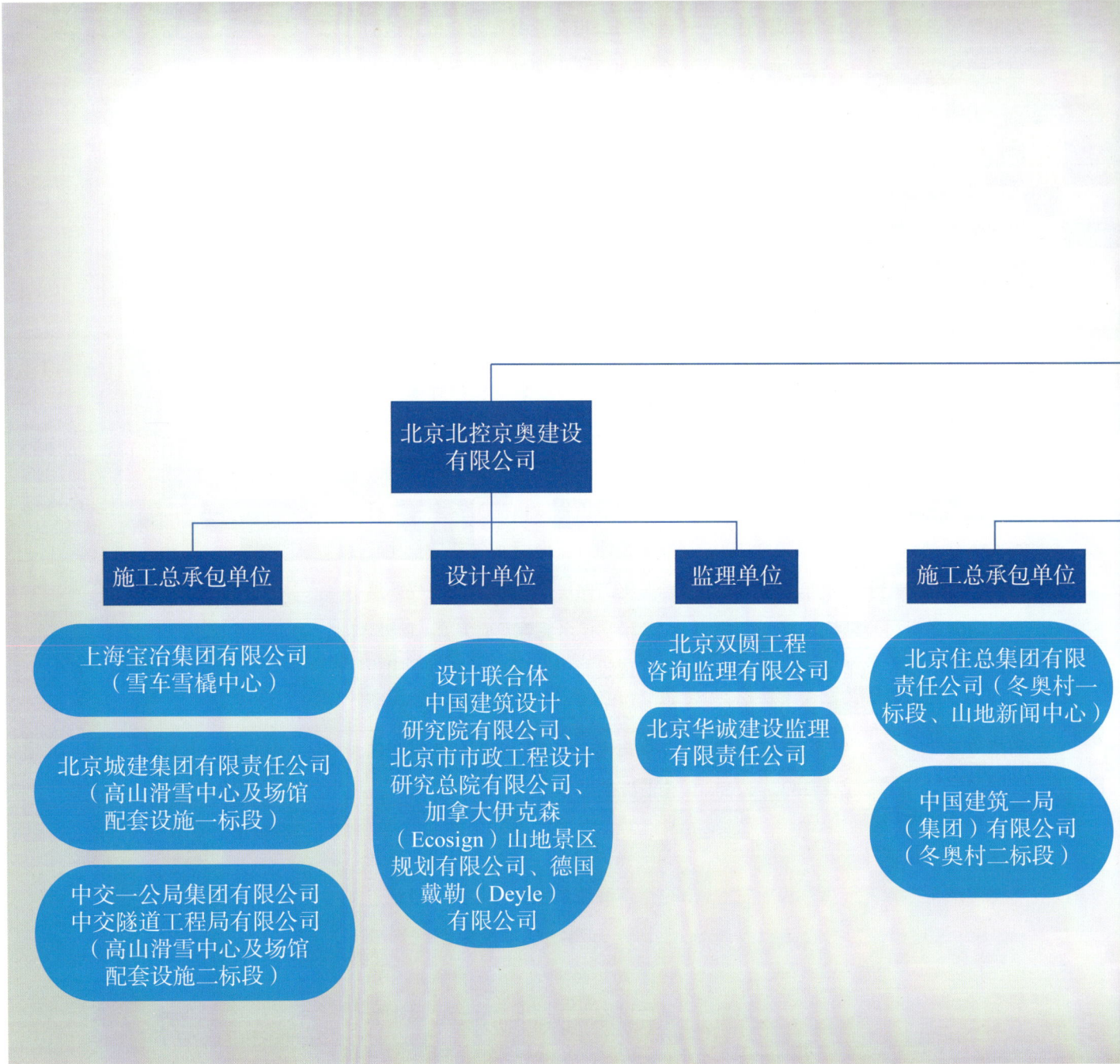

北京 2022 年冬奥会延庆赛区项目架构

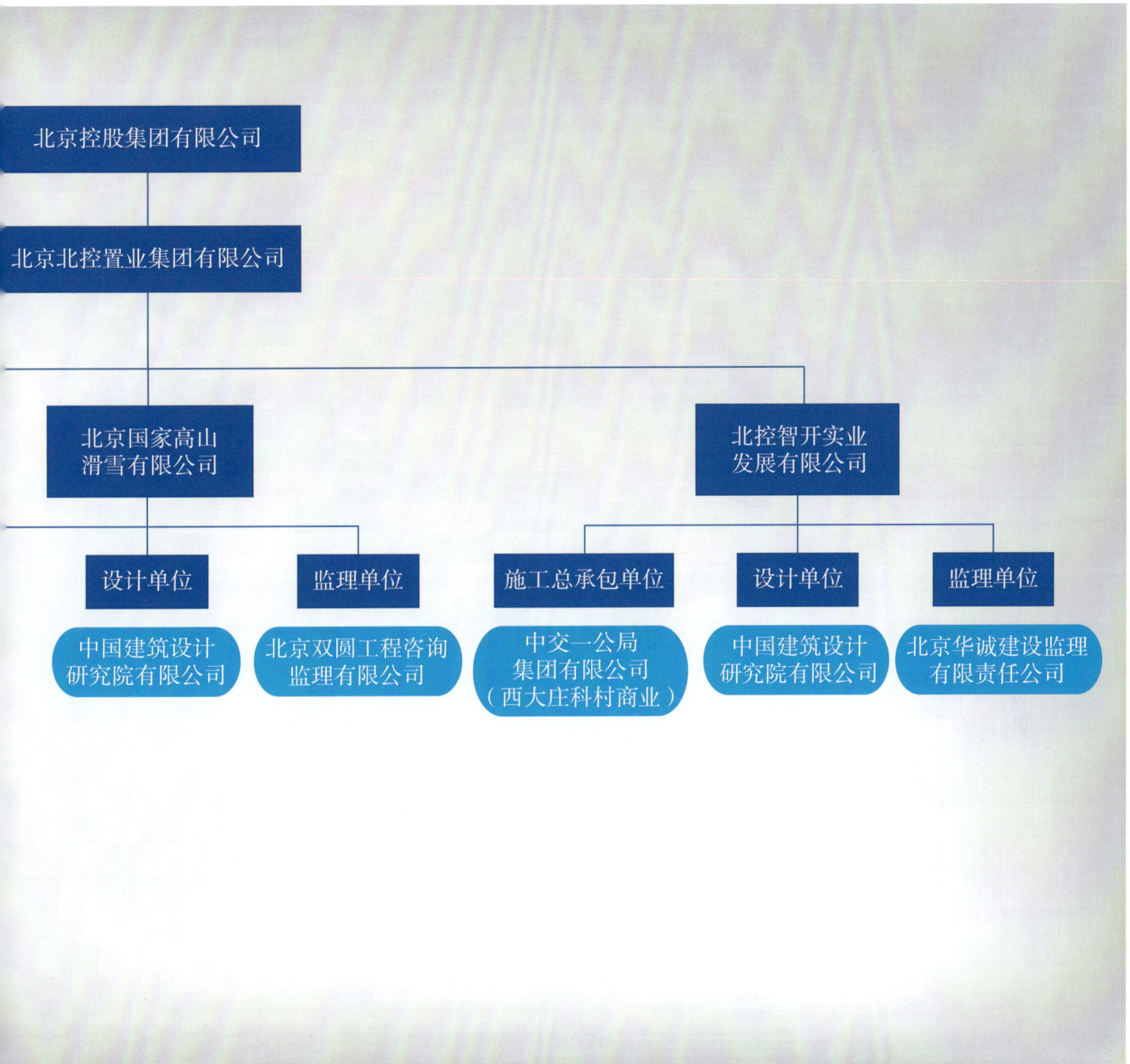

北京控股集团有限公司

北京北控置业集团有限公司

北京国家高山滑雪有限公司

北控智开实业发展有限公司

设计单位

监理单位

施工总承包单位

设计单位

监理单位

中国建筑设计研究院有限公司

北京双圆工程咨询监理有限公司

中交一公局集团有限公司（西大庄科村商业）

中国建筑设计研究院有限公司

北京华诚建设监理有限责任公司

Survey and Design

勘察设计篇

Survey and Design
勘察设计篇

02

冬奥会延庆赛区

勘察设计篇

Survey and Design

延庆赛区是北京 2022 年冬奥会和冬残奥会三大赛区之一，其核心区位于北京市延庆区燕山山脉军都山以南的海陀山区域、小海陀南麓山谷地带，南临延庆盆地，邻近松山国家森林公园自然保护区。赛区所在位置山高林密，风景秀丽，谷地幽深，地形复杂，建设用地狭促。延庆赛区总用地面积为 799.13 万 m^2（含建设用地、代征绿地、代征道路总用地面积）。

延庆赛区总体规划设计围绕"山林场馆、生态冬奥"理念，即"山林掩映中的场馆群 + 绿色生态可持续冬奥"的核心理念展开，通过赛道设计、建筑设计和景观设计的联合创新，力图打造具有里程碑意义的赛事场馆，最大程度丰富运动员的参赛体验、提升观众的观赛感受；最大限度减少工程建设对既有自然环境的扰动，使建筑景观与自然有机结合，在满足精彩奥运赛事要求的基础上，力图建设一个融于自然山林中的绿色冬奥赛区。同时，注重奥运遗产的长期良性利用和运营，延续并保持延庆所拥有的独特的地质遗迹、历史人文和生态环境资源，践行可持续发展理念。

本篇记述国家高山滑雪中心、国家雪车雪橇中心两个竞赛场馆，延庆冬奥村、山地新闻中心两个非竞赛场馆，以及其他配套附属设施建设勘察设计的全过程及其亮点。

延庆赛区核心区
设计概要

01

延庆赛区是北京 2022 年冬奥会和冬残奥会三大赛区之一，其核心区位于北京市延庆区燕山山脉军都山以南的海陀山区域、小海陀南麓山谷地带，南临延庆盆地，邻近松山国家森林公园自然保护区。赛区所在位置山高林密，风景秀丽，谷地幽深，地形复杂，建设用地狭促。

延庆赛区在冬奥会期间主要举办被誉为"冬奥会皇冠上的明珠"的高山滑雪和"冰雪运动中的一级方程式（F1）"的雪车、雪橇 3 个大项、21 个小项的比赛，产生 21 块金牌，约占金牌总数的 1/5；在冬残奥会期间主要举办高山滑雪比赛，产生 30 块金牌，约占金牌总数的 3/8。

延庆赛区总用地面积为 799.13 万 m²。

01 | 第一节　总体布局

延庆赛区核心区集中建设两个竞赛场馆——国家高山滑雪中心、国家雪车雪橇中心和两个非竞赛场馆——延庆冬奥村、山地新闻中心（附属建筑），以及大量配套设施，是工程建设最具挑战性的冬奥赛区。

作为北京 2022 年冬奥会和冬残奥会遗产计划重要的组成部分，延庆赛区的功能定位为：打造国际一流的高山滑雪中心、雪车雪橇中心及国家级雪上训练基地，树立体现绿色、生态、可持续发展理念的工程典范，以及建设北京区域性集山地冰雪运动、休闲旅游及冬奥主题公园为一体的服务空间。延庆赛区面临四大挑战：场馆设计、建设、运行零经验，两个雪上竞赛场馆设计、建设难度高；高山、深谷、密林环境给规划、建设、运行带来极大挑战；需要对所在环境、生态敏感和经济不发达地区进行综合考量；冬奥会高标准的赛事要求、体育与文化的融合要求及向世界展现中国

延庆赛区核心区鸟瞰效果

文化的窗口建设要求。

延庆赛区核心区总体布局分为北、南两区。北区主要建设国家高山滑雪中心，范围以 2198m 高程的小海陀山顶为起始，向下经中间平台（1554m）、竞技结束区（1478.50m）、竞速结束区（1278m）及高山集散广场（1254m），沿山谷至 1050m 塘坝及 A 索道中站（1041m）；南区主要建设国家雪车雪橇中心、延庆冬奥村及山地新闻中心等，范围由 1050m 高程沿山谷向下经雪车雪橇中心出发区（1017m），冬奥村（913~962m），900m 塘坝及隧道、西大庄科村，山地新闻中心（907m），再沿山谷至延崇高速公路入口（816m）。

各功能区由延庆赛区连接线和园区 1~6 号路联系起来，并串联票检广场、山下交通枢纽和高山集散广场；山地索道系统由 11 段索道构成，自南区冬奥村西侧的山下索道站连接至北区高山集散广场、中间平台和各赛道及训练雪道出发区、结束区；各功能区分布停车设施，并配备 1 处直升机停机坪，满足赛区（特别是国家高山滑雪中心）的应急救援等需求。

02 | 第二节　设计工作模式

　　北京冬奥会延庆赛区场馆设施建设项目的总平面规划设计、工程设计，由中国建筑设计研究院有限公司（简称"中建院"）牵头，联合北京市市政工程设计研究总院有限公司（简称"北京市政院"）、加拿大伊克森（Ecosign）山地景区规划有限公司（简称"伊克森公司"）、德国戴勒（Deyle）有限公司（简称"戴勒公司"）承担。其中，中建院负责赛区的总体控制，同时完成国家高山滑雪中心（含山体设计配合）、国家雪车雪橇中心（含赛道设计配合）、延庆冬奥村、山地新闻中心及其配套设施，以及生态修复工作的工程设计；北京市政院负责赛区内道路及桥梁、市政设施及管线的工程设计，各类设施及建筑的边坡支护工程设计；伊克森公司负责赛区总体设计咨询、国家高山滑雪中心的雪道（山体）工程设计、索道系统路由的确定、造雪系统技术要求的提出；戴勒公司负责国家雪车雪橇中心的赛道工艺设计。两家国外公司的工作类似常规体育建筑设计中的体育工艺设计。

　　在延庆赛区被划分为 A、B 两部分后，B 部分的工程设计由中建院承担。受行业管理、设计资质及项目特殊性的限制，部分配套设施、基础设施由专业公司进行设计（表 2-1-1）。为保证赛区内建 / 构筑物风貌的总体协调，中建院除负责建筑工程设计外，几乎参与了所有配套设施、基础设施的外观设计。此外，还有若干专业工程单位承担特殊山地条件和有特殊功能需求的专项工程（表 2-1-2）。

延庆赛区部分配套设施、基础设施设计负责单位　　　表 2-1-1

设施名称		设计单位
延庆赛区A部分范围内的配套设施	造雪引水塘坝工程	北京水利规划设计研究院
	国家高山滑雪中心造雪系统	意大利天冰（TechnoAlpin）造雪设备有限公司
	国家高山滑雪中心索道系统	奥地利多贝玛亚（Doppelmayr）运送系统有限公司
	国家高山滑雪中心高填方区域抗滑移工程	中交公路规划设计院有限公司
	国家雪车雪橇中心氨制冷系统工程	华商国际工程有限公司
	LNG 站工程	北京市公用工程设计监理有限公司（工艺和机电部分）、中建院（土建部分）
延庆赛区内的独立基础设施	造雪引水及集中供水工程	北京水利规划设计研究院
	配套综合管廊工程	北京水利规划设计研究院
	110kV 变电站工程	北京电力经济技术研究院有限公司
	天气雷达站工程	中建院（土建部分）、北京敏视达雷达有限公司（雷达部分）

负责特殊山地条件和特殊功能需求专项工程的专业工程单位 表 2-1-2

专 项 工 程	专 业 工 程 单 位
防洪治理工程	中交建设集团有限公司
地灾治理工程	北京市勘察设计研究院有限公司
绿化及场地修复工程	澳洋集团有限公司
国家雪车雪橇中心氨制冷系统工程	华商国际工程有限公司、德国江森（Johnson）公司
造雪引水塘坝工程	北京金河水务建设集团有限公司
国家高山滑雪中心雪道抗滑移工程	中交建设集团有限公司
国家高山滑雪中心造雪系统工程	中煤建设集团工程有限公司
国家高山滑雪中心索道系统工程	山东泰安建筑工程集团有限公司、葫芦岛锦杨索道安装有限公司

不仅是场馆设施的设计方阵容庞大，中建院自身的专业设置也不同于常规建设项目。

由于赛区场馆设施的选址、建设范围、规模一直在根据建设要求进行调整，因而规划专业的工作一直延伸到了施工配合阶段。除了常规建设项目涉及的总图、景观、建筑、室内、结构、给排水、暖通、电气、智能化、经济等专业外，中建院首次在工程设计中设置了可持续专业，该专业的设置使《北京2022 年冬奥会和冬残奥会可持续性计划》的精神与理念在设计层面得以全面落实。延庆赛区核心区的道路被定义为"次市政道路"。随着冬奥会交通运行政策的逐渐明晰，核心区内外的交通组织、场馆群的交通组织、场馆内的交通组织均会影响道路、建筑、停车设施的建设。施工过程中，交通专家不断地将交通调整需求输入工程设计，在明确行驶、停放大型转播车等需求后，结合山地条件模拟、校核停车平台出入口、引桥的设计。因为雪车雪橇赛道的特殊形式，一些

介于市政桥梁与建筑间的"桥梁"由道桥专业进行了专项设计。

复杂山地环境与城市建设环境不同，连详细的地形图也不能反映用地的全部现状，而现状条件是随着工程建设的推进逐步明确或者改变的。在与之并行的需求线上，包括高标准无障碍需求在内的国际奥委会、国际残奥委会、国际单项体育组织、北京冬奥组委及测试赛组委会提出的运行需求与比赛项目的建设需求也逐步明晰。虽然外方设计公司承担了技术支持的工作，但设计责任依然在中方设计团队身上。基于上述原因，延庆赛区场馆设施设计一直处在滚动、深化的过程中，并且一直延伸到施工配合阶段。

复杂的地形和复杂建筑使三维模型辅助设计成为必然，而模型也需要随着工程的进展不断优化，以更准确、直观地指导施工。为保证项目施工的顺利推进，各专业还针对山地环境、项目特点及多专业配合等情况，梳理了常规建设项目以外的施工配合要点及设计对策。

03 | 第三节 规划设计依据

一、设计合同

《2022 年冬奥会及冬残奥会延庆赛区场馆设施建设项目设计合同》及其后续系列补充协议。

二、政府部门及北京冬奥组委的相关批复与标准

北京市规划和国土资源管理委员会《关于北京 2022 年冬奥会和冬残奥会延庆赛区核心区总体规划的批复》（市规划国土函〔2017〕1081 号）。

第 24 届冬奥会工作领导小组第四次全体会议审议通过的《北京延庆赛区核心区规划》。

北京市环境保护局《关于〈2022 年北京冬奥会及冬残奥会延庆赛区核心区总体规划环境影响报告书〉审查意见的函》（京环函〔2017〕192 号）及其附件。

北京市延庆区环境保护局《关于〈2022 年冬奥会及冬残奥会延庆赛区国家高山滑雪中心项目环境影响报告书〉的批复》（延环保审字〔2017〕0026 号）及其附件。

北京市延庆区环境保护局《关于〈国家雪车雪橇中心项目环境影响报告书〉的批复》（延环保审字〔2017〕0067 号）及其附件。

北京市水务局《关于〈北京 2022 年冬奥会和冬残奥会延庆赛区国家高山滑雪中心、国家雪车雪橇中心等场馆及配套基础设施规划水资源论证报告〉的批复》（京水行许字〔2018〕204 号）及其附件。

北京市水务局《关于〈国家雪车雪橇中心水影响评价报告书〉的批复》（京水评审〔2018〕94 号）、《关于〈国家高山滑雪中心水影响评价报告书〉的批复》（京水评审〔2018〕97 号）及其附件。

北京市水务局《关于〈延庆赛区 A 部分场馆配套基础设施水影响评价报告书〉的批复》（京水评审〔2019〕213 号）及其附件。

北京市交通委员会《关于〈北京 2022 年冬奥会及冬残奥会延庆赛区高山滑雪中心、雪车雪橇中心、配套基础设施、奥运村、媒体中心等项目交通影响评价〉审查意见的函》及其附件。

北京市延庆区文化和旅游局《关于进一步加强冬奥延庆赛区文物保护工作的函》（延文旅文〔2019〕168 号）。

《"北京 2022 冬奥会及冬残奥会延庆赛区高山滑雪中心、雪车雪

国家雪车雪橇中心、延庆冬奥村所在区域原始地貌

橇中心及配套基础设施项目地质灾害评估服务"项目地质灾害危险性评估报告》。

《北京 2022 年冬奥会及冬残奥会延庆赛区场馆设施建设项目山洪影响评价报告》。

中国地震协会《关于〈北京 2022 年冬奥会及残奥会延庆赛区高山滑雪中心、雪车雪橇中心、配套基础设施、奥运村、媒体中心等项目工程场地地震安全性评价报告〉技术审查的意见》（震学安评

〔2018〕012 号）及其附件。

《2022 冬奥会延庆赛区市政保障规划》。

《2022 年第 24 届冬季奥林匹克运动会主办城市合同》及其细则。

国际奥林匹克委员会《奥运会场馆和基础设施指南》（2015 年 9 月）。

《北京冬奥会医疗卫生保障相关标准（规范）》。

《北京 2022 年冬奥会和冬残奥会场馆与基础设施可持续性指南

（规划设计阶段）》。

北京 2022 年冬奥会和冬残奥会组织委员会、中国残疾人联合会、北京市人民政府、河北省人民政府联合颁布的《北京 2022 年冬奥会和冬残奥会无障碍指南》。

北京市发展和改革委员会《关于国家高山滑雪中心建设项目前期工作函》（京发改（前期）〔2018〕7号）、《关于国家雪车雪橇中心建设项目前期工作函》（京发改（前期）〔2018〕8号）、《关于延庆赛区 A 部分场馆配套基础设施建设项目前期工作函》（京发改（前期）〔2018〕9号）。

北京市发展和改革委员会《关于延庆山地新闻中心建设项目前期工作函》（京发改（前期）〔2018〕94号）、《关于延庆冬奥村建设项目前期工作函》（京发改（前期）〔2018〕95号）。

北京市规划和国土资源管理委员会《2022 年冬奥会及冬残奥会延庆赛区 B 部分土地一级开发项目 B-J-01 等地块建设项目规划条件》（2018 规土条供字 0003 号）。

北京市规划和国土资源管理委员会《关于北京 2022 年冬奥会及冬残奥会延庆赛区冬奥村（冬残奥村）、山地新闻中心等项目专家评审会会议纪要》。

北京市规划和自然资源委员会《关于延庆冬奥村、延庆山地新闻中心项目"多规合一"协同平台初审意见的函》（规土初审函〔2018〕8号）。

北京市发展和改革委员会《关于国家高山滑雪中心、国家雪车雪橇中心及配套设施项目建议书（代可行性研究报告）的批复》（京发改（审）〔2019〕566号）。

北京市规划和自然资源委员会《国家高山滑雪中心、国家雪车雪橇中心及配套设施建设项目选址意见书》（2020 规自（延）选字0005号）。

北京市规划和自然资源委员会《关于国家高山滑雪中心、国家雪车雪橇中心及配套设施部分项目设计方案审查意见的函》（2020 规自审改试点函字 0001 号）、《关于延庆冬奥村、延庆山地新闻中心项目设计方案审查意见的函》（2020 规自审改试点函字 0008 号）。

北京冬奥组委审议通过的《国家高山滑雪中心、国家雪车雪橇中心和延庆冬奥村规划设计初步设计方案》。

北京市延庆区公安消防支队《关于国家雪车雪橇中心以及国家高山滑雪中心建设项目消防设计意见函》（京公（延）消复函字〔2017〕006号）。

北京市公安局消防局《关于对2022 年冬奥会延庆赛区国家高山滑雪中心、国家雪车雪橇中心、延庆冬奥村三个场馆设计方案意见的情况报告》。

《北京 2022 年冬奥会及残奥会延庆赛区高山滑雪中心、雪车雪橇中心及配套基础设施项目风洞试验－冬奥会延庆赛区气象观测风速分析报告》。

《冬奥会延庆赛区重现期风速、设计参考风压风洞试验报告》。

《延庆建筑设计气象参数统计及典型年数据集》。

04 | 第四节　规划设计进程

2016 年 10 月 26 日，获得北京市发展和改革委员会《关于 2022 年冬奥会及冬残奥会延庆赛区场馆设施建设项目前期工作函》（京发改（前期）〔2016〕18 号）。

2016 年 11 月 18 日，获得北京市规划和国土资源管理委员会《关于冬奥会延庆赛区场馆设施建设项目有关规划意见的函》（市规划国土函〔2016〕1000 号）。

2017 年 4 月 26 日，获得北京市规划和国土资源管理委员会《关于北京 2022 年冬奥会和冬残奥会延庆赛区核心区总体规划的批复》（市规划国土函〔2017〕1081 号）。

2017 年 8 月 7 日，获得北京市发展和改革委员会《关于国家雪车雪橇中心建设项目前期工作函》（京发改（前期）〔2017〕156 号）、《关于国家高山滑雪中心建设项目前期工作函》（京发改（前期）〔2017〕157 号）、《关于延庆赛区 A 部分场馆配套基础设施建设项目前期工作函》（京发改（前期）〔2017〕158 号）。

2017 年 10 月 10 日，第 24 届冬奥会工作领导小组第四次全体会议审议通过《北京延庆赛区核心区规划》。

2017 年 11 月 8 日，获得北京市规划和国土资源管理委员会《延庆区张山营镇西大庄科村的 2022 年冬奥会及冬残奥会延庆赛区 B 部分一级开发建设项目规划条件》（2017 规土条整字 0004 号）。

2017 年 11 月 30 日，获得北京市延庆区公安消防支队《关于国家雪车雪橇中心以及国家高山滑雪中心建设项目消防设计意见函》（京公（延）消复函字〔2017〕006 号）。

2017 年 12 月 20 日，获得北京市规划和国土资源管理委员会《关于国家雪车雪橇中心项目设计方案审查意见的函》（2017 规土审改试点函字 0054 号）。

2017 年 12 月 26 日，获得北京市规划和国土资源管理委员会《关于国家高山滑雪中心项目设计方案审查意见的函》（2017 规土审改试点函字

0055 号）。

2018 年 2 月 5 日，获得北京市发展和改革委员会《关于国家高山滑雪中心建设项目前期工作函》（京发改（前期）〔2018〕7 号）、《关于国家雪车雪橇中心建设项目前期工作函》（京发改（前期）〔2018〕8 号）。

2018 年 2 月 28 日，获得北京市发展和改革委员会《关于延庆赛区 A 部分场馆配套基础设施建设项目前期工作函》（京发改（前期）〔2018〕9 号）。

2018 年 5 月 22 日，获得北京市规划和国土资源管理委员会《关于国家高山滑雪中心、国家雪车雪橇中心及 A 部分场馆配套基础设施建设项目设计方案审查意见的函》（2018 规土审改试点函字 0011 号）。

2018 年 6 月 4 日，获得北京市规划和国土资源管理委员会《2022 年冬奥会及冬残奥会延庆赛区 B 部分土地一级开发项目 B-J-01 等地块建设项目规划条件》（2018 规土条供字 0003 号）。

2018 年 6 月 15 日，北京冬奥组委审议通过《国家高山滑雪中心、国家雪车雪橇中心和延庆冬奥村规划设计初步设计方案》。

2018 年 11 月 29 日，获得北京市发展和改革委员会《关于延庆山地新闻中心建设项目前期工作函》（京发改（前期）〔2018〕94 号）。

2018 年 12 月 12 日，通过北京市规划和国土资源管理委员会组织的"北京 2022 年冬奥会及冬残奥会延庆赛区冬奥村（冬残奥村）、山地新闻中心等项目专家评审会"的评审。

2018 年 12 月 13 日，获得北京市发展和改革委员会《关于延庆冬奥村建设项目前期工作函》（京发改（前期）〔2018〕95 号）。

2018 年 12 月 18 日，获得北京市规划和自然资源委员会《关于延庆冬奥村、延庆山地新闻中心项目"多规合一"协同平台初审意见的函》（规土初审函〔2018〕8 号）。

2018 年 12 月 21 日，按照北京市 2022 年冬奥会工程建设指挥部办公室《北京 2022 年冬奥会延庆赛区建设工作推进会会议纪要》（第 125 期）的要求，延庆赛区核心区各项建设工程全面进入施工图设计阶段。

2019 年 12 月 26 日，获得北京市发展和改革委员会《关于国家高山滑雪中心、国家雪车雪橇中心及配套设施项目建议书（代可行性研究报告）的批复》（京发改（审）〔2019〕566 号）。

2020 年 3 月 11 日，获得北京市规划和自然资源委员会《关于国家高山滑雪中心、国家雪车雪橇中心及配套设施部分项目设计方案审查意见的函》（2020 规自审改试点函字 0001 号）。

2020 年 4 月 21 日，获得北京市规划和自然资源委员会《国家高山滑雪中心、国家雪车雪橇中心及配套设施建设项目选址意见书》

北控集团副董事长、常务副总经理李永成
（右一）在项目现场调研

（2020规自（延）选字0005号）。

2020年11月24日，获得北京市规划和自然资源委员会《关于延庆冬奥村、延庆山地新闻中心项目设计方案审查意见的函》（2020规自审改试点函字0008号）。

延庆赛区核心区的规划设计进程看似有些曲折，甚至出现了反复，但这是赛区核心区内竞赛场馆建设零经验、山形地势复杂、基础设施薄弱、赛事标准及可持续标准高等特点带来的必然过程。设计单位采取"以设计带需求、以场馆带规划"的设计策略，建设单位全力推进，各政府主管部门创新办公，才使得规划设计得以"波浪式前进，螺旋式上升"，保证了项目建设的顺利进行。

延庆赛区核心区
工程勘察

02

受北京北控京奥建设有限公司委托，北京市勘察设计研究院有限公司承担了北京 2022 年冬奥会及冬残奥会延庆赛区（国家高山滑雪中心、国家雪车雪橇中心及配套基础设施）勘察工作，拟建项目分为国家高山滑雪中心、国家雪车雪橇中心、配套基础设施三部分。其中，国家高山滑雪中心勘察内容包括雪道、技术道路、竞技及竞速结束平台、山顶平台、索道等；国家雪车雪橇中心勘察内容包括赛道、附属配套建筑、伴随路、3 号路及支挡结构等；配套设施包括园区路、管线、道路连接线、LNG 站、垃圾转运站等。

01 | 第一节　　勘察依据

北京 2022 年冬奥会及冬残奥会延庆赛区（国家高山滑雪中心、国家雪车雪橇中心及配套基础设施）勘察项目委托书及相关设计文件、图纸。

02 | 第二节　　勘察标准及文件

《北京地区建筑地基基础勘察设计规范》（DBJ 11-501—2009）（2016 年版）。

《岩土工程勘察规范》（GB 50021—2001）（2009 年版）。

《建筑地基基础设计规范》（GB 50007—2011）。

《建筑边坡工程技术规范》（GB 50330—2013）。

《建筑抗震设计规范》（GB 50011—2010）（2016 年版）。

《中国地震动参数区划图》（GB 18306—2015）。

《土工试验方法标准》（GB/T 50123—1999）。

《工程岩体试验方法标准》（GB/T 50266—2013）。

《湿陷性黄土地区建筑规范》（GB 50025—2004）。

《建筑桩基技术规范》（JGJ 94—2008）。

《建筑地基处理技术规范》（JGJ 79—2012）。

《建筑基坑支护技术规程》（JGJ 120—2012）。

《建筑基坑支护技术规程》（DB 11/489—2016）。

《工程岩体分级标准》（GB/T 50218—2014）。

《城市轨道交通岩土工程勘察规范》（GB 50307—2012）。

《岩土锚杆与喷射混凝土支护工程技术规范》（GB 50086—2015）。

《市政工程勘察规范》（CJJ 56—2012）。

《铁路隧道设计规范》（TB 10003—2016）。

《公路工程地质勘察规范》（JTG C20—2011）。

《公路沥青路面设计规范》（JTG D50—2017）。

《公路工程抗震规范》（JTG B02—2013）。

《室外给水排水和燃气热力工程抗震设计规范》（GB 50032—2003）。

《高填方地基设计规范》（GB 51254—2017）。

《地基土动力特性测试规范》（GB/T 50269—2015）。

《区域水文地质工程地质环境地质综合勘查规范》（GB/T 14158—1993）。

《建筑工程地质勘探与取样技术规程》（JGJ/T 87—2012）。

《公路工程物探规程》（JTG/T C22—2009）。

《公路路基设计规范》（JTG D30—2015）。

《公路工程岩石试验规程》（JTG E41—2005）。

《房屋建筑和市政基础设施工程勘察文件编制深度规定》（2010 年版）。

03 | 第三节　勘察目的和任务

查明区域性地质构造、工程地质、水文地质、气象、地震、地貌、地下水动态、古河道等情况并提供有关资料。

查明有无影响工程场地稳定的不良地质作用，若存在及时分析其成因

类型、分布范围、预测发展趋势，并评价其对该工程建设的影响。

查明工程钻探深度范围内地层成因年代、地层结构基本特征、各岩土层的物理力学性质和空间分布的基本特点，提供场区各层土的物理力学性质测试和试验参数。

查明工程场区地下水的赋存类型、埋藏分布条件、动态规律，并评价含水层的渗透性特征；提供历年最高地下水位高程、近 3~5 年最高地下水位高程、水位年动态变幅值；提供抗浮设计水位。

查明地下水水质，并评价其对基础结构材料的腐蚀性。

通过现场测试与室内分析，确定场地土类别和场地类别，对场地土进行液化判别。分析场地土的工程特性，分析地基土和雪道边坡的稳定性，评价地基土工程性状及对设计、施工的影响，提供边坡、地基加固治理的施工措施建议。

针对设计、施工特点，分析边坡土层、地下水与工程的相互作用和影响，预测潜在的工程问题，提出与设计、施工相关的工程措施建议。

结合场地的周边环境特征、地层地下水条件、设计施工条件，对基坑开挖的支（防）护措施以及地下水降水措施，提出技术建议和要求。

提供设计、施工所需的各类岩土技术参数。提出施工、运营期间的监测内容、建议和要求。

04 | 第四节　勘察过程

勘察单位接到业主单位的中标通知后，即刻调配院内各专业骨干技术人员，组建项目团队。院级副总工程师从现场源头把关，全过程技术跟踪，掌控技术质量方向，主施部门行政领导挂帅统筹协调各专业人力资源及物资保障。项目团队历时 4 年，战严寒、斗酷暑，克服重重困难，圆满完成了赛区场馆及配套设施勘察工作。

勘察过程中与设计单位密切配合，紧随设计条件，分批分次完成各项勘察任务，提交了经施工图审查合格的勘察报告。过程中根据设计条件的变化，提交了部分补充勘察报告。整个项目勘察期间共提交了 48 件勘察报告。并随着施工开展，与参建各方共同完成了地基基础检验工作。于 2021年参与完成了项目的竣工验收工作。4 年间完成的主要、重点勘察项目时间节点参见流水图。

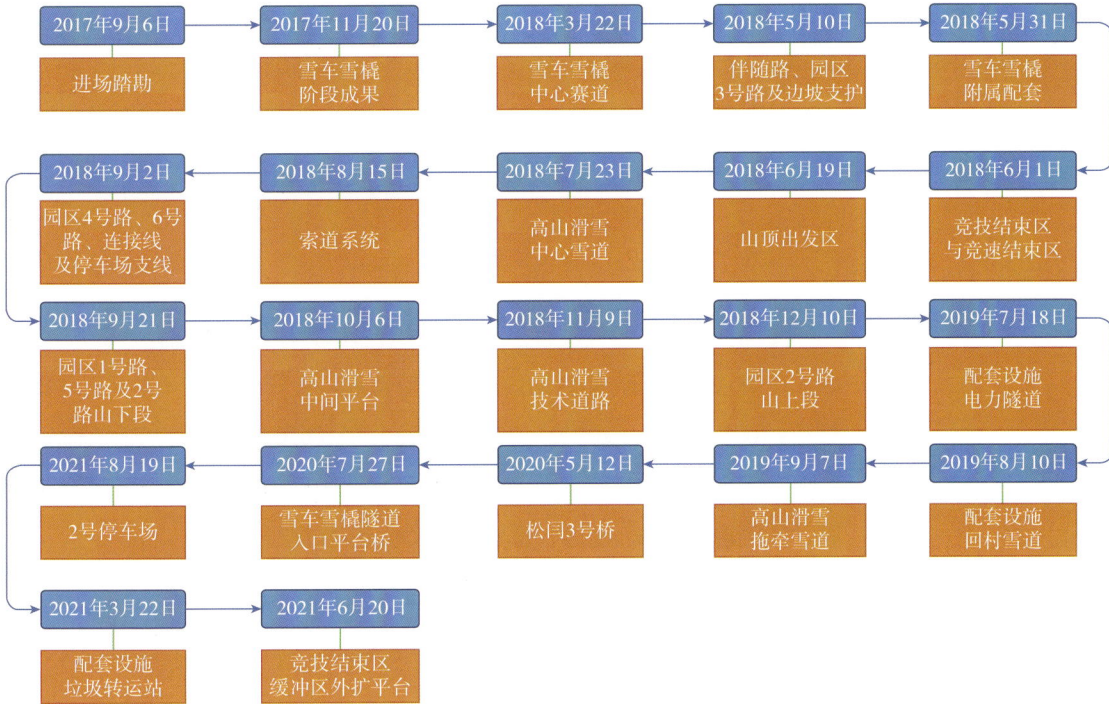

2017年9月6日	2017年11月20日	2018年3月22日	2018年5月10日	2018年5月31日
进场踏勘	雪车雪橇阶段成果	雪车雪橇中心赛道	伴随路、园区3号路及边坡支护	雪车雪橇附属配套
2018年9月2日	2018年8月15日	2018年7月23日	2018年6月19日	2018年6月1日
园区4号路、6号路、连接线及停车场支线	索道系统	高山滑雪中心雪道	山顶出发区	竞技结束区与竞速结束区
2018年9月21日	2018年10月6日	2018年11月9日	2018年12月10日	2019年7月18日
园区1号路、5号路及2号路山下段	高山滑雪中间平台	高山滑雪技术道路	园区2号路山上段	配套设施电力隧道
2021年8月19日	2020年7月27日	2020年5月12日	2019年9月7日	2019年8月10日
2号停车场	雪车雪橇隧道入口平台桥	松闫3号桥	高山滑雪拖牵雪道	配套设施回村雪道
2021年3月22日	2021年6月20日			
配套设施垃圾转运站	竞技结束区缓冲区外扩平台			

主要勘察报告时间节点流水图

各专业联合踏勘

定点测量

渗透试验

布设物探测线

勘察期间典型工作场景

05 | 第五节　工作重难点

一、在国内尚无相关工程勘察经验，勘察工作"无据可依"

冬奥项目在国内尚没有先例，无经验可循。项目组以设计诉求为导向，深入了解设计意图，结合国内现行规范特点，主要参考了《岩土工程勘察规范》（GB 50021—2001）（2009年版）、《公路工程地质勘察规范》（JTG C20—2011）及《市政工程勘察规范》（CJJ 56—2012）等标准的布孔原则，针对雪车雪橇、雪道、雪道边坡采取不同布孔原则。

二、场地条件、地基条件复杂，特殊性岩土发育，增加了工程问题分析难度

场地微地貌特征发育，场地内特殊性土发育，主要包括湿陷性土、碎石土、风化基岩等。

勘察过程中采用了调查、物探、钻探、现场试验、室内试验等综合手段。采用探井取大块土与现场双线法平板载荷试验相结合的办法查明了场地内的湿陷性土分布范围及湿陷性特征。

针对场地表层分布的碎石土，在常规动力触探、波速测试的基础上，通过现场筛分、大重度试验获得了碎石土的物理参数；通过现场推剪试验、平板载荷试验获得了碎石土的实测抗剪强度指标和承载力。

在场区内进行了无人机航测，并利用三维建模软件建立三维实景模型，直观地分析了拟建场地的地形地貌与排水条件。通过地形坡度分析与地质

综合勘察手段

钻机艰难搬运

调查相结合的办法获取了场地碎石土天然休止角。

采用双管单动技术全孔取芯专利技术，获得了碎石土地层与风化岩接触带岩芯极佳的取芯效果。结合物探成果，给出了较为准确的基岩埋深。

三、国家高山滑雪中心场地高差极大，钻机搬运、施工用水均极为困难

勘察钻孔大都位于崇山峻岭山脊之上，钻机搬家难，供水更难。在钻机就位后，项目部根据地形特点采用了多种不同的途径供水。针对位于小海陀峰的钻孔，其距离水车能到达的位置还有 3km，高差 720m，直接泵水困难，项目部为了不耽误工期，采用骡子驮运、人工肩抬背扛等方法，确保了钻机运转。同时，组织人员排布水管及水泵，并最终通过 9 级泵站将水泵送至场地沿线钻孔。

班前安全讲话

四、场地地处松山自然保护区，防火、环保不容存在丝毫侥幸心理

项目组在进场作业前就首先明确了防火、环保要求对勘察项目顺利实施的重要性，建立了一系列安全管理制度，定期组织安全培训。规范钻探泥浆排放，及时收集带出场地。场地内严禁用火烘烤，为了解决冬季柴油发动机上冻的问题，钻探班组作业时利用热水加热，作业后排空管线残水，"双管"齐下，4 年施工期间未发生一起安全问题。

06 | 第六节　勘察方法及工作量

该工程前后共动用了 SH30 型孔内锤击钻机、XY-100 型旋转钻机、DPP-100 型旋转钻机及 ZG-1 型轻型钻机近 300 台次。截至 2021 年 10 月，已完成勘察工作，提交地勘报告 48 份，共完成钻探进尺 24133.4m，探槽方量 3938.4m³。

03

第三章　C H A P T E R　T H R E E

国家高山滑雪中心
场馆设计

01 | 第一节　场馆概况

　　国家高山滑雪中心位于延庆赛区核心区北区，整个用地近似菱形，顶端最高点为小海陀峰，以此峰向西南与东南沿山脊线方向延伸，底端汇聚于佛峪口沟上口（1238m）。整个地势为各条沟谷从东北小海陀峰向下汇聚至西南角沟口，海拔高差约为960m，山体坡度大多在40%以上，满足冬奥会高山滑雪竞赛场地的需求。场馆内同时规划竞速、竞技两类场地，设有竞赛雪道及配套的训练雪道、联系雪道和技术雪道，是国内第一座按冬奥赛事标准建设的高山滑雪场馆，负责举办北京2022年冬奥会和冬残奥会高山滑雪所有项目的比赛。

　　国家高山滑雪中心基地面积为432.4万 m^2，其中建设用地约6万 m^2，建筑面积约4.3万 m^2，其中室外建筑面积（挑廊、平台、楼梯等）约1.1万 m^2。根据国际奥委会（IOC）提供的竞赛场馆设计大纲（Venue Brief）通用文件及北京冬奥组委（BOCOG）各业务领域的实际空间需求，国家高山滑雪中心赛时总体空间需求约59000 m^2。容纳核心功能的永久建筑及临时设施分散布局，围绕雪道规划形成集散广场及竞速结束区、竞技结束区、山顶出发区等主要建设区域。赛区内共配置9条客运索道，解决从延庆冬奥村至集散广场再到各功能区的主要交通需求。同时，为提高交通运输保障能力，保证媒体转播及冬残奥会的运行需求，专门设置了园区2号路。该道路由延庆冬奥村通至集散广场及两个结束区，道路总长度约7.6km，平均坡度8%。

雪后的国家高山滑雪中心

02 | 第二节　场馆设计依据

除延庆赛区核心区规划设计的总体设计依据外，国家高山滑雪中心的设计依据还包括以下文件。

1. 北京冬奥组委及国际单项体育组织文件

北京冬奥组委提供的《北京2022年冬奥会场馆大纲——国家高山滑雪中心》。

北京冬奥组委提供的《北京2022年冬奥会场馆设施手册——国家高山滑雪中心》。

国际滑雪联合会（FIS，简称"国际雪联"）提供的《国际滑雪竞赛规　第4册：高山滑雪联合规则》等的相关文件。

2. 规划许可

国家高山滑雪中心、国家雪车雪橇中心及配套设施建设项目-J2集散广场及竞速结束区（1号楼等4项）建设工程规划许可证（建字

第110229202000075号、2020规自（延）建字0034号）。

3. 国内相关标准规范

《民用建筑设计通则》（GB 50352—2005）。

《无障碍设计规范》（GB 50763—2012）。

《车库建筑设计规范》（JGJ 100—2015）。

《公共建筑节能设计标准》（GB 50189—2015）。

《公共建筑节能设计标准》（DB 11/687—2015）。

《民用建筑绿色设计规范》（JGJ/T 229—2010）。

《绿色建筑设计标准》（DB 11/938—2012）。

《建筑设计防火规范》（GB 50016—2014）（2018年版）。

《汽车库、修车库、停车场设计

防火规范》（GB 50067—2014）。

《建筑内部装修设计防火规范》（GB 50222—2017）。

《体育建筑设计规范》（JGJ 31—2003）。

《国家建筑标准设计图集：体育场地与设施（二）》（13J933-2）。

《体育场所开放条件与技术要求 第6部分：滑雪场所》（GB 19079.6—2013）。

《办公建筑设计规范》（JGJ 67—2006）。

《饮食建筑设计标准》（JGJ 64—2017）。

《城市消防站设计规范》（GB 51054—2014）。

《城市消防站建设标准》（建标 152—2011）。

其他国家及北京市有关工程建设标准强制性条文和现行的规范、规程。

4. 施工图审查

国家高山滑雪中心（北京市公共服务类投资审批改革试点项目）施工图设计文件技术咨询报告（房-01105-18-审改试点-0119，ZH01105-18-117-1）。

5. 其他依据

《冬奥会延庆赛区国家高山滑雪中心单体场馆风洞试验报告》。

《北京 2022 年冬奥会及冬残奥会延庆赛区场馆设施建设项目国家高山滑雪中心岩土工程勘察报告》。

03 | 第三节　场馆设计标准

建筑性质：北京冬奥会和冬残奥会赛时用于举办滑降、超级大回转、大回转、回转等高山滑雪比赛，赛后用于国家队训练及各级别高山滑雪比赛的甲级体育建筑。

结构设计使用年限：50 年。

抗震设防烈度：Ⅷ度，0.2g。

建筑分类：单、多层民用建筑。

建筑耐火等级：地上二级，地下室一级。

建筑防水等级：地下室一级，屋面一级。

结构选型：地下部分为混凝土框架剪力墙结构，地上部分为混凝土框架剪力墙结构和钢结构。

气候分区：严寒地区ⅠC。

绿色建筑标准：《绿色雪上运动场馆评价标准》（DB11/T 1606—2018）雪上运动场馆绿色三星。

建筑节能标准：执行北京市《公共建筑节能设计标准》（DB11/687—2015）。

场馆设计规模（冬奥赛时）：总席位数 8000 个，其中竞速比赛场地、竞技比赛场地各 4000 个（包括座席和站席）。

雪道按照《国际滑雪竞赛规则第 4 册：高山滑雪联合规则》的相关要求设计。

为满足冬奥会和冬残奥会赛事需求，场馆内需要建设包括临时看台在内的大量临时设施，临时设施的建设执行北京冬奥组委组织发布的《北京 2022 年冬奥会和冬残奥会临时设施工程建设指导意见》等相关标准及临时设施的相关行业和产品标准。场馆仅为临时设施的安装提供适当的基础条件。

04 | 第四节　雪道设计进程

2016 年 9 月 20—23 日，国际雪联对国家高山滑雪中心场地进行考察，进行雪道规划。

2016 年 11 月 16—19 日，国际雪联对国家高山滑雪中心场地进行考察，提出包括结束区设置在内的雪道线路设计、功能区设置等意见，并要求确定山体规划师。

2017 年 10 月 31 日，国家高山滑雪中心第一轮、第二轮、第三轮赛道及相关设计获得国际雪联邮件确认。

2017 年 11 月 25—27 日，国际雪联对国家高山滑雪中心进行场地考察，对土方工程进行过程检查，并考察冬残奥比赛场地。

2018 年 1 月 5 日，国家高山滑雪中心第四轮、第五轮赛道及相关设计获得国际雪联邮件确认。

2018 年 1 月 31 日，国家高山滑雪中心第六轮、第七轮赛道及相关设计获得国际雪联邮件确认。

2018 年 2 月 25—27 日，国际雪联对国家高山滑雪中心进行场地考察，考察赛道及结束区土方工程，对实施中遇到的问题及连接雪道、回村雪道、直升机停放处等提出设计建议。

竞技区域 G1 比赛雪道（左）和 G2 训练雪道（右）

2018 年 4 月 24—26 日，国际雪联对国家高山滑雪中心进行场地考察，考察赛道土方工程，对实施中遇到的问题及训练雪道、缆车线路等提出设计建议。

2018 年 9 月 20—23 日，国际雪联对国家高山滑雪中心进行场地考察，重点解决竞速赛道上半段与场地及环境的结合问题，对结束区和训练雪道的设计提出建议。

2018 年 11 月 7—8 日，国际雪联对国家高山滑雪中心进行场地考察，为制定竞速赛道和训练道的安全报告做准备，并提出对竞速赛道的优化设计建议。

2019 年 1 月 16—17 日，国际雪联对国家高山滑雪中心进行场地考察，检查竞速赛道下半段和竞速训练道、竞技赛道第一段和竞技训练道上半段的土方工程，做雪板测试道的选址。

2019 年 5 月 11—12 日，国际雪联对国家高山滑雪中心进行场地考察，制定竞速赛道和训练道的安全报告，全面检查赛道工程进度，检查雪板测试道。

2019 年 7 月 9—10 日，国际雪联对国家高山滑雪中心进行场地考察，全面检查雪道工程进度，重点关注滑降起点、山顶及跳跃点的工程情况，检查雪板测试道。

2019 年 8 月 29—30 日，国际雪联对国家高山滑雪中心进行场地考察，全面检查雪道工程进度，重点关注细节。

2019 年 9 月 16—17 日，国际雪联对国家高山滑雪中心进行场地考察，全面检查雪道工程进度，重

点关注防风墙设置、跳跃点土方工程及廊道建设。

2019 年 10 月 30 日，国际雪联对竞速赛道进行认证。

2020 年 1 月 14—16 日，国际雪联对国家高山滑雪中心进行场地考察，检查第十四届全国冬季运动会速度比赛赛道及训练道，确定改进计划。

2020 年 1 月 12—20 日，竞速场地举办第十四届全国冬季运动会高山滑雪滑降、超级大回转和全能项目，这是北京 2022 年冬奥会的第一场测试活动，也是 1991 年后国内第一次举办滑降项目的比赛，比赛全面测试了竞速场地的赛道、训练道及部分配套设施。

2020 年 11 月 9—13 日，国际雪联对国家高山滑雪中心进行场地考察，检查竞速赛道挡雪板、安全设施，确定起点，进行竞技赛道认证。

2021 年 2 月 15—27 日，举办了 2020/2021 赛季全国高山滑雪邀请赛暨全国残疾人高山滑雪邀请赛。其中，2020/2021 赛季全国高山滑雪邀请赛设置男子全能、大回转和女子全能、大回转 4 个竞赛项目，全国残疾人高山滑雪邀请赛设置男子超级大回转、回转和女子超级大回转、回转 4 个竞赛项目，国家高山滑雪中心接受了包括竞速结束区至竞技结束区转场在内的全面测试。

国家高山滑雪中心的设计与常规体育建筑的设计不同，包括初始规划、设计任务书编制等都是在国际雪联的主导下进行的，雪道设计在基本定型后，便开始实施，设计在国际雪联的一次次场地考察中不断完善，最终通过场地认证，完成山体设计。这个过程中与之匹配的建筑工程、造雪系统工程、缆车工程等均需进行对应调整，其中，建筑工程还需要按照版次递进的《北京 2022 年冬奥会场馆设施手册》进行调整，调整贯穿了整个施工过程。

05 | 第五节　基于冬奥会标准的雪道及场馆设计

一、项目定位和设计目标

设计结合延庆赛区建设国际一流的高山滑雪中心、国家级雪上训练基地的功能定位，开展高山滑雪场馆规划与设计关键技术研究，通过设计理念创新、建筑形态创新、建筑技术创新，符合延庆赛区"山林场馆、生态冬奥"主题设计理念的总目标。

通过相关设计技术的储备、应用、推广与发展，培育一支掌握核心设计技术、拥有国际高山滑雪项目专业场馆设计能力和经验的队伍，打破发达国家对雪上相关项目场馆设计和建设的技术垄断，提升我国冬奥会高山滑雪项目规划及设计领域的主导权和话语权，推动我国冰雪产业发展和产业技术升级。

（一）顺形势：场馆规划层面

（1）依托小海陀山的天然地形优势，创造各种差异并存的赛道，通过合理的规划和建筑设计来确立延庆海陀山滑降赛道在世界高山赛道中的地位。

（2）研究面向国际重大赛事的高山滑雪场馆规划布局技术，厘清关键影响要素，研究高山滑雪竞赛场馆规划布局关键要求，建立选址适宜性模型。

（二）弱介入：场馆设计层面

（1）响应与可持续理念契合的"弱介入"的创新设计理念，使复杂山地条件下建设的国家高山滑雪中心能够最大程度地保持延庆地区自然风貌，减少对山林环境的干扰，提出建筑技术创新理念。

（2）通过改进材料性能、材料加工工艺、构建方式等形式，将地方及传统材料运用于当代设计，合理利用天然建材，提出基于结构优化、生态手段、计算机应用的建筑技术创新方案，达成从选址布局、空间形态、建筑形象与山地及山林环境融合的设计技术创新。

（三）可逆式：场馆运行层面

（1）赛时，根据国际雪联比赛规则、奥运竞赛场馆要求，结合体育工艺要求，研究和制定高山滑雪场地范围内的功能分区、空间分配与流线组织方案；研究基于复杂山体条件、运行需求而形成的复杂索道线路系统、站房建设类型。

（2）赛后，根据赛后转化为国家奥林匹克山地公园及国家高山滑雪运动员训练基地的规划目标，将完成赛时与赛后的功能切换，响应与可持续理念契合的"可逆式"的创新设计理念。

二、冬奥标准的雪道（山体）设计

（一）雪道规划与设计

高山滑雪比赛项目主要包括：滑降（Downhill）、回转（Slalom）、大回转（Giant Slalom）、超级大回转（Super-G）、全能项目（Combined Events）、团体项目（Team Events）等，总体可归为速度项目与技术项目两大类。

国家高山滑雪中心共设4条竞赛雪道、4条训练雪道以及其他联系雪道和技术雪道，各类雪道总长度约为23.1km，最大垂直落差约925m。赛区内设置竞速与竞技两个结束区，是服务赛事的核心区域，具备竞赛终点、观众观赛、赛事组织、交通集散等多种功能，两个结束区以道路、索道和雪道相连。以往国际赛事雪道多按男子与女子技

部分雪道 BIM 模型

术难度不同，分设 2 条比赛主雪道，国家高山滑雪中心雪道设计以竞速与竞技项目划分为 2 条主雪道，另加 1 条团体赛道，在滑降雪道中段设置了足够的空间便于滑行线路的调整，以适合男子女子共用 1 条雪道滑行，满足各项比赛的要求。

国家高山滑雪中心运用 BIM 技术进行雪道设计，利用 BIM 设计软件搭建现状山体与设计雪道模型，推敲研究雪道与山体地形的拟合度（Fitting Degree），分析雪道各项技术指标的合理性与经济性，建立实地踏勘—模型搭建—踏勘对比—调整模型的循环工作方式，从技术、经济、施工等多方面进行统筹，达到精准设计。

（二）竞赛雪道

竞速雪道由上下两段雪道组成，主要承担滑降与超级大回转的比赛。雪道位于用地的中轴对角线上，起点高程 2179m，终点高程 1285m，垂直落差 894m，平均宽度 40m，坡面长度 3045m，平均坡度为 30%，其中最大坡度 68%，最小坡度 7.2%。竞速雪道缓冲区长 140m，最宽处 130m，坡度 5%，场地面积约 12600m²，满足赛事各项综合需求。

雪道上段位于山顶出发区至中间平台间，起始段位于小海陀西向山梁，然后进入山梁北侧落叶松林，此段充分利用了自然地形，同时展现了高山草甸与树林的自然风光。之后，雪道转为南向沿山脊直下，并设置 4 个跳

竞速雪道

运动员"漂移"冲过"海陀碗"

极速收窄的竞速雪道下段

跃点，此段为整条雪道最精彩之处，而且非常适合作为男子女子滑降共用赛道。雪道下段从中间平台至竞速结束区，雪道自此由山脊向西转入山谷，前半程为宽阔的碗状山谷，雪道宽达50m，后半程进入狭长的高山峡谷地段，雪道宽仅15m，出峡口处为最后一个跳跃点，结束比赛。此段雪道独具特色，尤其是高山峡谷地段，为世界独有。整条竞速雪道从草甸到松林，从山脊到峡谷，跌宕起伏，变化多端，充分展示了高山滑降运动的惊险与刺激、速度与激情，是世界高难度和高挑战性的高山滑降雪道之一。

竞技雪道分别承担回转与大回转比赛项目、团体比赛项目。回转与大回转比赛雪道位于赛区东南的山脊之上，形状呈反L形，垂直落差440m，坡面长度1118m，平均宽度50m，雪道宽度满足不同滑行线路的设置需求。雪道地形起伏呈波浪形，起始部分坡度较陡，最大坡度达 68%，适应于大回转比赛；雪道下段地形变化平缓，坡度主要在 33%~50% 之间，并设置 1 处转弯，以满足回转比赛要求。团体比赛雪道要求平整宽阔，处在同一高程的地表变化与斜面坡度要基本一致，垂直落差 153m，坡面长度 485m，平均坡度 33%，其中最大坡度 40%，场地变化均匀舒展；雪道宽度均大于 50m，可同时设置 2 条以上地形雪情条件相同的滑行线路。2 条雪道终点汇合处为竞技雪道结束区，东西长 136m，南北宽 125m，坡度 5%，面积约 0.98 万 m²，为技术项目核心区域。

（三）训练雪道和技术雪道

与每条竞赛雪道相对应，同时设置 4 条训练雪道和 1 条雪板测试雪道。竞速训练雪道位于西侧山脊之上，垂直落差 558m，坡面长度 2100m，平均坡度 28%，其中最大坡度 68%。大回转训练雪道平行紧邻回转与大回转比赛雪道东南，垂直落差 516m，坡面长度 1580m，平均坡度 34%，其中最大坡度 73%，也是整个赛区坡度最陡之处。回转项目训练雪道位于大回转训练雪道之上，垂直落差 160m，坡面长度 417m，平均坡度 33%，其中最大坡度 57%。团体项目训练雪道位于团体比赛雪道西侧沟谷之中，垂直落差 153m，坡面长度 397m，平均坡度 39%，其中最大坡度

竞技场地全景

雪道挡风墙

49%。雪板测试道位于山顶出发区东南向山脊，垂直落差 113m，坡面长度 561m，平均坡度 37%，其中最大坡度 54%，下半段与回转项目训练雪道相连接。

技术雪道与联系雪道赛时为压雪车与设备转场通道，也是工作人员与运动员的滑行通道。雪道连接各雪道比赛项目的出发点、交通点和索道起始点，将赛区各条雪道连接为一个整体。技术雪道非雪季时作为维护车辆通行道路，其最大坡度为 18%，雪道宽度 8~10m，最小转弯半径 12.5m，总长度 10.8km。

（四）雪道造雪和防风系统

国家高山滑雪中心雪道均处在山体南向坡，为保障北京 2022 年冬奥会和冬残奥会赛事期间（2022 年 2 月 4 日—3 月 13 日）的雪道质量，延缓融雪速度，所有雪道均为人工造雪，竞赛雪道雪面须制造成为冰状雪，以提高雪质硬度，雪质密度须达到 590kg/m³。竞赛雪道、训练雪道覆雪厚度为 2m，技术雪道覆雪厚度为 1m。赛区造雪用水采用区外调水与区内调蓄相结合的方式，赛区内设三级蓄水设施，总蓄水量为 15 万 ~18 万 m³，满足在环境条件允许的情况下连续三天不间断造雪的需求。针对造雪点的不同高程设三级提升泵房。同时，考虑融雪水的回收与利用，在佛峪口主沟下游设蓄水塘坝，雪道融雪水最终均汇流于此。

国家高山滑雪中心冬季山顶区域经常出现强风天气，2019 年冬季平均风速最大值为 22.6m/s，风向主要为西北风与北风，对造雪存雪、雪道维护和雪道质量产生很大影响。针对上述情况，在受大风影响的雪道区域设置挡风墙，并根据不同区域风力的强弱和需保护的雪道范围，确定挡风墙的高度与透风率，通过前期风洞试验模拟及 2 年实际测试，最终设定挡风墙高度在 4~8m 之间，透风率为 50%~70%，防风效果显著。

三、复杂山地条件下的建筑设计

国家高山滑雪中心位于延庆小海陀山南麓中高海拔区域，各类雪道依山就势，按照竞赛组织要求成链式布置。建筑空间需要布置在出发区域、结束区域等雪道核心区域相对平缓的场地上，建筑空间形态受到自然山地环境的制约并形成相互依存的关系。区域内地形复杂、坡体陡峭、用地狭促，可规划的建设用地十分有限。

（一）建设需求与场地容量的矛盾

设计始终面临着复杂山地条件下用地容量小与赛时场地规模及功能空间需求量大的矛盾。同时，需要严格控制赛道以外的场馆设施建设区域的场地填挖方工程量，采取切实有效的方式减少对山林环境的破坏。

对应的平昌 2018 年冬奥会的旌善高山滑雪中心（Jeongseon Alpine Centre）和龙坪高山滑雪中心（Yongpyong Alpine Centre）两个场馆，分别承担高山滑雪的速度和技术项目比赛，两个场馆均设置集散广场，集散广场和结束区两块用地分散布置，集散广场用地主要通过填挖方的方式满足赛时用地需求，用地规模远大于延庆国家高山滑雪中心。

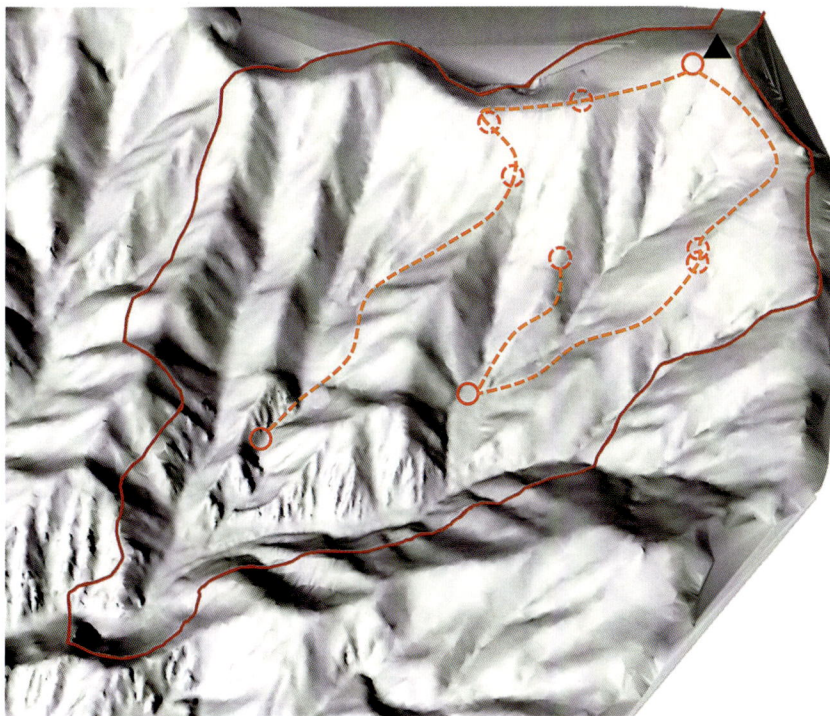

三维数字模型与链式布置的建筑空间节点

清水寺本堂的山地适应性

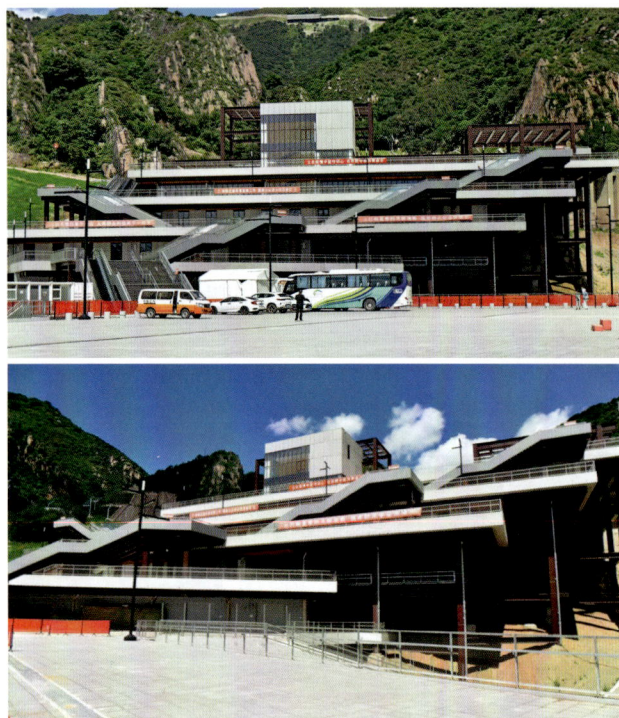

"点触式"建造方式与"错迭式"空间布置

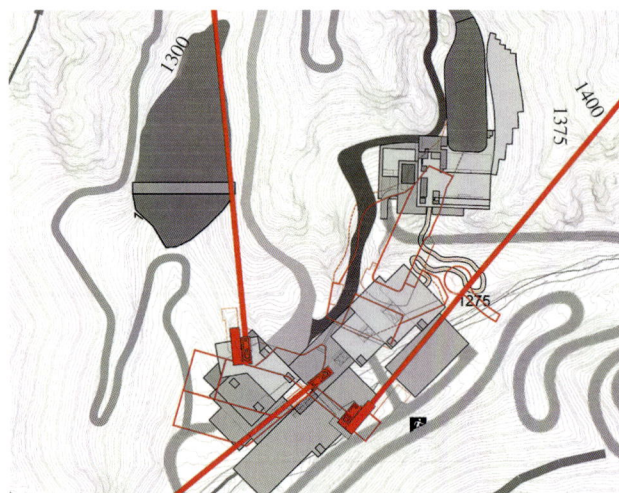

集散广场及竞速结束区布局前后对比（红色线为调整后）

（二）受到传统建筑启发的设计策略

相比之下，因为国家高山滑雪中心集散广场和结束区不具备只采用临时设施搭建满足赛时需求的场地容量，所以采取搭建建筑平台的方式，增加场地面积——即采用永久建筑及平台＋临时设施相结合的方式承担赛时功能空间使用需求，同时永久建筑面积满足赛后运营的容量需求。

日本京都清水寺（Kiyomizu Temple）本堂位于山腰，前端柱阵框架支撑起舞台，如同中国传统山地民居吊脚楼适应水域地形、气候条件等自然环境因素，具备较强的山地适应性。受到传统建筑形式启发，建筑设计在此基础上以吊脚"点触式"的建造方式减少对山体自然地貌的破坏，以平台"错迭式"的空间布置消化地形高度落差，创造人工场地，满足赛时大量的临时场地的空间需求，化解狭促山地环境下空间容量限制所带来的建设用地少的不足，将建筑融于自然山林中，实现场馆设计对自然环境的"弱介入"。

1. 结束区形态选择

两块场地共用的集散广场与竞速结束区接邻竞速雪道终点区设置（位于海拔 1278m 以下的沟谷），建设用地落差高达 46m。设计人员与国际雪联专家多次现场踏勘，结合地形条件调整赛道和终点区设施布局，既要满足竞速终点区不小于 140m 的缓冲长度设置要求，同时还要考虑集散广场的交通服务设施与竞速结束区观众配套设施之间关系。先后经过两次调整，竞速终点区垂直下降 102m，水平延伸 350m，在 2017 年 10 月的最终方案中，竞速结束区与集散广场形成垂直方向的错迭布局方式，解决了两者之间交通连接的难题，而且通过赛道的延长，现场观众可以看到运动员在终点区跳跃场景以及完整的冲线过程，延长段还保留了一处独具特色的岩石山体，点出了天然"山石"作为赛道主题场地要素的特征。

就此，建筑顺应地形等高线按"板片式"布局一气呵成，形成多层人工"台地"系统。集散广场

竞速结束区实景

竞速结束区赛时状态

竞速赛道延长段保留的"山石"

平台提供了工作及服务人员休息平台、观众大巴和索道停站平台、媒体转播平台、大巴及后院停车平台等功能。有车辆进出的平台直接与 2 号路支线连接；竞速结束区若干平台通过室外楼梯扶梯系统运送观众至顶层平台的看台区。平台下部提供了售卖、保暖大厅等观众服务用房。

竞技结束区围绕回转与大回转比赛雪道和团体项目比赛雪道合用的缓冲区设置（位于海拔 1478m 以下的沟坎），自身要承担一部分交通集散功能，同时还要在有限的场地内调和观众看台场地与功能用房布局关系，也是经过多轮布局调整，至 2018 年 6 月方确定看台区与功能区平台水平并置的布局方式。

竞技结束区赛时效果

A 线路索道中站实景

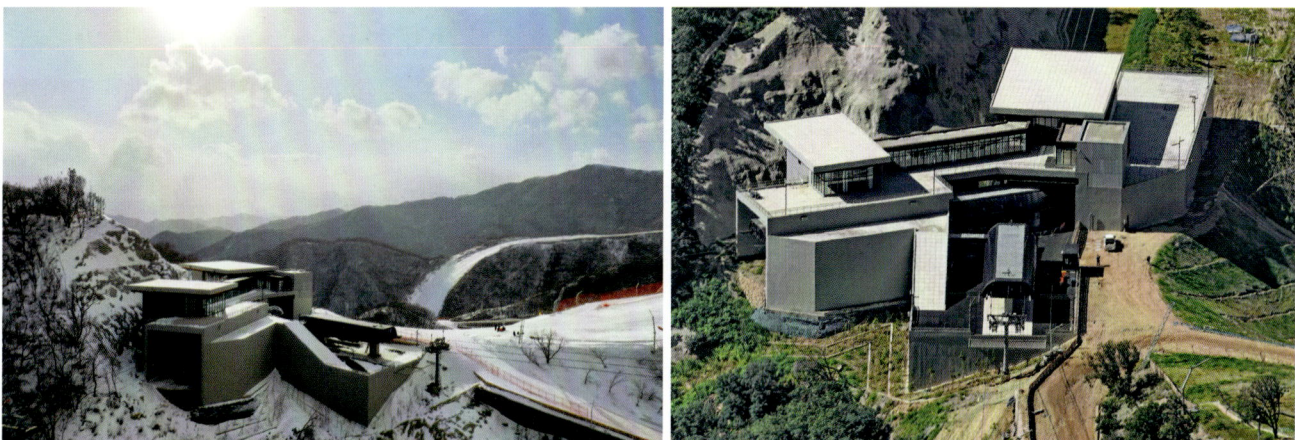

中间平台实景

看台平台结合观赛视线需求正对缓冲区位于功能平台西侧，北侧环绕缓冲区，南侧顺应联系雪道自然形成平台轮廓。东侧竞技结束区将结束区功能与集散功能合一建设，功能平台沿等高线，自下而上布置压雪车机库及造雪配套服务用房、观众大巴平台、索道停站平台等。

2. 索道站形态选择

在两个结束区集中应用迭台形式之外，11 段索道中的 A（A1+A2）、B（B1+B2）线路各设置有中间站，A 线路中站海拔高度 1041m，是延庆冬奥村到集散广场之间转角站，B 线路中站（即中间平台，同时也设有 C 线路下站，在此由 B 换乘 C 至山顶出发区）海拔高度 1554m，是集散广场到竞技结束区的转角站。设计将中间站视作集散广场的"延伸"，形式选择上也将其整合到上述策略中去。

索道转角站均需要考虑站内立交换乘的工艺需求：A 中站采用架空板片式设置掉层容纳索道配电系统用房，同时设置室外走廊作为索道立交换乘通道；B 中站根据索道线路的架设限制，选址山脊部位并进行适当的挖方处理提供必要的索道站内空间，同时上部设置底层架空的板片式换乘通道。

（三）回应承办国家特色的设计命题

出发区的设计策略则需要更多地引入关于奥运的文化主旨去回应承办国家特色的宏大命题。协调建筑与自然的关系就是我们文化的一部分。山顶出发区建筑内部容纳索道站并提供运动员休息空间。根据索道安全运行的场地水平长度需求，进行了适量土方开挖，形成半覆土建筑，设计控制建筑体量，最高点不高于小海陀峰顶的海拔高度，表达对大自然的敬畏。

山顶出发区拥有独特的景观视野，外立面从外到内考虑深远挑檐、廊道露台、遮阳景窗等空间化设计方式，综合解决了功能、节能和美观的多方面需求。建筑以坡屋面回应中国传统建筑的历史渊源，以朴实的木瓦作为屋面材料体现地域及场所特征，表明本届冬奥会承办国家的文化特质，同时，坡屋面造型经过了几何化操作，又赋予其一定的独特性和当代性。顶部设置的观景平台和各层"长卷"景窗提供了可以远眺国家雪车雪橇中心、延庆冬奥村和山地新闻中心的平远景致，一幅胜景映现于观者的眼前，错综的赛道拟合于海陀山脉，正如雏燕之形，即场馆"雪飞燕"命名的由来。

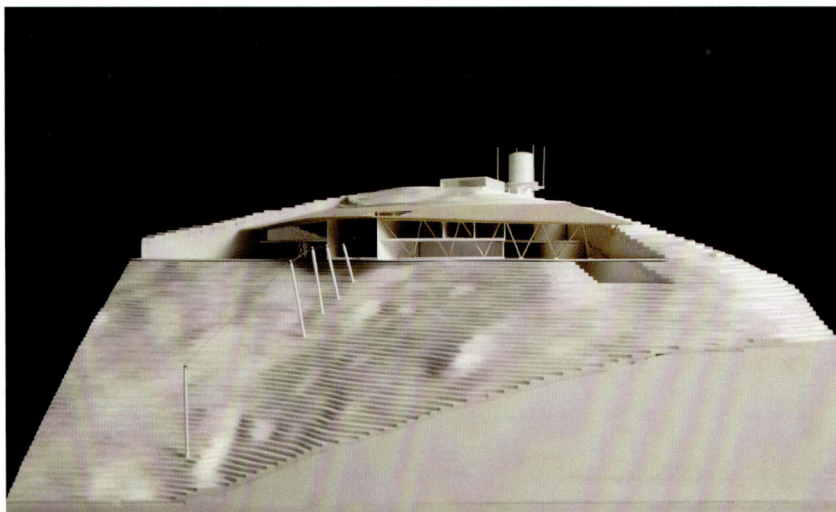

山顶出发区（含气象雷达站）模型

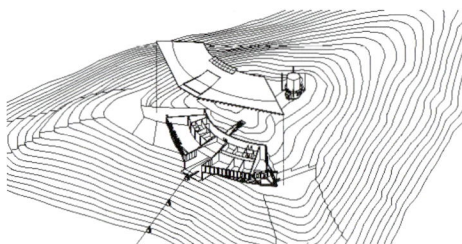

山顶出发区轴测分解

小海陀峰顶

山顶出发区——"雪飞燕"

山顶出发区观景平台

从山顶出发区观景平台俯瞰赛区

四、可持续理念下的设计预留

设计合理配置永久建筑、临时设施和使用场地的数量与规模，贯彻场馆的可持续利用和环境的可持续发展设计理念，实现"可逆式"发展。

（一）预留功能复合的室外活动平台

结束区建筑沿山体错迭布局，利用屋面形成挑廊及室外活动平台，平台之间采用均匀分布的竖向交通系统进行交通联系，极大地化解了山地建筑对无障碍需求人群使用的不便。平台赛时满足临时设施布置及功能扩展需求，赛后可转换为室外活动场地。平台下部采用网格状钢框架结构，为赛后功能扩充预留可能性。平台对应摆渡车、转播车、压雪车等工作车辆停放，集装箱、板房、临时看台等临时设施设置以及消防车救援等分别控制平台均布荷载。建筑专业相应跟进材料做法及对应考虑转换构造措施。跨越沟谷设置的结构平台赛时供媒体转播用，赛后，可按照功能需求进行拆除。

（二）"临时设施、永久使用"的看台支撑结构

不同于往届高山滑雪场馆在室外场地上搭建临时看台的模式，国家高山滑雪中心在环境集约化的建设条件限制下，临时看台坐落于竞速结束区屋面（室外平台）之上，看台后部的三层集装箱评论员席及站座席区下部的脚手架下部设置装配式钢框架与永久结构预留节点进行连接，整体搭设高度为 12m。装配式钢框架支撑结构作为"临时设施、永久使用"的先例，既满足了场地环境限制下尽可能容纳现场观赛人数的实际需求，又考虑到减少赛后办赛租借搭建临时脚手架的工程量。

集散广场室外平台

网格状钢框架结构

"临时设施、永久使用"的装配式
钢框架

五、用地分散条件下的技术对策

国家高山滑雪中心工程建设用地分散，用地情况和建设内容各不相同，设计阶段有针对性地采取合并"同类项"的方式，对应上述设计策略分别展开结构选型、材料品类控制、技术参数和构造处理等设计控制工作。

（一）装配式结构体系

工程主体结构选型贯彻山地施工条件下优先选用装配化的设计思路，采用预制装配式钢结构梁柱支撑、钢筋桁架组合楼板体系，钢结构材料选用低温耐候钢，全螺栓连接。针对山顶特殊的气候条件，结构构件按足尺（1：1）加工构件，取最不利荷载设计值，进行静力加载试验。桁架楼层板室内采用免拆模板材，保证施工进度；室外挑檐部分选用可拆底模板材，以实现建筑效果。栏杆、台阶等室外工程项全部采用工厂单元预制、现场螺栓连接方式，减少现场焊接工作量和火灾隐患。

（二）建筑材料品类控制

在材料选择上，进一步强化板片式形态特征，墙面干挂挤塑成型水泥板（ECP）、玻璃幕墙、地面预制混凝土架空砖的深化和施工都在统一的模数及对位要求之下进行秩序性的控制。山顶出发区屋面选择了和国家雪车

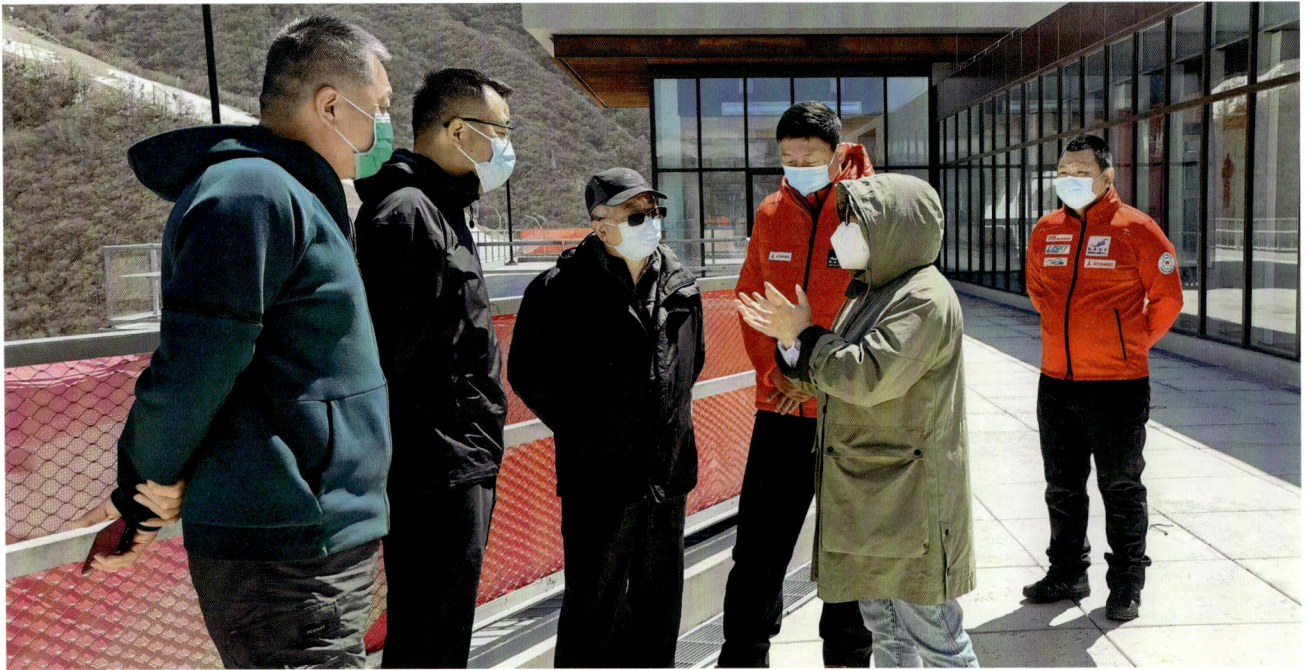

北控置业集团党委书记肖锡发（左三）
在项目现场调研

雪橇中心相同的红雪松木瓦。"设施化"的设计语言反映了"低调而消隐"（Low-pitched and Hidden）的设计态度，对材料品类的筛选也是对山地建筑完成度的控制策略。考虑山地运输及安装条件，预先做了小尺度的板块划分，板材多采用开缝处理，减少施工工序，也有利于环保。

（三）低温环境节能技术

根据工程所在海拔高度范围内的气象数据分析，工程气候分区按严寒 C 区设计。同时，外围护结构热工性能限值按《公共建筑节能设计标准》（GB 50189—2015）中严寒 C 区基础上提高 20% 标准进行取值，暖通设计参数结合周边气象站点以及高程数据作适当修正。

山地环境类别和严寒气候分区要求设计对材料耐候性、耐久性、抗冻性、吸水率等相关技术参数严格控制；扶梯、电梯相应采取桁架内及井道内设置加热系统来应对高山环境可能出现的极寒天气；对停车屋面及压雪车过车平台混凝土面层材料的抗盐冻性要求进行了专家论证，提出采用 F50 抗冻混凝土配筋面层等切实可行的解决方案。

（四）适应性构造措施

结束区平台采用预制混凝土砖架空屋面构造，为承载临时设施的支座预留了空间。同时，架空层的设置也为赛时可能在平台上设置覆雪连接段的需求提供了可能性。架空平台周边设置通气格栅，保证架空层空气流动。室外楼梯采用钢格栅踏步，在保证防滑系数的基础上防止冰雪堆积。出发区木瓦屋面按照深化设计内容在风洞实验室制作 1∶1 的木瓦全构造层次样板段，通过了专项的抗风测试，满足"万无一失"的工程建设要求。

04

国家雪车雪橇中心
场馆设计

01 | 第一节　场馆概况

　　国家雪车雪橇中心坐落在北京 2022 年冬奥会延庆赛区核心区南区的西半部，是我国建设的第一条雪车雪橇赛道。国家雪车雪橇中心宛若游龙，自北向南蜿蜒在赛区入口西侧的山脊之上。建筑场地的地形变化复杂，从北侧高点至南侧低点区域的高差约有 150m，平均自然坡度超过 16%。

　　国家雪车雪橇中心基地面积 18.69 万 m²，其中建设用地 16.64 万 m²，总建筑面积约 5.25 万 m²，以赛道及遮阳棚为主的构筑物面积约 2.1 万 m²，沿赛道设有 3 个出发区、结束区、运营及后勤综合区、训练道冰屋及团队车库、制冷机房等功能区，以及观众广场看台和摄影平台等附属设施。

　　经由国际奥委会及国际单项体育组织审核认证，国家雪车雪橇中心已达到国际同类型场馆的领先水平，在北京 2022 年冬奥会期间举行雪车、钢架雪车和雪橇的比赛，同时，奥运会后将举行国际单项协会组织的世界级比赛，也为中国运动员的训练提供保障。在完成奥运比赛的同时，国家雪车雪橇中心也成为可持续发展的奥运遗产。

02 | 第二节　场馆设计依据

　　除延庆赛区核心区规划设计的总体设计依据外，国家雪车雪橇中心的设计依据还包括以下文件。

1. 北京冬奥组委及国际单项体育组织文件

北京冬奥组委提供的《北京 2022 年冬奥会场馆大纲——国家雪车雪橇中心》。

雪后的国家雪车雪橇中心

北京冬奥组委提供的《北京 2022 年冬奥会场馆设施手册——国家雪车雪橇中心》。

国际雪车联合会（IBSF）、国际雪橇联合会（FIL）提供的相关文件。

2. 规划许可

国家高山滑雪中心、国家雪车雪橇中心及配套设施建设项目 -J1 国家雪车雪橇中心（出发区 1 等 17 项）建设工程规划许可证（建字第 110229202000050 号、2020 规自（延）建字 0021 号）。

3. 国内相关标准规范

《民用建筑设计通则》（GB 50352—2005）。

《无障碍设计规范》（GB 50763—2012）。

《建筑设计防火规范》（GB 50016—2014）（2018 年版）。

《汽车库、修车库、停车场设计防火规范》（GB 50067—2014）。

《建筑内部装修设计防火规范》（GB 50222—2017）。

《建筑防烟排烟系统技术标准》（GB 51251—2017）。

《旅馆建筑设计规范》（JGJ 62—2014）。

《商店建筑设计规范》（JGJ 48—2014）。

《办公建筑设计规范》（JGJ 67—2006）。

《饮食建筑设计标准》（JGJ 64—2017）。

《车库建筑设计规范》（JGJ100—2015）。

《公共建筑节能设计标准》（GB 50189—2015）。

《公共建筑节能设计标准》（DB11/687—2015）。

《民用建筑绿色设计规范》（JGJ/T 229—2010）。

《绿色建筑设计标准》（DB11/938—2012）。

《屋面工程技术规范》（GB 50345—2012）。

《坡屋面工程技术规范》（GB 50693—2011）。

《种植屋面工程技术规程》（JGJ 155—2013）。

《地下工程防水技术规范》（GB 50108—2008）。

《民用建筑隔声设计规范》（GB 50118—2010）。

其他国家及北京市有关工程建设标准强制性条文和现行的规范、规程。

4. 施工图审查

国家雪车雪橇中心（北京市公共服务类投资审批改革试点项目）施工图设计文件技术咨询报告（房 -01105-18- 审改试点 -0118，ZH01105-18-117 及 ZH01105-18-117 改）。

5. 其他依据

《北京 2022 年冬奥会延庆赛区国家雪车雪橇中心氨制冷方案专家论证意见》（2017 年 2 月 22 日）。

《北京冬奥会及冬残奥会延庆赛区国家雪车雪橇中心氨制冷技术方案专家会论证意见》（2018 年 2 月 8 日）。

《国家雪车雪橇项目氨制冷系统安全论证会议纪要》（2018 年 10 月 8 日）。

《北京 2022 年冬奥会及冬残奥会延庆赛区场馆设施建设项目——国家雪车雪橇中心伴随路、园区 3 号路及边坡支护工程、岩土工程勘察报告》。

《冬奥会延庆赛区国家雪车雪橇中心单体场馆风洞试验报告》。

《冬奥会延庆赛区国家雪车雪橇中心赛道遮阳棚风洞试验报告》。

03 | 第三节　场馆设计标准

建筑性质：冬奥会期间用于举办雪车、钢架雪车、雪橇的比赛，冬奥

会后用于国家队训练及举办国际、国内的雪车、钢架雪车、雪橇比赛的甲级体育建筑。

结构设计使用年限：50 年。

抗震设防烈度：Ⅷ度，0.20g。

建筑分类：单、多层民用建筑。

建筑耐火等级：地上二级，地下室一级。

建筑防水等级：地下室一级，屋面一级。

结构选型：地下部分为钢结构框架＋剪力墙结构，地上部分为钢结构框架和钢结构框架—中心支撑。

气候分区：寒冷地区ⅡA。

冻土深度：根据项目《岩土工程勘察报告》及气象资料综合判断，一般按 2.0m 考虑，对海拔较高区域考虑海拔影响参数。

绿色建筑标准：《绿色雪上运动场馆评价标准》（DB11/T 1606—2018）雪上运动场馆绿色三星。

建筑节能标准：执行北京市《公共建筑节能设计标准》（DB11/687—2015）。

场馆设计规模（冬奥赛时）：总席位数 7500 个，其中座席 575 个，站席 6925 个。

赛道按照国际雪车联合会（IBSF）、国际雪橇联合会（FIL）的相关标准设计。

为满足冬奥会和冬残奥会赛事需求，场馆内需要建设临时设施，临时设施的建设执行北京冬奥组委组织发布的《北京 2022 年冬奥会和冬残奥会临时设施工程建设指导意见》等相关标准及临时设施的相关行业和产品标准。场馆仅为临时设施的安装提供适当的基础条件。

04 | 第四节　赛道设计进程

2017 年 2 月 27 日，2017 年雪车世界锦标赛赛后，在德国慕尼黑国王湖赛道办公区，北京冬奥组委向国际雪车联合会（IBSF）和国际雪橇联合会（FIL）汇报了国家雪车雪橇中心选址的方案，两个国际单项体育组织于会后确认了国家雪车雪橇中心的选址。

2017 年 7 月 10 日、18 日，国际雪车联合会（IBSF）和国际雪橇联合会（FIL）先后确认国家雪车雪橇中心赛道中心线（6.5 版）。

2018 年 2 月 18 日、19 日，国际雪橇联合会（FIL）和国际雪车联合会（IBSF）先后确认国家雪车雪橇中心赛道中心线（6.6.3 版）。

2018 年 4 月 30 日、5 月 27 日，国际雪橇联合会（FIL）和国际雪车联合会（IBSF）先后确认国家雪车雪橇中心赛道轮廓图。

2018 年 7 月 24 日，国际单项体育组织通过对国家雪车雪橇中心赛道模块测试段的认证。

2018 年 11 月 24 日—2019 年 12 月 11 日，国际单项体育组织先后对国家雪车雪橇中心赛道进行了第二次至第十次飞行检查。

2020 年 10 月 26—31 日，通过赛道滑行测试，国际雪车联合会（IBSF）和国际雪橇联合会（FIL）完成对国家雪车雪橇中心场地预认证。

2021 年 2 月 16—26 日，国家雪车雪橇中心举办"相约北京"系列冬季体育赛事 2020/2021 赛季全国雪车、钢架雪车、雪橇邀请赛。

2021 年 8 月 17 日，国际单项体育组织向国家雪车雪橇中心颁发赛道认证证书。

2021 年 10 月 25 日，国家雪车雪橇中心举办"相约北京"系列冬季体育赛事 2021/2022 赛季国际雪联雪车和钢架雪车计时赛。

2021 年 11 月 19—21 日，国家雪车雪橇中心举办"相约北京"系列冬季体育赛事 2021/2022 赛季国际雪联雪橇世界杯延庆站比赛。

与国家高山滑雪中心的雪道设计类似，国际单项体育在组织的每一次飞行检查后，都会对照赛道设计文件，对国家雪车雪橇中心的赛道提出细部调整意见，甚至是塑型调整意见。在测试活动后，对国家雪车雪橇中心提出全面优化意见，设计需要不断跟进、完善。其中，建筑工程还需要按照版次递进的《北京 2022 年冬奥会场馆设施手册》进行调整，调整贯穿整个施工过程。

05 | 第五节 基于体育功能的赛道及场馆设计

一、蜿蜒起伏的赛道和遮阳棚

国家雪车雪橇中心宛若游龙，自北向南蜿蜒在赛区入口西侧的山脊之上，建筑场地的地形变化复杂。国家雪车雪橇中心以长 1975m、有 16 个弯道（包括一个 360°回旋弯）的赛道为核心，北侧高点至南侧低点区域的高差约有 150m，平均自然坡度超过 16%。赛道 U 形槽为基础，通过 V 形钢柱、木梁及屋面构成的遮阳棚覆盖于赛道上。赛道周边依据功能分散有序地布置场馆附属用房。

雪车雪橇赛道是连续平滑且复杂的空间三维曲面，以满足高速滑行的要求。赛道通过固定在夹具之上的制冷管，与钢筋网片一起进行赛道

运动员高速滑行通过 360°回旋弯

清水混凝土 U 形槽与 V 形钢柱

找形，采用喷射混凝土成型。在赛道外侧设置保温层，冬季比赛和训练时赛道内侧将浇筑 50mm 厚的冰道。由于国际单项组织要求赛道全程避免阳光照射。为此，国家雪车雪橇中心结合赛道形状、自然地形和人工地形、遮阳屋顶等，建立了"地形气候保护系统"（TWPS），与遮阳帘、遮阳背板等一起有效地保护赛道冰面免于受到各种气候因素影响，确保赛事高质量进行，并最大限度降低能源消耗。

雪车雪橇遮阳棚遵循山林场馆的设计风格，结合悬挑结构体系的力学特点，主体结构采用了钢木组合单边悬挑结构体系。钢筋混凝土 U 形槽、V 形钢柱、木梁、木瓦屋面共同组成了为冰道遮光挡雨的遮阳棚系统。V 形钢柱位于冰道的背面，保证了弯道内侧的开敞无遮挡，在比赛期间，观众、转播摄像机均可一览无余地观看或转播整条弯道的比赛画面。遮阳棚木梁采用了三明治结构，外层为两片胶合木梁，中间层为钢木组合结构，由拉

人工地形及其与赛道的关系

赛道遮阳帘

通过屋顶步道可快速穿越赛道，及时响应紧急情况

索将悬挑端的拉力经屋脊传递至 V 形钢柱，高效解决单边长悬挑的力学要求。木梁的悬挑长度则是采用辐射计算，确定最合理的尺寸。既能满足遮挡阳光的要求，又控制了最优的悬挑构件尺寸。在木梁的尾端根据结构的受力特点设置分散应力的倒三角小木梁。在满足结构合理受力的同时，遮阳棚的尾部形成了可沿屋面通行的屋顶步道。赛时，步道充当工作人员的

屋顶步道上的山景视野

通行、检修通道；赛后，步道则作为景观步道向大众开放，游客可以在屋顶欣赏到更加广阔的景色。

由赛道形状和遮阳设计带来的独特建筑形态，宛如一条游龙飞腾于山脊之上，嬉游于山林之间，若隐若现。国家雪车雪橇中心无疑将成为延庆赛区乃至北京冬奥会最具标志性的场馆。

二、分散布置的建筑与场地

根据体育功能的需求，沿着赛道的高程布置出发区、结束区、制冷机房，以及训练道冰屋、运营区等附属建筑和媒体转播区、观众主广场等场地，最终构成完整的雪车雪橇场馆。不同于其他的冰上雪上场馆，雪车雪橇的观赛模式具有独特性，观众可沿赛道边驻足观赛，同时沿着赛道也布置有不同形式的观赛空间，包括观众主广场看台区、结束区看台区、出发区看台区。

由于雪车雪橇3项比赛的比赛车辆均为无动力车辆，需要通过改装货车进行运输转场，因此场地内雪车能到达的区域考虑设置1m高差以方便雪车的装卸。

出发区和结束区作为雪车、钢架雪车、雪橇3个项目的起点和终点，承载着滑行起点、比赛终点收车等功能，并设有运动员功能用房、赛道监控指挥用房、车橇储藏停放

用房、场馆媒体中心等，同时具有观众观赛、奥林匹克大家庭接待、颁奖、体育娱乐、场馆服务功能等。由于3个比赛项目以及男子、女子比赛的要求不同，国家雪车雪橇中心设有2个比赛出发区以及青少年出发区和训练出发口、游客体验出发口共5个出发口，以满足不同的使用需求。结束区功能复杂，建筑顺应复杂的地形条件，结合赛道工艺要求及功能空间布局要求进行布置。

制冷机房作为雪车雪橇赛道的"心脏"，是赛道制冷的源泉。通过制冷主管沿赛道U形槽向预埋在赛道中的制冷管输送冷媒。由于采用氨作为制冷剂，为了保证安全，国家雪车雪橇中心采取了多项安全措施。同时，为便于在非赛季融冰期将制冷液回流入制冷机房内的储液罐中，制冷机房位于靠近赛道最低点，且制冷机房屋顶绝对标高低于赛道最低点1m。

训练道冰屋是国家队运动员用

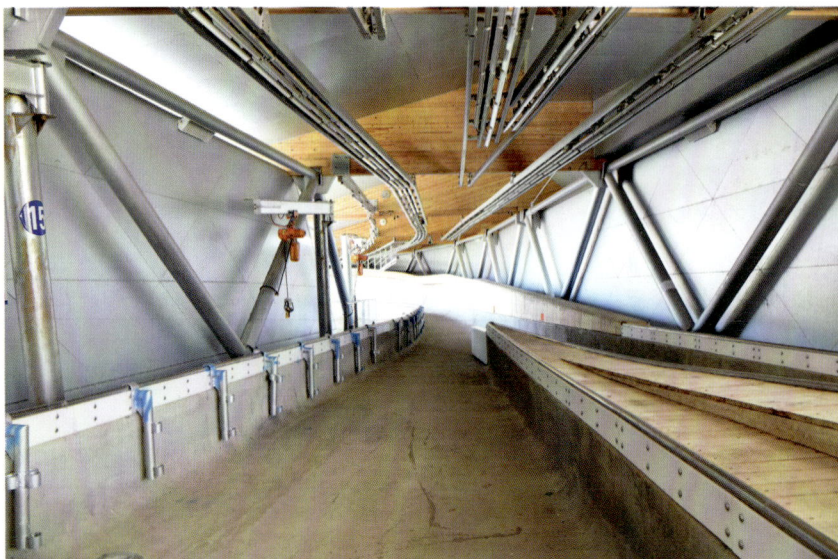

女子雪橇出发区

出发区 1

结束区

于出发训练的室内训练场，设有 1 条雪车道、2 条雪橇道，同时设置 50m 热身跑道和运动员用房及配套附属用房等。室外相邻场地为团队车库停放区，可停放 85 个团队集装箱，供参赛队伍临时存放运动设备器材及修理维护使用。

运营及后勤综合区聚集了场馆主要服务空间，具有场馆管理、安保、技术、物流、赛事服务、场地开发、餐饮、保洁和垃圾转运等服务功能。国家雪车雪橇中心的运营及后勤综合区与赛道相结合并贯穿其中，滑行期间有一种奇特的感受。在赛后保留日常场馆运行使用的必要空间的同时，运营及后勤综合区将改造为生态恢复研究中心，服务于冬奥赛区及松山自然保护区生态修复及研究。

场馆媒体转播区和观众主广场是在赛道周边的室外广场。媒体转播区位于赛道外侧，在赛时服务于奥运转播服务公司。观众主广场则位于赛道最后一个弯道的内侧场地，与观众入口处相通。广场设有 704 个座席，另外有 4 个观赛平台服务于站席观众和观众服务设施的布置，观众服务设施包含服务中心、卫生间、医疗站、零售等用房，并设有救护车停车区及电瓶车停靠站等。

三、顺应环境的建造措施

国家雪车雪橇中心以赛道为核心，通过相同的坡屋面将分散布置的出发区、结束区、制冷机房、训练道冰屋、运营及后勤综合区各建筑串联在一起。附属建筑与遮阳棚通过相同形式的 V 形钢柱、相同材料与构造的装饰石笼墙、木瓦和清水混凝土等相互呼应，将整个雪车雪橇中心的赛道与场馆整合在一起。而天然材质的木梁、木瓦、石笼墙和人工材质的铝板、幕墙、钢材的对比与呼应，创造了与环境相融的整体风貌。木瓦温暖的外观随时间的流失变得更加沉稳，使得生气勃勃的建筑体现出时间的痕迹。建筑外墙采用常规的铝板及门窗，结合贴实木皮的树脂板、重新设计的建筑装饰石笼墙、耐磨混凝土地面和清水混凝土，构成了建筑独特的造型和外观，并成为国家雪车雪橇中心的标志。

观众主广场

石笼墙

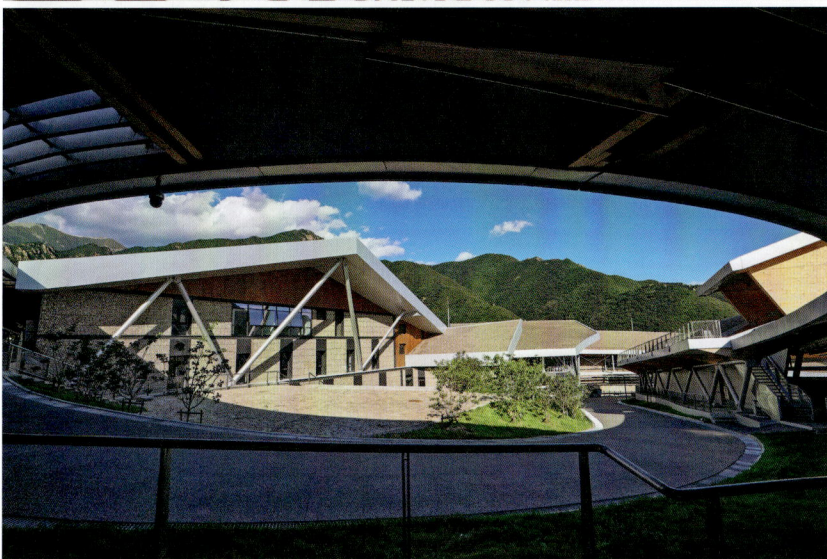

木瓦、石笼墙、铝板、玻璃的材料组合

四、复杂地形的场地及 BIM 设计

面对雪车雪橇复杂的自然场地和赛道，在前期赛道选址、赛道方案落地、赛道和场馆场地平整及施工图设计等阶段采用了场地 BIM 设计。

1. 场地 BIM 设计协助项目选址

包含赛道的场地 BIM 模型能够准确体现赛道与现状山体的空间关系，可通过三维可视化的方式将设计成果 360°展现。后期如产生需求变化，场地 BIM 设计可以实现动态数据输入和调整，实时反映情况变化，并能够精确计算土方量，进行各类场地填挖的数据分析。对比各个选址区域的场地及赛道模型的不同数据，成为确定赛道最佳选址的重要手段之一。

项目初始，雪车雪橇场馆选址需要在自然坡度、整体朝向、场地的长宽等方面进行论证。在赛区中的多个意向选址区域，通过场地 BIM 设计，进行数据分析对比，为场址选择提供精确技术数据支撑。

根据赛道工艺需求，基于备选区域现状场地 BIM 模型，利用场地 BIM 设计手段对赛道进行初步展线，生成三维赛道要素中心线。参考国外过往经验赛道的断面形式，进一步生成赛道＋现状场地的概念方案场地模型。最终梳理赛道同现状地形的关系，优化赛道形态、弯道形状、数量和坡度。经过多轮优化，最终形成一个较为贴合地形，并满足体育工艺要求的场地＋赛道模型。

2. 赛道及场地 BIM 设计方案

设计联合体中的德国戴勒公司具有多次参与往届奥运会赛道设计的经验，配备了独自开发的专项设计软件，但其完成的赛道方案图纸均为二维图纸。面对如此复杂的赛道和场地，没有一个正向的 BIM 设计协助，将会给后续的设计和施工带来诸多的困难。因此有必要搭建设计三维模型。

设计团队利用二维赛道方案图纸，利用软件搭建出准确的三维赛

螺旋弯道建筑及场地 BIM 整体模型

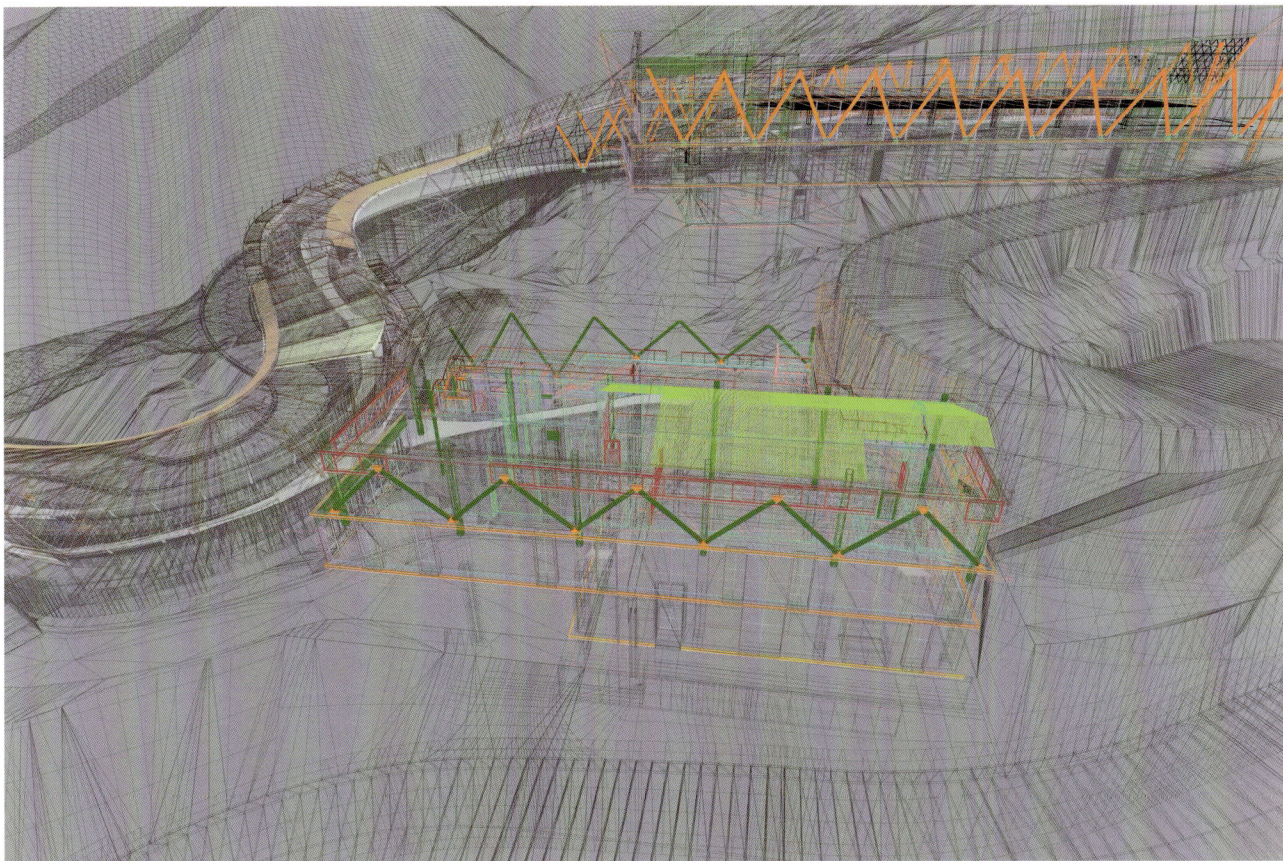

出发区 2 建筑及场地 BIM 整体模型

道中心线。再依据不同部位的数百个二维剖面，生成各段赛道的三维模型。并以此为基准，搭建承载赛道的 U 形槽 BIM 模型。再以赛道 U 形槽模型和场馆方案为基础，依据测绘院提供的高精度 DEM 数据建立精确的现状地形模型，设计赛道及场馆所需的车行路、伴随路和入口场地，最终形成一个完整的雪车雪橇赛道场地设计 BIM 模型。

建筑 BIM 设计与场地 BIM 同时开展工作，形成了并行的两条主线：建筑 BIM 设计以雪车雪橇赛道及附属建筑为主线开展建筑模型的搭建；场地 BIM 设计以场地竖向设计、赛道 U 形槽、车行道、伴随路及场地岩土构件为主线开展场地模型的搭建。两条独立的主线在后续场馆整体 BIM 设计中，通过各自不同的方式开展设计和建模，但两条主线始终互相共享数据、互相校核，并最终实现模型的整体融合。

建筑与场地搭建的 BIM 模型不仅极大地推动了后续设计工作的开展，也发现二维图纸中的不少问题，优化了赛道设计。

3. 场地平整 BIM 设计

场地平整设计介于未开发的现状场地和最终完成的设计场地之间，是一个中间过程的设计。通过场地平整 BIM 设计，直观体现了复杂地形中不同功能分区场地的基底高程

回旋弯 BIM 模型

模型（道路及广场、赛道、建筑物、绿化等用地的基底），满足复杂地形下的施工需求。

场地 BIM 设计的介入，能够通过在三维层面上对赛道、建筑物、地形之间的关系进行处理，进一步增强项目的落地性。由于赛道和建筑的基底并不在一个高程上，在二维平面关系上可能看不出矛盾的建筑、赛道和场地的布局，在三维层面上则可以清晰地表达相互关系，并确定需要放坡等额外的工程措施的区域。因此，在赛道开展施工图设计之前，为了保证施工的有序开展，增加一道场地平整 BIM 设计工序：系统梳理建筑基底、赛道基底、道路基底，区分不同场地的功能需求，给出不同区域的平整高程，梳理并解决场地潜在问题，为下一步

的设计工作铺平道路。

4. 场地施工图及节点 BIM 模型

在复杂地形条件下，不同高程的建（构）筑物以及大量的结构基础、岩土挡墙等与高程不断变化的赛道混合在一起，产生大量的空间交织矛盾。传统设计方式通过平面剖面等二维图纸来处理问题，不仅设计工作量大，也难以面面俱到，很有可能会出现遗漏，导致设计工作出现翻车现象。场地 BIM 设计的出现为解决这一工程难题提供了新的方法。通过对赛道、车行道路、人行道路、建筑物、构筑物、结构基础以及岩土挡墙进行系统梳理，搭建场地构筑物模型，反映场地模型全貌，体现建筑、赛道、场地、地形之间的相互关系，解决隐藏在深处的工程设计问题。在雪车雪橇

的场地设计过程中，尤其在回旋弯、出发区 2、结束区三个关键节点，场地 BIM 设计发挥了尤为突出的作用。

回旋弯是雪车雪橇比赛中最有特点的赛段，也是整个赛道最复杂的一段。赛道在此之前基本都是贴地而行，到此处后腾空而起，在空中 360°回旋后再结合地形回到地面之上。这一部分赛道、道路和现状场地的高程变化均极为复杂，相互的空间关系随着赛道不断变化。该区域的场地与赛道 BIM 模型，在梳理回旋弯赛道 U 形槽与场地关系、确定周边道路高程、确定赛道与下方道路净高、确定赛道 U 形槽架空区域等诸多方面，都起到了关键作用。

出发区 2 所在区域的赛道坡度在 15% 以上，其东侧及北侧的道路坡度也在 12% 以上。出发区 2 的建筑也处在自然斜坡之上，高差超过 15m。因此，复杂道路 + 坡道 + 地形构成该区域的主要特征。该区域场地 BIM 模型包含了道路、建筑基底、挡土墙、护坡等构筑物，同时还包含了对场地和建筑有影响的结构基础。地上、地下场地构筑物模型的整体搭建，对于梳理建筑、道路和赛道之间的三维关系，确定场地停车平台范围、高程，各个挡土墙位置及高度、建筑架空区域回填高程、赛道桩基同建筑、挡墙关系等，都起到了关键作用。

结束区的建筑功能复杂，建筑基地平台随地形高低错落。建筑不同功能在不同高程设有出口。同时，东侧 3 号路和西侧伴随路的道路坡度很大。现状地形也较为复杂。通过此处场地 BIM 模型的搭建，清晰地梳理了不同建筑基底面同山体之间的支挡关系，明确了建筑周边通路的高程，并且协助结构专业人员确定了结构基础和桩基的高程。

场地 BIM 设计在处理崎岖地形和严苛的办赛要求方面起到了很大的作用。通过搭建的 BIM 模型，使得参与设计所有的人员能够更加了解整体赛道同地形的变化细节，进一步提升设计效率，同时也为施工单位更好更快地理解项目和开展精细施工提供了保障。希望通过该项目的工程实践，能够为日后类似项目在场地 BIM 设计层面上提供帮助。

延庆冬奥村（冬残奥村）场馆设计

01 | 第一节　场馆概况

　　延庆冬奥村（冬残奥村）位于延庆赛区核心区南区东部，海陀山脚下一块自然形成、相对平缓的冲积台地。场地北高南低，落差 62m；东高西低，相差 30m；山林遍布，其间的一处村落遗迹，在丰富地质风貌和生态环境的基础上增添了场地独特的历史人文特质。冬奥村西侧遥望国家雪车雪橇中心，紧邻通往国家高山滑雪中心的索道起点站；从安保工作角度划分为居住区、广场区和运行区；功能上由公共组团和 6 个居住组团组成，组团之间通过暖廊联通；总用地面积 13.41 万 m^2，其中建设用地 10.42 万 m^2；总建筑面积 11.8 万 m^2（其中地上建筑面积 9.1 万 m^2）；北京冬奥会和冬残奥会赛时分别为运动员和随队官员提供 1551 个床位和 683 个床位，赛后转化为两个山地滑雪酒店。

　　延庆冬奥村（冬残奥村）的场馆设计在山地条件复杂，自然林木茂盛，生态、气候敏感的天然条件下，通过顺应山势的村落布局、掩映山林的建

由国家雪车雪橇中心东望冬奥村

筑风貌，以及统筹赛时、赛后功能来适应"山林环境"；以"自然"为起点，以生态保护为基础，以"山居六胜"（详见本章第五节）为人文点题，采用景观、建筑一体化策略构建具有"山居"特色的现代聚落空间，契合了"山林场馆、生态冬奥"主题理念，向全世界展现

了"文化传承"的人文愿景；又通过各种结构、材料及设备一体化技术达到"自然持续"的生态目标。由此形成的"冬奥山村"以自身独有的姿态提供了兼具深厚与优美的生态人文视角、中国式的"山林环境、文化传承和自然持续"体验，展现了自然在地基因和中国人文精神。

02 | 第二节 场馆设计依据

除延庆赛区核心区规划设计的总体设计依据外，延庆冬奥村的设计依据还包括以下文件。

1. 北京冬奥组委及国际奥委会相关文件

北京冬奥组委提供的《北京2022年冬奥会场馆大纲——延庆冬奥村（冬残奥村）》。

北京冬奥组委提供的《北京2022年冬奥会场馆设施手册——延庆冬奥村（冬残奥村）》。

国际奥林匹克委员会提供的《奥林匹克运动会奥运村指南》（2018年11月）。

2. 建设单位及建设主管部门相关文件

北京北控京奥建设有限公司《关于延庆赛区赛时、赛后需求的函》（2017年12月29日）。

北京北控京奥建设有限公司《关于延庆赛区引入市政管道天然气的通知函》（2018年7月9日）。

北京北控京奥建设有限公司《关于北京2022年冬奥会及冬残奥会延庆赛区消防安保体系建设的函》（2018年8月3日）。

北京北控京奥建设有限公司《2022年冬奥会及冬残奥会延庆赛区关于能源供应方案的函》（2019年4月11日）。

北京国家高山滑雪有限公司包括《关于能源方案事宜》（2020年5月9日）等在内的建设需求。

北京国家高山滑雪有限公司《关于奥运村OB4.0方案落实协调会的会议纪要》（2020年7月29日）。

北京市重大项目办、北京冬奥组委和北京国家高山滑雪有限公司组织落实市长"双调研"指示的会议精神。

3. 规划许可

延庆冬奥村（索道A1下站等10项）建设工程规划许可证（建字第110229202000085号、2020规

自（延）建字0042号）。

4. 国内相关标准规范

《民用建筑设计通则》（GB 50352—2005）。

《无障碍设计规范》（GB 50763—2012）。

《建筑设计防火规范》（GB 50016—2014）（2018年版）。

《汽车库、修车库、停车场设计防火规范》（GB 50067—2014）。

《建筑内部装修设计防火规范》（GB 50222—2017）。

《建筑防烟排烟系统技术标准》（GB 51251—2017）。

《旅馆建筑设计规范》（JGJ 62—2014）。

《商店建筑设计规范》（JGJ 48—2014）。

《办公建筑设计规范》（JGJ 67—2006）。

《饮食建筑设计标准》（JGJ 64—2017）。

《车库建筑设计规范》（JGJ 100—2015）。

《公共建筑节能设计标准》（GB 50189—2015）。

《公共建筑节能设计标准》（DB11/687—2015）。

《民用建筑绿色设计规范》（JGJ/T 229—2010）。

《绿色建筑设计标准》（DB11/938—2012）。

《屋面工程技术规范》（GB 50345—2012）。

《坡屋面工程技术规范》（GB 50693—2011）。

《种植屋面工程技术规程》（JGJ 155—2013）。

《地下工程防水技术规范》（GB 50108—2008）。

《民用建筑隔声设计规范》（GB 50118—2010）。

其他国家及北京市有关工程建设标准强制性条文和现行的规范、规程。

5. 施工图审查

延庆冬奥村（北京市公共服务类投资审批改革试点项目）施工图设计文件技术咨询报告（ZH01102-18-X108-1）及补审意见。

6. 其他依据

北京市地质工程勘察院《B部分配套基础设施建设项目岩土工程详细勘察报告》（2017年10月）。

03 | 第三节　场馆设计标准

建筑性质：冬奥会、冬残奥会期间为冬奥村及冬残奥村，赛后为酒店（参照五级旅馆标准）。

结构设计使用年限：50年。

抗震设防烈度：Ⅷ度，0.20*g*。

建筑分类：多层民用建筑。

建筑耐火等级：地上二级，地下室一级。

建筑防水等级：地下室一级，屋面一级。

结构选型：地下部分为钢结构框架＋剪力墙结构，地上部分为钢结构框架和钢结构框架－中心支撑。

气候分区：寒冷地区ⅡA。

绿色建筑标准：《北京市绿色建筑评价标准》（DB11/T 825—2015）绿色三星。

建筑节能标准：执行北京市《公共建筑节能设计标准》（DB11/687—2015）。

建筑规模：冬奥会期间，设置运动员及随队官员床位 1551 个；冬残奥会期间，设置运动员及随队官员床位 683 个，其中无障碍床位 144 个。

为满足冬奥会和冬残奥会赛事需求，场馆内需要建设临时设施，临时设施的建设执行北京冬奥组委组织发布的《北京 2022 年冬奥会和冬残奥会临时设施工程建设指导意见》等相关标准及临时设施的相关行业和产品标准。场馆仅为临时设施的安装提供适当的基础条件。

04 第四节　场馆设计进程

按照北京冬奥组委和"代业主"北京北控京奥建设有限公司（简称"北控京奥公司"）提出的建设要求，中建院于 2018 年底完成了延庆冬奥村的施工图设计，2018 年 12 月 21 日获得北京市公共服务类投资审批改革试点项目施工图设计文件技术咨询报告（ZH01102-18-X108-1）。截至延庆冬奥村的施工图设计文件正式交付，延庆冬奥村的设计进程与赛区内其他主要场馆是一致的。

2018 年 10 月，北京国嘉高山滑雪有限公司（后更名为北京国家高山滑雪有限公司）成立，负责延庆赛区 A 部分——国家高山滑雪中心、国家雪车雪橇中心及配套基础设施的赛后改造和运营，以及 B 部分——延庆冬奥村、延庆山地新闻中心及配套基础设施的建设、赛后改造和运营。2018 年 12 月，北控京奥公司、北京国家高山滑雪有限公司与中建院三方签订《合同权利义务转让协议书》。

此后，北京国家高山滑雪有限公司按照自身的赛后经营需求，提出了大量设计修改要求，并将部分室内装修设计进行了另行委托。为保证延庆冬奥村在赛后顺利转换为符合北京国家高山滑雪有限公司要求的高星级度假酒店，减少二次改造浪费，中建院在完成设计修改后，于 2019 年 10 月再次提交施工图，接受审查；随后按照审查意见进行修改，于 2019 年 11

月再次交付延庆冬奥村施工图设计文件。

按照北京 2022 年冬奥会和冬残奥会延庆赛区核心区总体规划的要求，延庆冬奥村初步设计阶段的设计中拟采用部分可再生能源，在居住、公建部分设施中引入一定比例的浅层土壤源热泵系统，用于赛后供冷和赛时辅助供热，利用谷电电阻式热水锅炉及蓄热水箱实现调峰；夏季及过渡季节利用太阳能光热系统余热为地源系统补热。

2018 年 7 月，北控京奥公司函告延庆赛区设计联合体，延庆赛区确定引入市政管道天然气，要求按照引入市政天然气条件，优化和调整赛区能源等相关方案。故 2018 年 12 月通过审查的延庆冬奥村施工图设计文件中，冷热源方案改为冬季采用区域燃气热水锅炉房提供的一次高温热水换热，夏季采用电制冷冷水机组供冷，按功能需求配置少量变冷媒流量多联机系统。

由于市政管道天然气未能按计划引入赛区，经过多轮论证和专家评审，在 2019 年 11 月版延庆冬奥村施工图设计文件中，冷热源方案改为冬季应用中深层地热资源，采用热泵系统与谷电蓄热热水锅炉联合运行方式，并设置能源中心。

由于项目整体建设周期与中深层地热打井施工周期在时序上无法有效匹配，现场试验未能获得预期效果，2020 年 6 月，中建院再次出具系统性施工图设计调整文件，将冷热源方案改为常规电制冷系统，赛时冬季采用 10kV 高压供电电极热水锅炉；赛后增加 4 台低温型空气源热泵机组（总供热能力不低于 4MW）与蓄热水箱、电锅炉谷电蓄热系统联合运行，降低运行费用。

为实现"绿色办奥"理念，经过不断的研究、设计、论证、试验，最终通过采用绿电，找到了满足冬奥会、冬残奥会赛时使用要求，兼顾赛后经营需要并最适合延庆冬奥村建设的可持续能源利用方式。

05 | 第五节　基于"山林环境、文化传承和自然持续"的冬奥村设计

一、顺应山地的村落布局

山林环境是延庆冬奥村的基本场地特征。冬奥村的规划布局、交通组织、建筑形态、景观营造都以这一基本特征为根本。由于地形高差大，

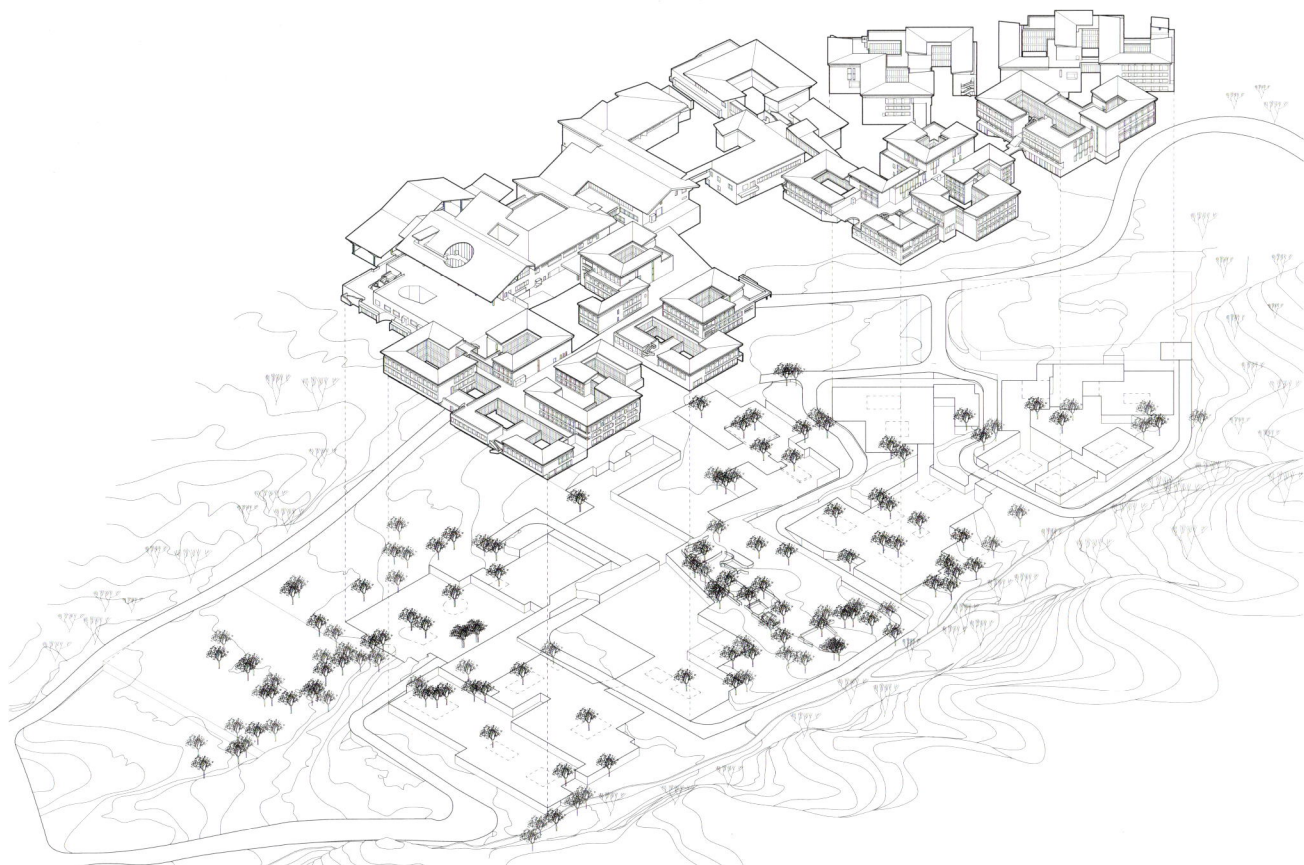

建筑与山林环境解剖关系

每层台地，平均坡度 10%，树木茂密，山石嶙峋，风景优美，提取山林环境的关键要素并加以利用是冬奥村设计的基本场地策略，即基于地形——依山就势、组团叠落，基于环境——融入山林、围合树院。

设计采用场地台地化的处理方式，逐渐消解地形高差。建筑体量以小组团、分散式形态适应地势。建筑朝向顺山势扭转，利用台地，错落有致地布置若干合院。合院均向景观侧开敞，借四方胜景，将山林框景入院。公共组团位于西侧较低的台地，毗邻停车场、索道站和赛区 2 号路；6 个居住组团位于东侧较高台地，紧邻林木葱茏的山脚，自北向南顺势叠落。各个组团之间通过一条曲折回环的车行道路串联，并以南北纵向开合的人行步道，利用层层屋顶、平台和庭院组织在一起。

二、山林掩映的建筑风貌

为使建筑呈现掩映于山林、尺度宜人的村落亲近感，设计严格控制建筑总层数不超过 5 层，沿街建筑不超过 3 层，建筑高度与保留树木相仿。利用地形高差形成掉层，使下层平屋面与地形融为一体，成为上层室外平台，实现游走其间，似乎层层是"首层"的效果。上层

建筑犹如相互咬合的"三合院"，以半开放式的姿态，环抱着树院；顶部内向的单坡屋面延绵错落，呈现出丰富的层次；挑檐下的"片梁"也让建筑更具结构表情。客房竖井作为基本竖向锚固单廊布置，各个楼层前后扭转，构成基本的剖面单元，有利于不同楼层和位置的房间围绕树院向景观方向开敞，形成虚实丰富的内外界面和观景视野。由地面延伸至墙面的碎石肌理，使建筑更具扎根于场地掩映山林的在地气质。

建筑体量均以原生树木为中心围合院落，依据树木在地高程与位置进行合理避让和方案优化。庭院根据树的高度呈台地形式分布，使建筑群掩映于林木之间，达到建筑与山林共生的状态。

三、综合复杂的功能流线

冬奥村的赛时功能是以冬奥组委提供的《主办城市合同》《奥运村指南》《场馆大纲》等技术文件为基础确定的，内容详尽、庞杂且具有弹性。居住区安保级别最高的部分为东侧的 6 个居住组团，提供居住、国家奥委会（NOC）办公、存储、按摩及居民服务中心等功能；西侧的公共组团包括运动员餐厅、综合医院、反兴奋剂中心、健身娱乐中心、多信仰中心、代表团团长大厅、国家/地区奥委会服务中心等。奥运村广场区围绕升旗广场布置，包括商业、医疗站、轮椅及假肢维修中心等空间，是赛时冬奥村最为活跃、开放的互动交流空间。紧邻升旗广场的运行区则包含访客中心、

山林掩映的村落实景

树院实景

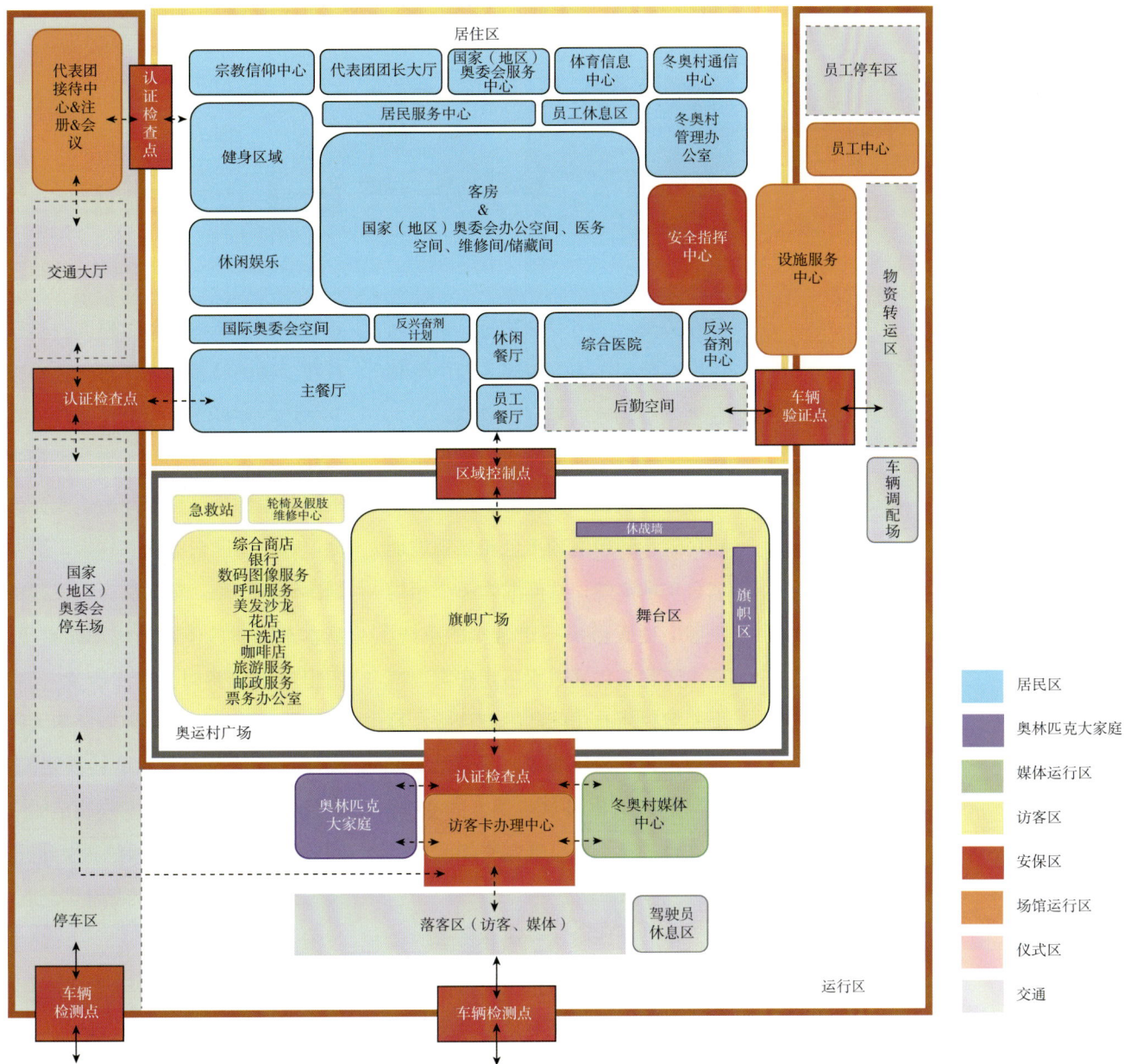

赛时功能关系平面图

媒体中心、奥运大家庭等对外接待公共服务空间，可共享奥运村广场；后勤安保、物流、设施，服务等各类停车场及临时设施，保障冬奥村的正常运转。

复杂的公共组团功能采用"剖面叠加"的模式适应地形变化。不同楼层对应各功能，内部竖向联络，形成高效的内部交通组织。同时，利用地势特点设置独立地面出入口，

以适宜"山村"环境的室外漫游空间特色。

冬奥村的赛时流线采用人车分流的交通组织方式，从道路停车到建筑内部，构成连贯的、多种方式的无障碍通行体系。车行系统依山就势，自最南端的运行停车区（913m 高程，由南侧赛区 6 号路进入）开始蜿蜒向上，环绕各组团，直至最北端的 NOC 停车场（966m

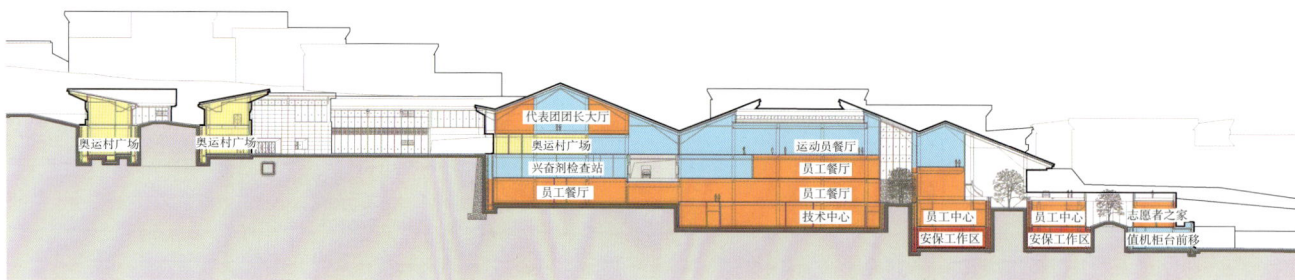

赛时功能关系剖面图

高程)，联络整个内部交通，并可通达所有组团车库；西侧入口广场和台地停车场毗邻赛区 2 号路，与之在多个高程上连通。室外步行系统连接各建筑出入口、重要景观节点和树院，利用屋顶平台和景观坡地消化场地高差，从而成为一个相对平缓、适宜缓步行走游览的系统。室内暖廊系统通过水平走廊实现整个冬奥村所有组团的内部连接，且全程满足无障碍要求。暖廊以折板形吊顶塑造出极具辨识性的空间，并结合五环色彩，使各个组团相互区分、标志鲜明。

赛后功能取决于遗产运营的具体需求。延庆冬奥村由政府与社会出资方组成业主联合体，负责建设及赛后的管理和运营。因此，赛时便基本确定赛后将转化为两个不同等级的高标准酒店，共提供约 600 间客房。为避免重复建设，设计需要在赛时优先考虑赛后功能的匹配，统筹两种工况下复杂的功能流线，尽可能一次实施到位。公共组团在赛后转化为两个独立的酒店功能区，并共享部分后勤服务设施。临近索道站和广场区的空间在赛后转化为服务景区的旅游接待和滑雪配套设施。设计本着减少改造的原则，统

筹赛时、赛后的功能、空间、设备系统、装饰装修做法，在优先实现"一次实施到位"的前提下，采用"分区、分级、分期、分季"的设计策略，根据功能异同和改造实施强度，对空间区分等级和梯度，区别制定设计策略。在客房区，以两种基本开间对应不同的组团和星级。四星级部分赛时、赛后保持一致，改动最小；五星级部分则采用大开间保证赛后具有充足的转换空间，通过分隔开间实现赛时与赛后的空间转换。管井及设备系统一次到位，装修分阶段按照不同的标准实施。

四、景兼"六胜"的山居立意

冬奥村在赛时为全世界运动员提供优质的居住、交往空间的同时，也向全世界展示了中国文化。建筑利用层层坡顶、平台和院落组团与周围山形水势形成对话，园林也能因山就势，形成相对自由的布局，是一处"独与天地精神相往来""辅万物之自然而不敢为"的山居佳作。山居文化是中国古代园林思想的重要组成部分，蕴含着浓厚朴素的生态思想与文化意趣，从陶渊明"采

一次到位酒店客房实景

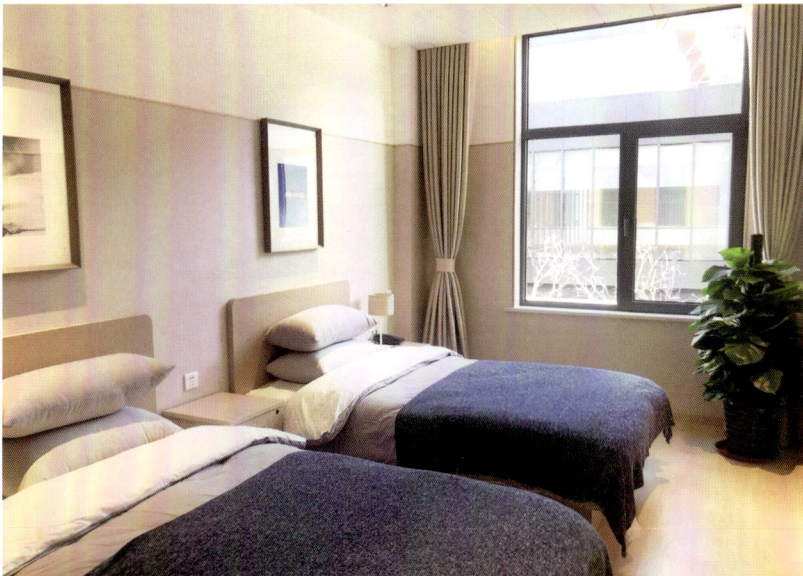

赛时运动员客房实景

菊东篱下，悠然见南山"的诗句中可窥见一斑；品王维《山居秋暝》对山中美景的一咏三叹，可得其况味。延庆冬奥村园林景观将"山居"作为主题立意，营造山林行居、田园雅居、士人园居的园林气质，更体现"虽由人作，宛自天开"、师法自然的中国古典山水园林特色。

六胜，指的是"宏大""幽邃""人力""苍古""水泉""眺望"。《洛阳名园记》有载："洛人云，园圃之胜不能相兼者六，务宏大者，少幽邃；人力胜者，少苍古；多水泉者，艰眺望。兼此六者，惟湖园而已。"古人认为兼有"六胜"的园林便是绝美园林。冬奥村的景观设计将"六胜"意境分别契合运动员居住组团，形成组团园林主题两两对仗的意蕴。

水泉与眺望——依势造园，凡流水经过，常在庭院低谷之处；寻溪仰望，多有拾级而上或高山仰止的空间意境。

人力与苍古——遗址区保留原生风貌，苍劲古朴之感与组团庭院的人工造园之美形成对比组景。

深邃与宏大——建筑夹出的廊道打造空间通幽感，与自然山林园路和周边大山大景之美形成对比组景。

由此，用中国古典园林的游线系统组织串联原生环境、建筑庭院、景观园林组团，使交通流线转化为体验式游园路线，形成可行、可望、可游、可居的山居园林景观，创作出了既有自然之趣，又富诗情画意的现代山居园林体系。

五、自然持续的建造策略

针对冬奥村所处的地形和气候特点，冬奥村的场地处理、结构体系、建筑材料、设备一体化等技术措施也采取了相应的专门化策略。

基于台地化的场地特征，综合

考虑地形、水文及平面布局，设计选择了合理的挡土支护策略。当挡土高度超过一层时，挡土墙体系与建筑物结构分别自成体系，采用独立支护体系。挡土高度较低时，主体结构与岩土体共同作用嵌入地形，兼作支护结构。设计综合场地的稳定性、结构可实施性以及造价的合理性，平衡了挖方和填方地基的处理，避免了大开挖和高填方。

基于对山地建筑结构的特点及施工条件的充分考虑，层层跌落的山地掉层空间采用了装配式钢框架结构体系，具有装配率高、施工效率高、现场湿作业少的特点，较好地应对了复杂山地条件，将对山林环境的影响降到了最低程度。

建筑材料的选择遵循保护场地生态，并尽量就近取材的原则。坡屋面采用天然防潮、防腐、防虫的红雪松木瓦，其颜色会随着时间推移由暖黄色渐变为棕灰色，使得建筑整体形象呈现时间的记忆和自然的变化。同时，设计结合木瓦，引入可再生能源，探索太阳能光热、光伏一体化的屋面设计。立面方面，研发了石笼装饰幕墙系统体系，即每个石笼单元的荷载直接通过背后的竖向钢龙骨传递至主体结构。石笼填灌的石料优先采用施工现场土方挖掘的石块，粗粝的毛石块与拥有金属光泽的钢网组合成为新的整体肌理。毛石块生动、随机的颜色、质感、光影，统一在石笼单元网络和钢网格两级秩序下，形成了自然材料与现代工艺的有机结合。

建筑与设备按照北京市绿色建筑三星级标准选型，其中 D6 居住

人力与苍古、深邃与宏大

冬奥村层叠的木瓦屋面

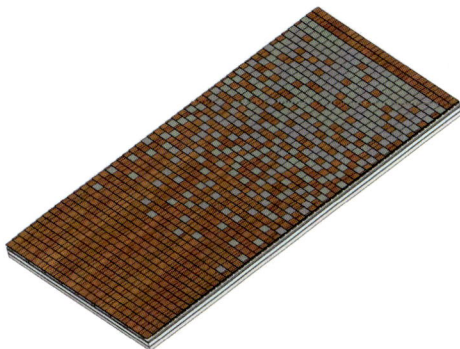

屋面的木瓦与光伏板及其 MOCKUP 样板

石笼墙立面

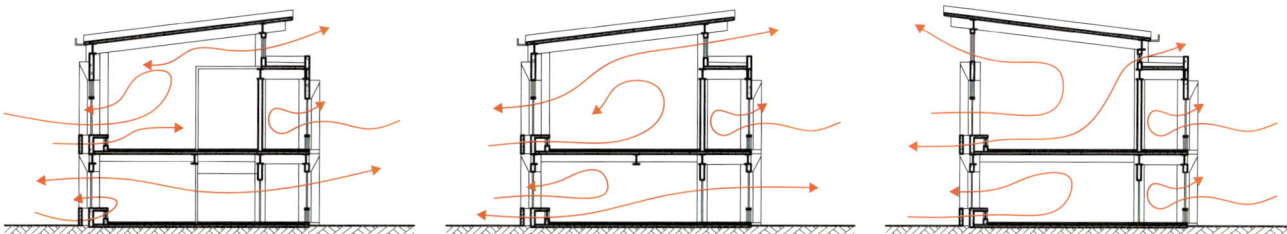

客房通风示意

组团按照超低能耗建筑标准进行设计和实施。从高效围护结构外保温设计、自然通风和采光设计、高效空调机组、节能智能照明、室内空气质量监测等方面做出实践，实现集超低能耗、绿色生态、舒适于一体的高品质建筑体。设计开发了窗式复合节能通风系统，其顶层坡屋面下高窗加强了夏季自然风导流，达到低能耗被动通风的效果。

CHAPTER SIX   第六章

06

延庆赛区"绿色"设计亮点

2015 年 7 月 31 日，国际奥委会投票决定将 2022 年冬奥会举办权交给北京。2015 年 8 月 20 日，习近平主持召开中共中央政治局常委会会议，专题听取申办冬奥会情况汇报，研究筹办工作，提出了坚持绿色办奥、共享办奥、开放办奥、廉洁办奥的要求[①]。"绿色办奥"成为 2022 年北京冬奥会和冬残奥会四个办奥理念之首。

一、绿色场馆选址，打造精彩绿色赛道

北京 2022 年冬奥会和冬残奥会延庆赛区核心区工程建设主要包括国家高山滑雪中心、国家雪车雪橇中心、延庆冬奥村和山地新闻中心，位于北

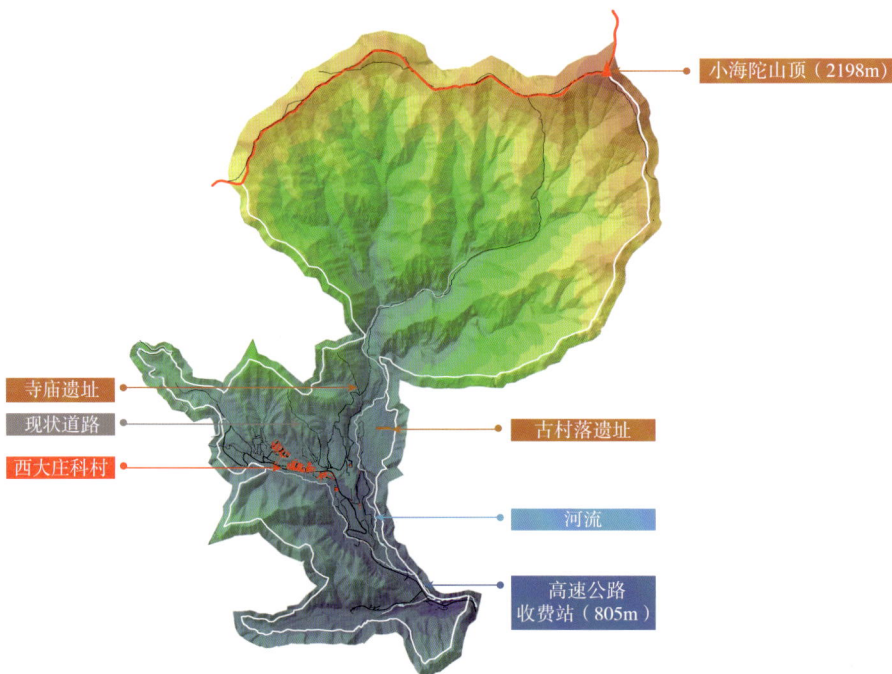

小海陀山顶（2198m）

寺庙遗址
现状道路
西大庄科村

古村落遗址

河流

高速公路
收费站（805m）

延庆冬奥赛区原始状态示意

---

① 参见：《习近平：绿色办奥共享办奥开放办奥廉洁办奥　办成一届精彩非凡卓越的奥运盛会》，《人民日报》，2016 年 3 月 19 日 01 版。

国家高山滑雪中心（NASC）

国家雪车雪橇中心（NSC）

延庆冬奥村（OLV）

山地新闻中心（MNC）

2019年北京世界园艺博览会距延庆赛区20km

八达岭长城距延庆赛区36km

地形复杂

山石陡峭

山高林密

延庆冬奥赛区区位

京市延庆区燕山山脉军都山（北京正北，又称"北山"）以南的海陀山区域、小海陀南麓山谷地带，邻近松山国家森林公园自然保护区。赛区所在位置山高林密、谷地幽深、风景秀丽，地形复杂、山石陡峭，北高南低，海拔变化幅度大，最大落差近1400m，环境及地形符合场馆建设的基本要求，但建设用地狭促、基础设施薄弱，最难设计，也可能是最有特色的赛道和最复杂的场馆，使得延庆赛区成为最具挑战性的冬奥赛区。

国家高山滑雪中心依托海陀山拥有的逾900m落差、超3000m坡面的长度及约30%~40%的平均坡度、73%的最大坡度等天然地形优势，得以创造各种环境差异并存的赛道。其中滑降赛道分别以天然"松林""山石"等作为主题要素，充分利用地形和环境条件，控制土方的填挖量和树木的砍伐量，以减少对环境的扰动，避让洪水流经地，适度治理山地灾害，确立了延庆海陀山滑降赛道在世界高山赛道中的地位，属于同类赛事最高规格标准。

国家雪车雪橇中心拥有约150m落差，顺应地形、地势，设置了16个角度不同、倾斜度各异的弯道，包括一个"悬浮"在空中的360°回旋弯道，赛道长1975m、最大垂直落差121m，如一条"木雕"巨龙横卧在小海陀山山脚下。由钢木组合单边悬挑结构体系屋顶、伸缩遮阳帘、遮阳背板、挡风墙、赛道外侧保温等一系列"地形气候保护系统"配合高效的氨制冷系统，使整个赛道成为一部大型"节能"制冰机。

二、设置可持续专业，明确针对性的可持续设计内容

延庆赛区是北京 2022 年冬奥会和冬残奥会最具生态挑战性的赛区，首次在建筑行业设立了可持续设计专业，对生态环境保护、能源资源利用、零排放、建筑可持续、监管平台建设，以及遗产保护与赛后利用方面提出相应设计要求，明确了保护、建设及恢复过程中可持续设计的具体内容（包含 3 个类别、8 个方向、23 个要点、59 个子项，共 61 个可持续措施），制定了赛区所要达到的工程建设内容和工程建设标准，并以此为依据获得了可持续专项工程投资。

三、生态低扰动布局，建设自然山林场馆群

国家雪车雪橇中心赛道和建筑布局及其尺度充分考虑对山地生态环境的影响，在满足比赛要求的前提下，控制建设规模，顺应自然条件，与山林融为一体，减少环境资源利用。赛道具有优良的展示性、丰富的"驾驶"元素和难度。场馆建筑具有良好的景观视野，可提高观众观赛舒适性。

国家高山滑雪中心建筑由装配式钢结构框架"点触式"落于山坡上，支撑起不同高度的错落平台，沿山体地形穿插叠落于山谷之中，预留有临时设施的平台与场地（临时设施赛后拆除），保留山林 385 万 m^2。在必须建设的赛道和配套建筑之外，国家雪车雪橇中心亦保留山林 2.2 万 m^2，最大限度降低了对山地环境的生态扰动。

四、综合实施生态与环境保护，创建生态冬奥园

工程建设前对赛区进行生态本底调查，充分了解山林中各类动植物分布特点，在环境条件与道路限制的基础上划分动植物保护区，采用就地保护、近地保护方式，设置野生动物通道和生态系统可持续监测等措施，维持生物多样性和减少对生态循环流线的垂直隔离。规划建设野生动物通道 6 个，保护小区 5 个，近地保护小区 2 个，固定生态监测样地 1 个。

基于不同海拔自然基础条件采用植被恢复和表土资源利用等不同措施，控制雪道和边坡水土流失，表土剥离利用率达 100%，选用原山地植物种类比例达 100%。

五、最大限度保护冬奥村周边及内部原生树木

延庆冬奥村场地原生植被茂密，生态基础良好；山林遍布，主要是核桃楸和大果榆的混交次生林。初期对场地树木调研的结果为：乔木层共有15 科、17 属、23 种，灌木层主要有 20 科、34 属、41 种，草本层共有 34 科、80 属、127 种。

冬奥村设计以"自然"为起点，以生态保护和生态修复为基础，融入中国人文山水意境。而从景观生态学、风景园林学双重视角出发，保护生态基底、保存生物多样性、保证景观效果的最佳手段就是在满足冬奥村建设需要的前提下，最大限度地保留原生植被群落。

在冬奥村设计前期，即进行了场地全面的调研工作，提出系统的《冬奥村既有林木保护与利用技术指导指南》《场地平整期间树木保护实施方案》，建设周期中又提出《树木养护管理方案》。

六、以古村保护、利用，体现"绿色办奥"的人文内涵

冬奥村用地中部有一处小庄户村遗址，在茂密的植被覆盖下，仅存石砌的断壁残垣；散落的磨盘、石碾显示出曾经居住的痕迹。该遗址具有典型的华北山地类村落特征，其院落走势、庭院布局都与山水走势形态契合，基本的建造材料也采用本地石材。人、村、自然山水契合共生。作为"聚落组织基本原型"的这种构型也正是"山村"模式下，分散式、组团式、合院式布局的天然条件和文脉基础，是"冬奥山村"与地域现实的共同传承和对话。这里被设计成冬奥村的核心公共空间，是"冬奥山村"独特的胜景和文脉家园。

遗址修整后风貌

七、非传统水源、可再生能源、山林材料的高效利用

根据山地场馆季节性用水特征和山地水资源条件特征，充分考虑节水和水资源回收利用的要求，构建具有国际示范效应的可持续型节水场馆。赛区水源来源为佛峪口水库、白河堡水库，人工造雪、冲厕、绿地浇洒充分利用非传统水源，生活污废水 100% 处理。

核心区的用能需求则呈现出总体分散、局部集中的空间特征，根据建筑用能特征的不同，可划分为基础用能、临时用能和特殊用能三类。经测算，2022 年全年总能源需求量约为 5400 万 kW·h。根据用能类型统计，占比最大的能源需求端为基础用能类型的能源需求，约为 4000 万 kW·h，占比达 74%。在季节分布上，占比最大的场馆基础用能受采暖、空调的影响较大，在最冷的 1 月和最热的 7 月出现了能源需求尖峰。其次为缆车、造雪、制冰等工艺产生能源的特殊用能需求，约为 1300 万 kW·h，占比为 24.5%，该部分能源需求主要出现在冬季。在赛事期间，临时设施所产生的临时用能，由于运行时间有限，其需求量占比相对较小，约占全年能源需求量的 1.5%。根据上述测算结果，基础用能占整个核心区用能需求的近 3/4，因此能源方案对基础用能进行了重点优化，选用高效、适用、可靠的供电、供热 / 冷、生活热水制备技术，并着力提高可再生能源在基础用能中的比例，以达到节省赛区能源运营费用、降低赛区的碳排放强度的目标。

在国家高山滑雪中心的关键建筑，以及延庆冬奥村、国家雪车雪橇中心的坡屋顶上大面积采用天然防潮、防腐、防虫的红雪松木瓦，利用其颜色会随着时间推移由暖黄色渐变为棕灰色的特点，使建筑随着环境变化自然地"生长"。在延庆冬奥村、国家雪车雪橇中心，采用石笼装饰幕墙系统，优先采用得自施工现场土方挖掘的石块作为石笼内的石料，使粗粝的毛石块与拥有金属光泽的钢网实现自然材料与现代工艺的有机结合。

景观工程融入建筑工程与雪道工程中，采用废弃资源再利用、就地取材的方式进行建设，包括修筑护坡、挡墙及部分阶梯、树池等时，尽量使用施工现场的天然石材，将之相互凿嵌垒砌成有机整体；对于动物保护站、人行步道，以及部分树池等，则采用修剪或伐移树木的废弃截枝进行建设等。

八、优化场馆能耗和环境质量控制，打造低能耗健康场馆

从人与自然和谐发展、节约能源、有效利用资源和保护环境的角度，

以《绿色雪上运动场馆评价标准》为导向，坚持适宜性、高效性、精细化的策略，实现建筑的绿色、循环、低碳，形成绿色发展方式和生活方式。国家高山滑雪中心建筑能耗相对北京市公共建筑设计标准降低约 22%，国家雪车雪橇中心建筑能耗相对北京市公共建筑设计标准降低约 28%，冬奥村建筑能耗相对北京市居住建筑设计标准降低约 61%（其中 D6 居住组团为北京市超低能耗建筑示范项目）。

九、进行场馆及其建设过程的碳排放过程计量核算

依照最新的碳排放标准进行建设和运营，建立与国际接轨的本地化核算方法，为统一我国建筑行业碳排放量计算标准、实施碳减排行动提供参考和借鉴。国家高山滑雪中心建筑碳排放量相对北京市公共建筑设计标准降低约 23%，国家雪车雪橇中心建筑碳排放量相对北京市公共建筑设计标准降低约 11%，冬奥村建筑碳排放量相对北京市居住建筑设计标准降低约 28%。

十、打造"近零能耗""近零碳排放"示范建筑

延庆山地新闻中心是"十三五"国家重点研发计划项目"近零能耗建筑技术体系及关键技术开发"的示范工程，其设计兼顾了超低能耗建筑、绿色建筑和近零碳建筑的技术要求，于 2019 年通过了北京市超低能耗建筑示范项目评审，2021 年 4 月取得了北京市绿色建筑三星级设计评价标识。山地新闻中心同时是延庆赛区的近零碳排放实验示范建筑，通过采用主体建筑覆土设计、天窗导入自然光、建筑外遮阳、高效保温系统、高效机电设备、应用绿色电力、光伏发电等一系列技术措施，年节电量约 164.6MW·h，折算项目节约标准煤约为 52.8t，每年可减排 CO_2 约 124.3t。

十一、利用信息智慧技术手段，确保建设质量和工期

运用室外场地与场馆 BIM 融合及地理信息系统（GIS）一体化协同技术，从宏观尺度和微观尺度，以三维形式表达，通过信息共享实现各方协调作业，围绕整个工程建设生命周期，将一切环节串起来，形成闭合环，为智慧冬奥赛区数字化管理提供各种应用。

结合工地的实际管理需求，从"人、机、料、法、环"五要素着手，

打造"安全、绿色、高效"的智慧工地设计、施工、监理一体化管控平台，信息管理平台实现能源管理、能源计量的数字化、网络化、可视化，同时可实现智能处理和动态管控，达到精细化管理目标，大数据分析对收集的所有数据进行高效分析，达到近似实时的效果，及时反映数据规律并为综合决策和统筹协调提供可靠、准确、及时的综合信息保障。

十二、设计兼顾赛后利用功能，提出奥运场馆赛后利用解决方案

赛后滑雪季，依托高水平竞赛场馆，打造国际顶级雪上赛场和训练基地，承担 FIS 高山滑雪世界杯、IBSF/FIL 世锦赛等高水平国际冰雪赛事。建设大众冰雪设施，举办冰雪艺术节，开办滑雪学校，设置溜冰场、大众雪橇体验道、山顶餐厅、雪地温泉等，发展全民冰雪运动。

赛区遗产计划示意（滑雪季）

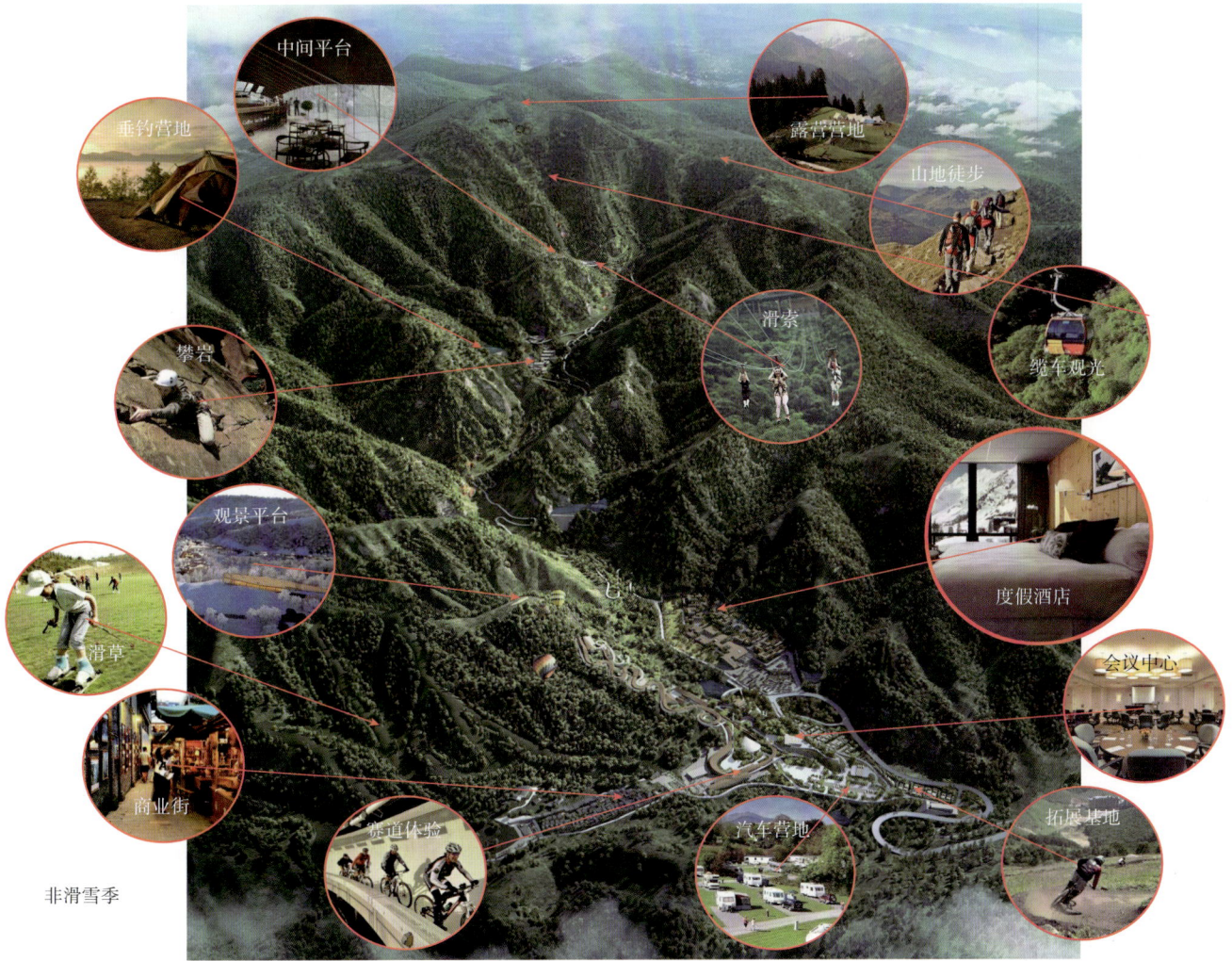

赛区遗产计划示意（非滑雪季）

非滑雪季

赛后非滑雪季，依托自然资源，建设以山地徒步活动为核心的户外运动集群，发展徒步登山、滑道车、单轨过山车、滑槽、滑索、攀岩、探险、拓展训练、山地自行车、缆车观光等。与高质量服务配套设施结合，运营度假酒店，建设汽车营地、露营基地、垂钓营地、步行商业街、博物馆、主题画廊、会议中心等，打造京津冀休闲旅游目的地。

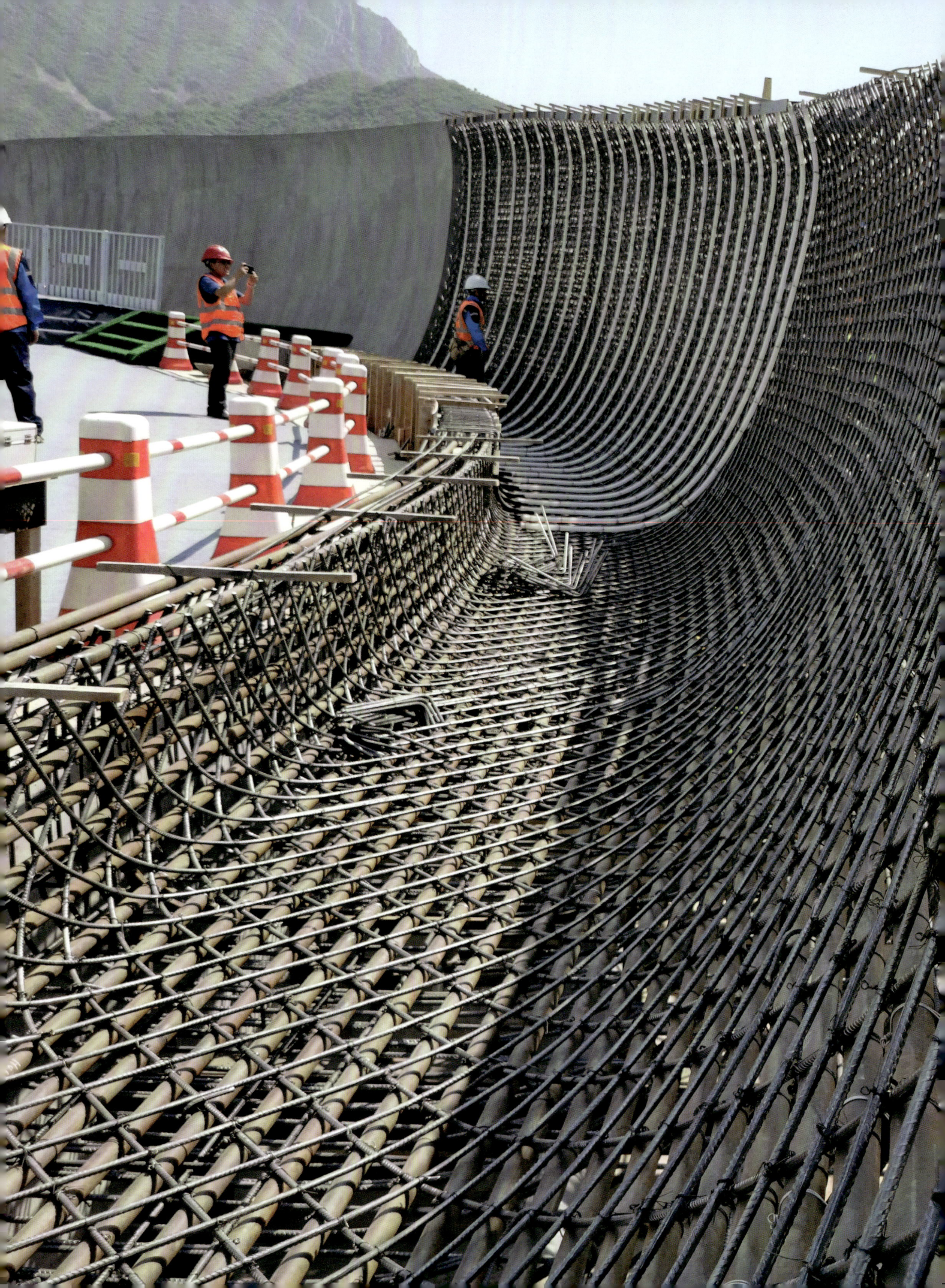

Construction

建设施工篇

Construction
建设施工篇

03

冬奥会延庆赛区

建设施工篇

Construction

北京 2022 年冬奥会和冬残奥会三大赛区中，唯有延庆赛区的场馆全部为新建。延庆赛区总用地面积为 799.13 万 m²，场馆建设面临全新挑战。

高山滑雪与雪车雪橇竞赛项目在国内从来没有建设过奥运级别的场馆，不仅在设计、施工以及管理运行方面的经验缺失，而且建设周期只有不到 4 年时间。

建造过程中，相关国际单项体育组织推荐专家，在建设的相应阶段到现场进行指导；施工单位也通过业主聘请国外技术专家，对有特殊要求的建造难点进行重点突破。在雪车雪橇场馆建设过程中，雪车和雪橇两个国际联合会的专家每隔 2~3 个月就会到现场进行检查和指导。

在发挥国外专家专业优势的同时，中方根据现实条件提出建设性的方案。高山滑雪项目的场地和赛道方案由国际滑雪联合会高山滑雪委员会主席率专家进行设计，但该方案在一些局部节点上与现状地形及附属设施的衔接有问题。中方团队经过仔细研究，提出设计改进意见，经过沟通获得了认可，极大地节省了造价，降低了工程难度。国家雪车雪橇中心项目最初选址阶段，由于地理因素，在延庆赛区无法找到低太阳照度的场地，这会给赛道的冰面稳定性带来不利影响。中方团队结合场地的自然条件，创造性地提出对全赛道进行遮阳的系统方案，并最终获得国际单项体育组织的确认。

建设施工过程中，建设者们主动作为，勇于创新，坚持自我，把国际组织的需求和自身的条件及发展需要结合起来，克服新冠肺炎疫情暴发所带来的困难，用辛勤付出、坚强毅力、巨大勇气，以强烈的责任感、使命感、荣誉感，优质地保证了各项设施的建设，出色完成了各项工作任务，创造了无愧于祖国、无愧于人民、无愧于时代的光辉业绩！

本篇专门记述了国家高山滑雪中心、国家雪车雪橇中心两个竞赛场馆，延庆冬奥村、山地新闻中心两个非竞赛场馆及其配套基础设施的建设管理和施工管理以及相关技术。

国家高山滑雪中心工程建设与施工管理

01 | 第一节　国家高山滑雪中心项目管理

国家高山滑雪中心作为中国唯一的满足国际赛事标准的赛道，位于北京市第二高峰上，雪道最大坡度约 70%，技术雪道平均坡度 15%、最大坡度 18%。上述项目的特点让项目管理工作具备多种特性，其中的唯一性致使项目不能借鉴以往的工作经验。大区域、高海拔、大坡度的特点对项目实施中的材料及人员的交通运输、质量控制、进度控制、安全管理等提出了不同的管理要求。

一、项目管理布局

（一）全过程全员参与的管理理念

中国唯一的满足国际赛事标准的赛道，是需要用高标准要求建设的。在时间短、专业人士缺乏的情况下，项目一开始，所有的招标所需的技术需求，均由项目现场管理人员负责编写，由上级管理人员进行审核，现场管理人员根据审核意见进行修改完善；经过多轮讨论，现场管理人员对项目的技术要求、成本、质量、进度等各方面管理要求及标准都能做到心中有数，项目管理工作更加游刃有余，成为懂合同、知现场、了解成本的全面管理者。

（二）激励制度选择负责任的监理单位

监理发挥着建设单位管理的补充作用，专业负责的监理单位能够更好地促进项目管理。在监理单位的招投标中，加入了考核制度，规定由现场管理人员从专业技术、工作态度、工作时长等各个方面对各自对接的监理进行考核，从而起到激励作用。

（三）制定细化可实施的项目总控计划

从前期手续、设计进度、材料进场、施工进度等各个环节采用PROJECT制成全方面总控计划。为了保证总控计划的可实施性，倒排工期，对每项工作的内容、工序、工程量，罗列所需机械、人工、材料、每日完成工程量等内容。在所有的总控计划中提取关键节点作为管控要点，并打印上墙，让每个关键节点深入人心。

（四）因地制宜，就地取材的引导设计工作

由于项目处于山地环境，地形复杂，地形图与实际现场存在偏差，致使存在施工图纸与现场不符的情况，因此为降低造价，缩短工期，对设计进行了优化。2018年对雪道进行实地勘察及测量后，为了减少土石方挖填方量，对F1雪道、G2雪道提出了优化概念。过程中通过与外籍设计师充分沟通，理解设计师意图和使用功能，多次进行优化方案设计。以不畏惧、不迷信的心态，积极沟通，充分表述优化理念及最终方案，终使优化方案获得外籍设计人员的认可，达到了减少工程量、降低造价、推进进度、杜绝土石方外弃、保护环境的目的。

国家高山滑雪中心所在区域的地质属于崩裂系岩层，其上部土层浅薄，土石方中开挖出大量的岩石。针对此种情况，对技术雪道上边坡护坡形式进行了优化，根据地质情况及护坡高度等，采用浆砌片石挡墙及石笼挡墙替代原框架锚杆梁结构，从而减少石方外运量和混凝土使用方量，也推进了工程进度。

（五）难点、重点的项目筹划

项目管理中的重点、难点是制约项目进展的重要因素，提前筹划好管理中重难点问题的解决办法是一个建设单位管理水平的重要体现。重难点的项目筹划简称"工筹"，即提前对影响项目进展的关键点进行梳理，对众多的项目进行分析，提取难度大、交叉多、对后续工序有直接影响、受季节性因素影响大、对整体项目的质量有直接性影响、易发生安全事故等的项目，提前介入，引领总包单位对重难点进行工筹工作，涉及项目名称、所处区域、重难点分析、工程量等基本内容，以及后续的解决方法，人、材、机配置，每日完成工程量，雨、雪、风等不确定因素的估算，需协调解决的问题等内容，从根本上做到可落地、可实施、可控制，使项目保质保量完成。

（六）采用劳动竞赛对总包单位进行激励，促进项目进展

为了激励冬奥会场馆建设工程广大参建人员的建设热情，自2018年8月开始组织各总包单位进行劳动竞赛，在竞赛中以上墙的关键节点为目标，从施工质量、安全文明施工、工程进度、工程资料等多角度进行考核，由监理单位、建设单位的直管人员、纪律人员等进行综合打分考核，最后根据考评结果进

行奖励、激励，并对获奖单位的奖励落实情况进行跟踪，充分保证奖励落实到一线员工手里。

二、工程安全管理

国家高山滑雪中心高海拔、大地域，以及山区防汛、山林防火要求高等自身独特的特点，对安全管理工作提出了新要求。在安全管理工作中，除了常规的项目管理内容外，根据项目特征采取了有针对性的安全管理办法。

（一）成立应急安全指挥部、应急安全委员会

由北控京奥公司牵头，联合监理、总包单位共同建立"延庆赛区核心区防汛、防火组织体系"，设立"应急指挥中心"，实施垂直指挥调度，加强应急状态下的整体统筹管理。

（二）划分安全责任区

核心区分为7个"安全责任区"，明确各总包单位为防汛、防火责任主体。各总包单位进一步梳理避险点、风险点、疏散路线、行洪沟道等，并重新修订、完善《防汛应急预案》和《森林防火应急预案》，落实责任，加强各项保障措施，提高应急处置、对外联动的综合能力。

（三）设立赛区监控系统

在核心区的视野宽阔位置设立监控系统，基本实现赛区图像全覆盖，在施工中起到安全管控的目的；

北控集团总经理助理、北控置业集团董事长张文华（左二）在项目现场调研

并增加热成像技术进行防火监控，使得一旦发生火情或突发事件可及时报警、定位，并采取相应措施进行处置。

（四）防汛管理

1. 应急值守及信息发布

延庆赛区实行置业集团领导带班，北控京奥公司等单位 24 小时防汛值班，值班重点内容主要包括：检查沟道清理情况，以及竞技集散广场、污水处理站、LNG 站场、垃圾集散点等防汛情况，抽查各总包单位防汛值班人员、抢险队伍和防汛物资情况。同时，延续汛期人员信息群 2020 年工作流程，由北控京奥公司等值班领导负责督促各参建单位报送人员进、出场信息，填写《核心区人员及夜施情况一览表》、值班记录；遇应急情况时按照《核心区防洪防汛应急预案》落实各项工作。

在接到预警信息时，及时利用应急广播对预警信息、汛期安全提示、人员撤离通知、道路安全提示等信息进行循环播放，确保预警信息的快速发布和响应。

2. 应急防汛广播系统

赛区处于山区，雨季存在山洪风险。为减少人员和财产损失，赛区设置应急广播点 19 处，分布在竞技结束区、竞速结束区、2 号路沿线、1050m 海拔塘坝、国家雪车雪橇中心、垃圾处理站、现场大型临时设施等地。在接到气象部门的预警信息后，及时利用应急广播对预警信息、汛期安全提示、人员撤离通知、道路安全提示等信息进行循环播放，确保预警信息快速发布和响应。

3. 应急通信

调试维护完成应急座机电话 8 部，分布在应急指挥中心、值班领导办公室等地；调试完成监控摄像头 15 个，兼顾防火及防汛需求；向应急指挥中心和延庆赛区核心区各单位防汛值班人员发放应急对讲机 17 部。与延庆区重大项目办进行沟通协调，保障防汛期间接到暴雨预警后，三辆运营商单位通信保障车立即进行备勤；如赛区出现通信中断情况，第一时间赶赴现场，保障通信畅通。

4. 赛区临时消防水箱系统

赛区海拔高、占地面积大且处于山林中，冬季山林防火及山火扑灭难度极大。为保证消防安全，赛区共设有临时消防水箱 50 个，分布于海拔 950~2150m 之间，总储水量 450m³，利用风力及太阳能发电技术进行水箱加热，保证水箱恒温储水。厂家操作人员进行 24 小时现场待命，同时在集散广场设置 15 台消防水泵，随时用于应急救火。

02 | 第二节　国家高山滑雪中心第一标段施工

一、施工单位

国家高山滑雪中心第一标段的施工单位为北京城建集团有限责任公司（简称"北京城建集团"）。该公司是北京市建筑业的龙头企业，具有房屋建筑工程、公路工程总承包特级资质，以城建工程、城建地产、城建设计、城建园林、城建置业、城建资本等六大产业为主业，城建文旅、城建国际、城建服务等新兴产业稳步成长；从前期投资规划至后期服务运营，打造出上下游联动的完整产业链，致力于转型提升为"国际知名的城市建设综合服务商"。

北京城建集团是"中国企业 500 强"之一、"ENR 全球及国际工程大承包商"之一，荣获"中国最具影响力企业""北京最具影响力十大企业""全国优秀施工企业""全国思想政治工作先进单位""全国建设系统企业文化建设先进企业"等荣誉称号；拥有全资、控股子公司 25 家，包括 A 股上市公司 1 家、H 股上市公司 1 家。

北京城建集团优质高效地完成了北京大兴国际机场、国家体育场、国家大剧院、国家博物馆、国家体育馆、中国国学中心、北京奥运会篮球馆、奥运村、首都国际机场 3 号航站楼、北京银泰中心等国家和北京市重点工程，以及北京城市副中心、北京世园会项目集群和国内外多个城市的地铁、高速公路等重大工程，166 次荣获中国建设工程鲁班奖、国家优质工程奖和中国土木工程詹天佑奖。承建国家速滑馆、国家高山滑雪中心、冬奥村 3 项北京冬奥会核心工程，是全球唯一一家既建造过夏季奥运会主场馆，又承建冬季奥运会主场馆的工程总承包商。

北京城建集团坚持文化引领，形成了"创新、激情、诚信、担当、感恩"的企业核心价值理念。"十四五"期间，集团将积极推进实施"供给侧发力，产业链发力，筑牢筑实筑稳'三个大厦'，做强做优做大企业集团"战略，朝着成为"国际知名的城市建设综合服务商"的目标迈进。

二、第一标段概况

国家高山滑雪中心项目第一标段包含 B1、C1 雪道工程、索道工程、附属建筑以及配套设施工程等。

图例
- 场馆范围线
- 设计道路
- 拟建建筑
- 拟建雪道
- 直升机临时停机坪
- 出发区
- 气象站
- 挡墙支护

北

A部分范围线
国家高山滑雪中心场馆范围线
男子滑降赛起点
山顶出发平台
C2联系雪道
男子超级大回转起点
女子滑降赛起点
女子超级大回转起点
生活用4号泵房
技术道路下穿雪道
PS300造雪泵房
廊
F1训练雪道
E1训练雪道
C1比赛雪道
竞速雪道
男子大回转起点
G1比赛雪道
G2训练雪道
D3比赛雪道
D1联系雪道
女子大回转起点
回转团队赛场地
技术道路下穿雪道
D2比赛雪道
男子小回转场地起点
女子小回转场地起点
F1训练雪道
B2联系雪道
B6训练雪道
竞技结束区
国家高山滑雪中心场馆范围线
中间平台
竞速项目终点
蓄水池
B3联系雪道
二号路
B4联系雪道
B5联系雪道
PS100造雪泵房
集散广场及竞速结束区
生活用2号泵房
现状进场路
二号路

山顶出发区
PS300造雪泵房
C1雪道
PS200造雪泵房
竞技结束区
中间平台
B1雪道
集散广场及竞技结束区
PS100造雪泵房

山顶出发区
索道H
索道E
索道F
索道G
索道B3
竞技结束区
中间平台
集散广场与竞速结束区
A1A2索道中站
索道A1
冬奥村
注：红色部分为测试赛使用工程

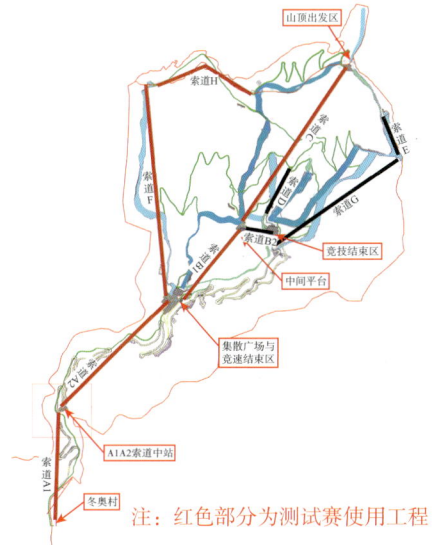

国家高山滑雪中心各功能区分布

集散广场与竞速结束区实景

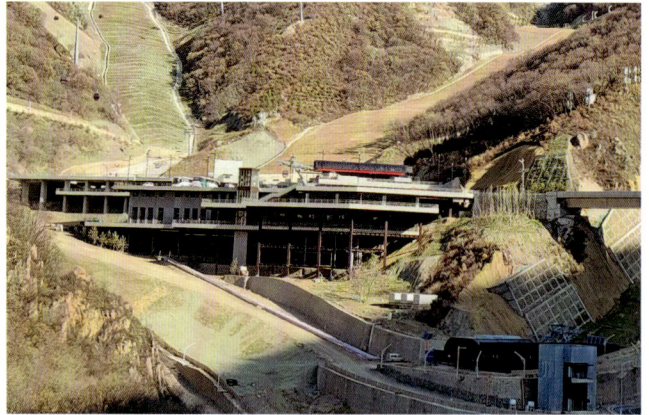

竞技结束区实景

中间平台实景

山顶出发区实景

雪道现场实景

C 索道支架及轿厢实景

（一）附属建筑及配套设施概况

一标段附属建筑及相应配套设施包括集散广场及竞速结束区，中间平台，竞技结束区，山顶出发区，索道 A1、A2 中站，PS100、PS200、PS300 造雪泵房，CT400 冷热水池。

（二）雪道工程概况

北京 2022 年冬奥会高山滑雪主赛道为 B1、C1 雪道，雪道起点高度为 2179m，终点高度为 1285m，垂直落差为 894m，雪道中心线长度 2950m，平均宽度约 50m，雪道面积约 150000m²。

赛道共设计 4 个跳跃点，跳跃点的最大坡度为 69%，平均坡度为 30%，跳跃点与着落点的纵向水平长度约 70m，垂直落差约 45m，被认为是世界上最高难度的竞速赛道。主要比赛项目为超级大回转、大回转、回转、滑降、全能以及团体赛等。

（三）索道工程概况

国家高山滑雪中心索道系统设备安装和基础施工工程涉及延庆赛区 9 条客运索道，索道编号为 A1、A2、B1、B2、C、D、E、F、G。其中包括 5 条单线循环脱挂抱索器 8 人吊厢索道，2 条单线循环脱挂抱索器 6 人吊椅索道，2 条单线循环固定抱索器 4 人吊椅索道。9 条索道线路总长度 9430m，海拔高度

由 920m 到 2198m，遍布整个冬奥会延庆赛区，是国内第一个服务于奥运赛事的索道工程，也是国内同一地区同时施工数量最多的索道工程。

三、第一标段施工的特点、重难点

（一）施工条件极差

工程位于山地森林，场地条件非常原始，作业面积广阔，施工区域极为分散，且没有成型道路，交通运输困难，施工用水、用电极为不便，再加上通信不佳，给施工带来了很大的困难。

（二）工期极为紧张

工程地处山地，海拔高，自然气候极端；冬期为每年 10 月至次年 4 月，冬期山体的积雪难以融化，山路湿滑危险，最低气温低于 -30℃，冬期施工的人工、机械降效严重；雨期为每年 6 月至 8 月，雨期降水突发性强、降雨量大且无规律，一年之中真正有利于施工的时间非常短暂。

（三）作业面广，海拔落差大，施工区域极为分散

项目共包含 10 个建筑物，分别为 A1、A2 索道中站，海拔 1041m；集散广场及竞速结束区，海拔 1238m；G 索下站连接平台，海拔 1426.4m；竞技结束区，海拔 1473.5m；中间平台，海拔 1554m；PS200 造雪泵房，海拔

北控置业集团总经理李书平（前排左三）在项目现场调研

C1 竞速雪道云端和松树林段

1560m；PS300 造雪泵房，海拔 1845m；敞廊，海拔 1825.08m；山顶出发区，海拔 2180.6m。索道全长近 10km，共计 96 个作业点，点线状分布在各索道线路上。雪道全长 3km，从海拔 2179m 的山顶延伸至海拔 1285m 的竞速结束区。施工区域极为分散，导致施工人员及机械组织难度极大。

（四）国内首创，无经验可循

国家高山滑雪中心竞速赛道为国内首条进行奥运赛事的速滑雪道，建设标准高，其总设计方为国外的设计公司，建设初期国内无此类项目的施工经验可借鉴，且没有相关的施工标准；在雪道的施工过程中，需要不断摸索，采用不同的施工方法解决重难点问题。

03 | 第三节 国家高山滑雪中心 第二标段施工

一、施工单位

国家高山滑雪中心第二标段的施工单位为中交一公局集团有限公司（简称"中交一公局"）。该公司是世界 500 强企业——中国交通建设集团有

限公司的旗舰企业，是行业领先的集咨询规划、投资融资、设计建造、管理运营为一体的大型基础设施综合服务商。

中交一公局拥有深厚历史，1963 年隶属交通部，1999 年划归路桥集团，2005 年转隶中交集团，2018 年由原中交一公局与中交隧道局战略重组；现有 90 余家各具专业特色的子分公司，有员工 2.4 万余人；具备资质 260 余项，包括 11 项公路特级、1 项房建特级、1 项工程勘察综合甲级资质；获得"全国文明单位""全国优秀施工企业"等荣誉；是中交系统首个总资产、年新签合同额、营业收入均超千亿元的子企业，具备全产业链投、建、运一体化服务优势，被列为国有企业党建联系点、"双百行动"企业。

中交一公局大力打造"专、精、特、新"工程，在特大桥梁、长大隧道、超大盾构、超高层建筑、大型城市综合开发等领域创造了优异成绩，突破了一批"卡脖子"技术，取得了卓越信誉；同时，作为中国最早进入国际工程承包市场的大型国企之一和中非合作的开路先锋，参与了多个"一带一路"标杆工程建设。历经多年耕耘，中交一公局大力塑造了中国公路、中国桥梁、中国隧道、中交轨道、中交城市的品牌，具备了品牌一流、业态丰富、链条完整、体系完善、理念超前、技术领先的鲜明特质与超凡实力。

中交一公局始终坚持以习近平新时代中国特色社会主义思想为指导，践行国企"六个力量"重要使命，紧扣中交集团"123456"总体发展路径和"两保一争"奋斗目标，聚焦高质量的"双千亿、五百强"，不断丰富"强、好、优"战略内涵，在践行"一带一路"倡议、投身交通强国建设中发挥主力军作用，坚定不移打造具有现代典型特征的新时代集团公司，为中交集团打造具有全球竞争力的科技型、管理型、质量型世界一流企业作出积极贡献。

中交一公局始终秉承"让世界更畅通、让城市更宜居、让生活更美好"的企业愿景，赓续"交融天下、建者无疆""自强奋进、永争第一"的企业精神，与各界朋友携手共进，共创美好明天。

二、第二标段概况

国家高山滑雪中心第二标段项目主要包含雪道、技术雪道、造雪系统、生态修复等工程。

（一）雪道工程

雪道工程包含 2 条赛道（D2、G1）、4 条训练雪道（E1、D3、F1、G2）和 1 条回村雪道，雪道总长 6570m，平均宽度约 50m，最大纵坡 69%，总面积约 263891m^2。

雪道、技术雪道实景

（二）技术雪道工程

技术雪道工程包含 15 条技术雪道（J1~J3、J5~J16），雪道总长 10785m，雪道宽度为 8~12m，最大纵坡 15%。技术雪道在场馆施工期间作为施工便道使用，主要服务于施工车辆；赛时作为雪道之间的连接雪道使用，方便雪道、索道维护以及各比赛赛道间的交通。

（三）生态修复工程

国家高山滑雪中心生态修复工程施工区域所涉受干扰的森林生态系统面积达 710000m^2，主要修复内容包括乔灌木移植、雪道植被恢复、裸露边坡生态修复、亚高山草甸剥离回铺等，修复范围之广、涉及植物种类之多、难度之大均前所未有。修复过程中，保证修复植被群落与现状次生植被群落一致，保留原山体植被品种群落特征，适当增加冬季常绿植物，实现自然演替。

生态修复后实景

三、第二标段施工特点及难点

（一）工程特点

1. 国内首次

高山滑雪赛道建设在我国尚属首次。高山滑雪赛道建设技术长期被北美洲和欧洲少数公司垄断，国内没有任何相关设计和施工经验，没有任何一个企业、任何一个团队、任何一个人建设过能够满足冬奥会要求的高山滑雪赛道。这对建设工作而言，是一个巨大的挑战。

2. 施工条件差

工程位于小海陀山深处，施工现场面临着无施工便道、无施工用水、无电、无通信信号的难题，给现场物料运输、施工生产、人员及设备安全管理等带来了严峻的挑战。

3. 生态环保要求高

国家高山滑雪中心地处小海陀自然保护区内，场区内动植物种类繁多，在海拔 1800m 以上的区域分布着种类繁多的亚高山草甸，且极具北京及周边地区的代表性。施工过程中，需要充分保护、保留原山体植被品种群落特征，保护小海陀山的生物多样性，践行"绿色办奥、生态办奥"的理念。

4. 森林防火要求高

工程施工区域森林、植被繁茂，秋冬季天气干燥，施工过程中对森林防火要求极高。

（二）工程难点

1. 工期紧、任务重

工程地处山区，施工区域山高林密，极端天气易发。夏季雷雨频繁，降雨量大且无规律，为保证人员安全，雷雨天气时人员必须撤离。冬季气候极寒，每年 10 月进入冬期，次年 4 月结束，最低温度可达 –35℃，导致人员、设备严重降效。复杂多变的气候条件严重缩短了实际有效施工时间，给现场建设单位带来了极大的考验。

2. 临建工程修筑困难

工程所处位置地势陡峭，山高林密。施工便道修筑前期，临建工程修建非常困难，后期材料运输及施工组织仍然非常不方便。

3. 工程种类繁多，交叉施工影响大

国家高山滑雪中心涉及雪道土石方工程、附属工程，以及造雪系统、牵引系统、强电系统、弱电系统、智能化系统、挡风系统、安全防护系统等多类工程施工项目，每类工程中又涉及多个分项工程。狭小的施工区域内多家单位交叉作业，给安全、进度管理带来了更多不确定因素。

4. 材料运输难

由于施工部位山高坡陡，车辆无法将施工所需材料运输到指定位置，严重影响项目的施工进度。此外，整个赛区的交通道路只有松闫路一条，且比较狭窄，交通压力大，给材料的运输带来很大的挑战。因此，能否解决施工材料运输难的问

雪道、技术雪道实景

题，决定着项目的成败。

5. 雪道土石方平衡难度大

工程建设初期，雪道挖填方量不平衡，挖方远大于填方，如何将多余的挖方合理消纳、有效利用是工程的重点和难点。为此，施工单位提出了场区内土石方平衡的理念，通过优化调整雪道形态，实现雪道内挖填平衡、相邻雪道土石方平衡、场区内整体土石方平衡的目标。

6. 雪道施工难度大

整个工程共有 7 条雪道建设在高陡山区，雪道设计纵坡坡度大，最大设计坡度达到了 69%，这使得土石方挖、填施工与土石方运输等面临巨大的挑战，尤其是大坡度高填方雪道的填方高度最高达 20m 以上，纵向坡度达 40%，对雪道压实要求极高。但是，目前国内外没有任何关于雪道的压实标准，因此需要逐步试验摸索，制定合理的压实方案。

（三）重难点工程

1. 技术雪道施工

二标段技术雪道数量众多，多为半填半挖，且个别技术雪道长度达到了 2.88km。在施工的过程中，一方面必须做好土石方的调配工作，另一方面，在打通技术雪道的同时需及时施作挡墙，而挡墙的施工严重影响技术雪道的施工进度，因此技术雪道施工是项目的一大难点工程。

2. 高填方段雪道施工

D2 雪道、F1 雪道局部位置为高填方，且填方位置位于冲沟内或大的沟谷内，其中 D2 雪道最大填方深度达 22m，最大坡度 40%；F1 雪道最大填方深度为 18.4m，最大坡度 68%。因此，在雪道填筑施工中，如何做好高填方抗滑移措施是一大难题。

3. 土石方弃方的处置

该项目挖填方量大，设计理念为雪道内挖填平衡或相邻雪道、技术雪道挖填平衡，因此并未设置弃渣场。但图纸工程量并不能实现挖填平衡，所以对多余的弃方如何进行处置是该项目施工的一个难点。

（四）重难点工程对策

1. 技术雪道施工

在半填半挖的断面中，首先考

沿山脊"俯冲"的 F1 训练雪道

虑在本路段内移挖作填，进行横向平衡，再对多余的土石方纵向调配，以减少总的运量。土石方调配中一般不安排跨越大沟的运输；考虑施工的可能性与方便性，尽量避免和减少上坡运土。为使调配合理，根据地形情况和施工条件，选用适当的运输方式，确定经济运距，以确定工程用土应调运还是外借。根据工程需要对不同的土方和石方分别进行调配，以保证技术雪道稳定和人工构造物施工的材料供应。

2. 高填方雪道施工

项目部、建设单位、设计单位积极沟通，确保雪道高填方抗滑移方案早日确定，不影响工期。

3. 土石方弃方的处置

针对土石方弃方的处置问题，项目部做了两手准备，一方面积极与建设单位及当地政府沟通，争取早日办理土石消纳证；另一方面，积极与建设单位和设计单位沟通，对图纸进行优化，尽量保证施工现场内土石挖填平衡，降低弃方对环境的影响。

04 | 第四节　国家高山滑雪中心索道工程施工

一、索道工程概况

国家高山滑雪中心索道系统包含延庆赛区 9 条客运索道，索道编号为

A1、A2、B1、B2、C、D、E、F、G。其中有 5 条单线循环脱挂抱索器 8 人吊厢索道，2 条单线循环脱挂抱索器 6 人吊椅索道，2 条单线循环固定抱索器 4 人吊椅索道。9 条索道线路总长度 9430 米，从海拔 920m 的冬奥村到 2198m 的山顶出发区，遍布整个冬奥会延庆赛区，是国内第一个服务于奥运赛事的索道工程，也是国内同一地区同时施工数量最多的索道工程。

二、索道工程项目特点及施工难点

（一）工期紧

该工程地处山地环境，气候复杂多变，冬期为每年 10 月至次年 4 月，汛期为每年 5 月至 8 月，真正有利于施工的时间非常短暂。并且该工程为项目整体的关键线路，必须在索道基础完成后方可进行有关房屋附属建筑的施工，这使得该工程的工期更加紧张。

（二）施工难度大

A1 索道线路支架较高（最高的 7 号支架高 32m），大多数位于山坡上（只能用临时货索等方法安装）；且跨越 2 条施工道路，对施工安全和进度

G 索道

北京冬奥会延庆赛区建设记忆（上册）

有较大的影响。

A2 索道线路复杂，支架较高（最高的 10 号支架高 37m），大多数位于大斜坡上（只能用临时货索等方法安装）；且跨越一条施工道路，对索道安装进度、难度有极大的影响。

F 索道线路复杂，高差大，大多数支架位于山坡上（只能用临时货索等方法安装），上站不通车，对索道安装进度、难度有极大的影响。

除 B1 索道下站及其 1 号、2 号、3 号支架点，B2 索道下站及其 1 号支架点，D 索道下站及其 1 号支架，G 索道下站及其 1 号支架可使用机械施工外，B1 索道、B2 索道、C 索道大部分、E 索道全部、G 索道大部分地基开挖需人力或爆破施工，大部分设备要使用货索运输和专用设备进行人工吊装。C、E 索道施工材料及设备需经 B2、G 索道临时货索转运才能到达 C、E 索道下站。

临时货索架设完成后，方可把小型施工机械用货索运输至各施工作业点，代替人力作业。

G 索道下站位置与旁边 3.8km 公路高差太大，施工场地受限，不利于材料设备运输和货索地锚设置。

货索地锚设置在 G 索道下站前立柱基础后侧。前立柱基础和 1 号支架基础之间设置装卸料场地。

装卸料场设置在 3.8km 公路的上方。为保证设备能运输到位，G 索道下站施工通道需经过 B2 索道下站再延伸至 G 索道下站，以降低公路至 G 索道下站施工通道的坡度，方便车辆通行。

（三）施工现场不能设置生活区

索道工程点多面广，且位于山地，没有足够的场地搭建生活区，再加上不良气候、地质灾害、毒蛇野兽出没的影响，无法就近设置临时设施，只能在山下搭建生活区。

为解决赛区核心区域外生活区距离施工地点太远、施工效率低的问题，在索道上站及线路施工区旁设置临时休息点，既减少施工人员登山的体力和时间消耗，又保证了施工人员的吃饭、休息质量较好，不至于风餐露宿。

（四）国内首例，无经验可循

国家高山滑雪中心是国内第一个用于高山滑雪比赛的奥运工程，建设标准高，工程体量巨大。此前国内没有在山地建设大型奥运工程的经验可循。

三、索道工程的施工组织与施工部署

（一）施工管理人员组织

在仔细研究施工图纸、现场情况及其他相关资料的基础上，结合以往的工程管理经验，总包公司选派责任心强、业务水平高、有经验的人员组成项目管理班子，以全面质量管理为中心，高效地组织和优化企业及社会各生产要素，确保项目顺利实施。施工管理人员组织架构如图所示。

（二）确定关键线路

经过现场多次勘察及工期倒

- 140 -

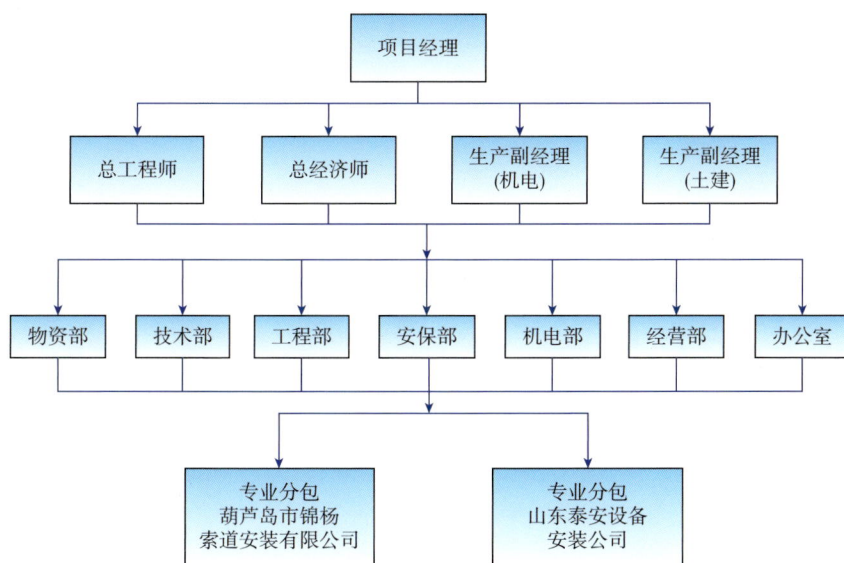

施工管理人员组织架构

排、工筹论证等，最终确定索道工程为国家高山滑雪中心建设工程的主要关键线路。

（三）索道工程总体施工部署

由于该工程工期紧，体量大，山地环境气候复杂多变，冬期为每年10月至次年4月，汛期为每年5月至8月，真正有利于施工的时间不长。因此，在黄金施工时段内抓紧生产的同时，必须集中优势资源，结合技术手段，提高施工效率。

该项目土建工程量较大，需科学地安排施工计划，合理地组织施工技术力量和人员，加大机械设备的投入，协调发挥施工机具的最大效率，优化施工流程，做好各分部的穿插，方可在保证工程质量的前提下，确保按期完成项目。

根据该项目的特点，本着先土建、后安装的总原则，合理划分流水施工段，A1、A2、B1、B2、C、D、E、F、G索道分为9个施工段，进行穿插流水作业，确保各分部工程按总进度计划完成。

1. 土建施工阶段

国家高山滑雪中心第一标段索道工程共有80个索道支架、18个索道上下站房及2个索道独立车库，分布在山区各个位置。作为整体项目的关键线路，索道工程土建施工的工期十分紧张。山区无信号、无水、无电，没有施工道路，给土建施工现场组织协调和人员、材料、设备调配增加了很大难度。

经项目部研究分析，成立一支260人组成的索道基础突击队，统一指挥、调度、协调功能，督促、检查各基础点位的各项工作。面对山区恶劣环境，为保证工期，总包团队迎难而上，突击队人员在山里的索道基础点

索道基础施工

索道基础检测

索道支架吊装

索道支架安装后

索道站内设施设备安装

站内设备安装完成后

位附近就地扎帐篷，吃干粮，克服延庆山区低于 −30℃ 的极寒天气，历时 154 天完成索道 80 个支架、18 个站房的基础施工；重点对无法机械作业，施工难度大的基础点位进行施工，把索道专业劳动力的力量留在安装阶段，选派技术过硬、服务态度热情、能吃苦耐劳且在册的施工队伍进驻现场施工；建立生产调度协调例会制度，确保高标准完成施工任务。

2. 安装、调试阶段

混凝土基础对索道的设备和支架起着配重稳固的作用，设备和支架与混凝土基础依靠预留的螺栓型预埋件稳定连接，支架与设备的各个零部件均依靠螺栓连接。设备进场后，在操作手册的指导下，依靠扳手和起重设备完成组装。

客运架空索道由站内设备（包括动力站、迂回站）、线路支架、钢索、吊厢（或吊椅）组成。索道设备进口自奥地利的多贝玛亚公司，索道基础的施工由中方人员负责，索道设备、支架的安装、调试工作由外方人员负责。

四、索道工程的关键技术应用

（一）索道测量技术

国家高山滑雪中心包含 9 条客运架空索道，索道的线路较长，分布极广，支架多数散布在崇山峻岭间。索道专业对工程测量定位的要求极高，野外逾 1000m 的索道线路支架基础的水平误差和高度误差只允许有 1~3cm，角度误差只允许有 0.5°。如何保证土建基础的高精度施工，是索道施工的重点课题。基础施工完成后，线路支架和站房设备安装调试同样也有着极高的精度要求。

索道测量与传统建筑施工测量的方法极为不同，要通过水平累加距离、高程、基础倾角、中心线位置确定定位；由于高山陡峭，很多位置无法通视，使得测量难度大增，

必须依靠增加观测点的方法，将线路划分为多个小段，分别施测，并采用特殊算法消除累计误差。

在整个索道施工过程中共有 4 期测量工作。一期测量工作为索道施工前的定位，即确定每条索道的大体位置。二期测量为施放各条索道基础的控制点，为索道基础施工提供重要依据，保证各个基础位置及埋件的准确性。三期测量工作是在索道基础施工完成后，对索道预埋件进行测量校核，为下一步的索道安装做准备。四期测量是在支架和设备安装完成后，对支架和索道设备的关键部件进行最后一次测量，确认安装无误方可进行下一步的索道调试工作。

（二）索道基础预埋件高精度预埋技术

该工程包含 9 条客运架空索道，共计 80 个支架基础，预埋件的数量达到了 859 个，每个基础的预埋件数量从 6 个到 18 个不等，每个预埋件既各自独立，又互为整体。索道支架安装时，需将其螺栓孔插入支架基础的预埋件并进行固定，因此，预埋件的安装精度直接决定了索道能否顺利安装。

索道测量

索道基础预埋件

索道基础与支架的连接形式

按照索道设备制造单位提出的索道安装要求，索道基础预埋件安装精度应该从三个维度进行控制：高程、平面位置和倾角。一旦预埋件安装精度控制不好，必然导致基础的返工。而索道基础的施工特点决定了基础返工代价惊人，将耗费大量人力物力。

经过细致研究确定，通过加工制作基础预埋件定型化固定模具协助施工，可以实现预埋件高精度预埋。根据每个支架的底座直径、螺栓数量、螺栓间距等参数反推出对应定型化模具的基本参数，绘制出模具初步的平面图、剖面图，随后交给加工厂制作。

为此，在施工现场只需确定索道基础中心点的位置，将预埋件中心与基础中心重合，即可确定所有预埋件的位置，然后对预埋件与定型化模具进行固定，即可快速完成预埋件的预埋工作，这样做，安装效率高，准确率高。

（三）临时货运索道技术

1. 应用背景

国家高山滑雪中心工程占地432.4万 m²，包含9条客运架空索道，其施工特点不同于常规的房屋建筑，单个作业点工程量一般较小，但整体施工线路长，作业点极为分散，并且由于处于基础设施条件简陋的复杂山地环境中，没有完善的交通系统，物料运输非常困难。若在以高山峻岭为主的地形中修筑盘

现场索道基础与预埋件固定

临时货运索道

货运索道

山道路，将大面积损毁地表植被，占用大量土地，投资额巨大，且不符合国家环保、土地和林业政策要求。在此情况下，传统的车辆或机械运输方式效率非常低下，并且大部分施工作业面使用常规的运输方式无法完成材料的运输。

除上述索道施工以外，该工程在雪道工程和附属建筑工程均使用了临时货运索道，在一定程度上解决了材料运输问题。

临时货运索道作为重要的材料运输方式之一，适用于复杂山地环境下的物料运输和索道施工，尤其是在材料、货品重量较小，但运距较长，修筑盘山道路困难且费用高的环境中，效果俱佳。

2. 工作原理

临时货运索道由驱动站、迂回站、线路支架、承载索、牵引索、升降索、运输跑车、料斗（吊钩）等基本构件组成。

临时货运索道线路上下两端位置分别为上站、下站。下站为物料装载站，也是动力站，一般选择地势较为平坦、开阔的位置，以便布置地锚和动力装置（即绞车）。上站布置承载索地锚和迂回机构。在临时货运索道沿途布置若干索道支架，支架数量根据现场条件而定，一般宜选择线路高点位置。支架立柱由标准节或钢管拼接而成，钢结构桁架由钢管和角钢焊接而成；横梁为矩形钢管，安装有鞍座，用来支承承载索，构成货运索道的轨道。跑车在牵引的带动下水平移动；到达指定位置后，启动货运索道升降系统，将所运输的材料或设备降至下站，完成运输过程。

3. 应用效果

临时货运索道技术的应用，与修筑运输道路相比，将对生态的破坏降到了最小；相比于采用大型车辆运输的传统方法，受山地各种复杂多变的环境因素影响较小，提高了施工效率；货索保养维修费用较低，在缩短工期的同时，成本也可大幅度减少。

国家雪车雪橇中心
建设施工

01 | 第一节　国家雪车雪橇中心
建设计划管理

北京 2022 年冬奥会延庆赛区建设项目 A 部分，即国家高山滑雪中心、国家雪车雪橇中心及配套基础设施建设项目，实施难度大，涉及大量开创性工作，不同专业、工序间衔接、协调工作量大，外部因素影响进度带来的后续工作调整压力大。针对项目的上述困难，建设单位北控京奥公司成立了计划管理部，为促进项目建设体系整体的高效运转和内外部有效的信息传递服务，具体工作包括对从前期手续到设计、招采、工程建设的工作任务进行拆分，形成计划表，做好各工序、各业务部门间的协调配合工作；全面汇总、梳理项目工程建设方面的各类信息，服务于不同层级的资料报送和建设进度阶段性的对外宣布，确保信息严谨、口径统一；根据北京市重大项目办等方面领导的指示指令建立重点任务销项清单制度，对任务完成情况进行跟踪，解决需协调的相关问题。

一、协调及管控

（一）项目各标段总控计划制定与跟踪

根据项目管理需要，组织工程部、监理单位、施工单位编制各标段工程年度总控计划，与各单位进行大量沟通，分析重点、难点问题，协调各单位交叉施工工序等问题。对设计、招采等施工前置任务进行细致梳理，完成总控计划编制。各标段工程一二级节点共计 1786 个，其中国家雪车雪橇中心项目节点 193 个。

新冠肺炎疫情暴发后，根据其影响情况重新梳理计划节点，完成正式的总控计划后上报北京市重大项目办，并督促各参建单位按计划完成工作任务。根据工程进展，每半个月对各项目进度进行统计，编制《工程形象进度表》，以全面汇总各项目整体进展情况，综合协调解决所出现的问题。

（二）业务部门计划制订及考核

根据建设单位绩效考核管理办法，配合综合办进行业务部门绩效考核工作，制定业务部门年度重点工作指标，形成业务部门绩效考核表，并协调确认执行。根据整体项目进展情况，经考核领导小组一致同意，对考核节点进行动态调整，使考核工作更有针对性，更好地指导业务部门日常工作。

（三）业务部门的进度执行过程管控

结合部门考核表，对设计、招采专项工作进行梳理，通过施工现场的实地检查，核对工程进度。针对滞后及有风险的工程节点，与相关参建单位一起分析问题，共同研究解决方案，必要时配合建设单位领导约谈滞后节点施工单位领导，及时进行高位协调。对于重点、难点问题，组织召开专项工作协调会，解决施工过程中设计、招采、工程各部专业间协作问题，列出具体负责单位或部门责任人与解决时限，提高问题解决效率。

组织设计、工程、成本部梳理《设计变更闭环台账》，每月完成《成本动态分析》归档。

派专人参加各标段每周监理例会及各项专题会，对会议中提出的问题采取三步式（即现场解决、组织专题会解决、对重点事项在销项清单中跟进并汇报上级领导解决）方法逐级推进。

（四）智慧云平台计划管理工作

经过与智慧云平台配合单位的反复沟通研究，将项目总控计划推行上线，进行工程项目信息化管理工作，实现通过平台查阅项目计划完成情况与各计划执行状态，每周对项目进展情况进行线上填写，做好过程记录工作。协同平台技术部门对监理、施工单位进行云平台计划模块培训工作。根据使用云平台中遇到的各项问题，不断对云平台提出优化要求，重点包括每周汇报的周进度内容均自动从总控计划中选出；统一周汇报格式，周完成情况与总控计划在同页面对比展示；重新定义主页面完成情况；优化各部门填报内容，重点突出主要工作等。

（五）配合市重大项目办组织"百日会战"工程冲刺

按照北京市及延庆区重大项目办相关要求进行各项工作计划与完成情况提报工作，每半月整理汇报项目进展情况。参加重大项目办组织的各项会议，对会议内容进行分解及跟踪，将具体任务拆分成销项清单，督促相关部门落实。

配合市重大项目办共同举办"百日会战"工程活动，参与编制，并与各参建单位签署国家雪车雪橇中心项目16个节点"百日会战"承诺书，促进了工程主要里程碑节点建设的顺利完成。

二、VIS/VIG 报告的应用

为确保北京 2022 年冬奥会场馆各类设施的准备、安装工作有序进行，经过国际奥委会专家共同研究，制定了《冬奥会场馆设施安装计划整合工作报告》。北控京奥公司计划管理部受命承接延庆赛区场馆设施安装计划整合工作任务。

（一）工作背景

1. 场馆设施安装工作十分复杂

为满足冬奥会和冬残奥会赛事需求，延庆赛区各场馆建设都涉及大量的设备设施安装、转换和拆除工作。初步梳理显示，冬奥会赛前准备阶段将由 51 个业务领域下属供应商在同一时期进入主要场馆完成所有设施的安装，每个场馆的安装任务细项预计平均超过 1000 项。由于任务繁多、相互关联、时间有限，场地分配和人员物资调度管理面临很大的挑战，需要提前由各场馆尽可能准确规划各实施主体进入场地施工的时间，否则将造成时间、经济、管理等多方面的浪费和损失。

2. 计划整合是常用且有效的工作方法

开展计划整合工作的目的是使用统一的设施安装计划工具，加强交流演练，促进统筹整合。在各场馆面临测试活动和测试赛安排调整的挑战，且在这些安排很可能影响到各类设施交付时间的情况下，提前做好计划整合可以帮助检视工作细节，预判各种情况的实际影响。

因此，计划整合更加符合各方利益，有利于降低筹备工作的风险。

3. 国际奥委会提出了工作启动建议

国际奥委会多次强调此计划整合工作对北京冬奥会的重要性，提供了启动计划建议书，强烈呼吁与北京冬奥组委共同开展此项工作（国际奥委会更侧重于关注奥林匹克转播公司、奥运合作伙伴的工作安排能否在各场馆整合落实）。

（二）工作的基本内容

1. 通过"一表"统一工作标准

计划整合以场馆为单位，即每个场馆形成一张计划整合表。统一使用场馆设施安装计划整合表（VIS）模板。其形式为一张计划表和横道图，内容包含场馆主要运行时间以及各类设施安装的任务、时间、工期、前置条件、责任业务领域、实施主体等信息。模板同时包含中文和英文。该表是各相关方进行设施计划交流和整合的唯一工具。

2. 通过"三会"保持同步推进

在启动阶段组织召开培训研讨会，统一工作方法。场馆设施安装计划整合表初步形成后定期召开协调小组例会，重点解决需由北京冬奥组委内部协调的问题。定期与国际奥委会、奥林匹克转播公司、奥运合作伙伴等相关方召开设施整合报告（VIG）会议，沟通工作进展并协调解决外部协作相关问题。

（三）工作计划

设施安装计划整合工作分为 4 个阶段，由整体到细节，从计划到实施分步推进；需要各部门带动设施供应商提供各自的安装计划和配合需求，并将之整合到场馆计划中。

第一阶段为 2020 年 11—12 月，完成场馆 VIS 框架的编制，重点是梳理场馆运行计划概要，确定设施工程窗口期和工作区域划分等；同时带动各设施的实施主体加入计划整合工作，组织各实施主体、场馆计划管理人员及相关参与方开展技术交流。

第二阶段为 2021 年 1—3 月，组织各业务领域供应商梳理各自的任务列表，形成较为完整的设施安装计划整合表（即第一版 VIS）。

第三阶段为 2021 年 4—9 月，做好任务细化和计划协调，形成用于执行的 VIS；开始召开协调小组例会（内部协调为主）和 VIG 会议。

第四阶段为 2021 年 10 月至冬残奥会结束，各场馆根据 VIS 中整合的计划部署各类设施的安装调试工作，结合实际情况对 VIS 进行更新维护。

（四）国家雪车雪橇中心 VIS/VIG

计划管理部深知设施安装与场馆运行计划密切相关，需要结合测试赛和冬奥会运行需求组织各场馆确定场馆使用期和相关配套政策，为设施安装提供窗口期和管理保障。初步统计 51 个业务领域的设施安装业务需求，按照统一标准向场馆提供计划资源，参与计划整合。在技术和转播等领域，与奥林匹克转播公司和欧米伽、松下等外方合作伙伴保持沟通，代其参与设施计划

整合的内部协调工作。

收集了各个业务领域的需求后，根据 VIS/VIG 编制依据进行相关内容的编制与整合。各个相关业务领域的负责人在专题会上统一讨论工作的先后顺序以及与其他业务领域的工作搭接关系，例如在 VNI（设施）领域完成线缆路由施工后，NRG（电力）及技术领域才能进行后续施工工作。针对讨论过程中经常出现的各个业务领域交叉时间排布难以协调及缺项等问题，通过 VIS/VIG 表格及时地反映问题，及时作出提醒，确保万无一失。在 2021 年 5 月，总计用 18 天的时间与运行团队商讨国家雪车雪橇中心 VIS/VIG 内容以确保其合理性。

阶段性 VIS/VIG 报告编制完成后，计划管理部对其内容进行督办提醒。

每个月定期向国际奥委会汇报，在会上与国际奥委会专家共同讨论 VIS/VIG 报告中的内容，确保现场进展满足报告中的时间要求，以确保后续外方施工人员进场后有工作空间及工作面。针对国家雪车雪橇中心的讨论，每次都需要花费至少 3 个小时，需要高度集中精力与相关专业领域的外籍专家进行讨论。

会后，计划管理部还会与相关业务领域回顾外籍专家针对 VIS/VIG 报告提出的问题，并形成统一意见，进行文字回复，确保工作的高效。

计划管理部总计经历了 9 次培训、8 次 VIS/VIG 汇报、80 多场视

频沟通会，编制、整理上万条计划内容，阶段性地确保了相关业务领域顺利完成相应工作，为冬奥会的顺利召开作出贡献。

02 | 第二节　国家雪车雪橇中心施工

一、施工单位

国家雪车雪橇中心的施工单位为上海宝冶集团有限公司（简称"上海宝冶"）。该公司始建于 1954 年，是世界 500 强企业中国五矿和中国中冶旗下的核心骨干子企业，拥有中国第一批房屋建筑、冶炼工程施工总承包特级资质以及国内多项施工总承包和专业承包最高资质，业务覆盖研发、设计、生产、施工全产业链，服务涵盖投资、融资、建设、运营全生命周期，是国家级高新技术企业、国家知识产权示范企业、国家企业技术中心、国家技术标准创新基地。2018 年顺利通过"上海品牌"认证，成为上海"四大品牌"战略中"上海服务"的优秀代表。

进入 21 世纪后，上海宝冶以全新的理念和广阔的视野不断创新求变，在国内外打造了一系列精品工程，如北京奥运会主场馆国家体育场、上海世博会建筑群、深圳大运主体育馆、青奥会主场馆南京奥体中心、APEC 主会场北京雁栖湖国际会展中心及日出东方酒店、金砖国家领导人第九次会晤主场馆厦门国际会展中心及国际会议中心、中国进博会主场馆国家会展中心、金鸡百花电影节主场馆海峡大剧院、杭州亚运会射击射箭现代五项馆、上海迪士尼、北京环球影城、亚洲第一的上海吴淞口国际邮轮码头、330m 高的珠海中心大厦、238m 高的吉林第一高楼——龙翔总部大厦、368m 高的亚洲最大单体建筑——南京金鹰天地广场，以及国家存储器基地、上海虹桥枢纽、上海浦东国际机场、广州白云国际机场、深圳莲塘口岸、富士康、台积电、中芯国际、厦门天马、贵阳地铁、西安地铁、迪拜跑马场、科威特中央银行大厦、柬埔寨暹粒吴哥国际机场等地标性项目，形成了大型高端公共和民用建筑、超高层、电子厂房、主题乐园、医疗文卫、轨道交通、市政基础、工业模块化施工、装配式住宅、大跨径钢结构制作安装、BIM 技术等国内领先、国际一流的品牌优势。

上海宝冶以"创新、协调、绿色、发展"的理念，聚焦高技术高质量发展，不断深入开展体制机制创新，构建了一流的最具竞争优势的全产业链全生命周期工程服务商新优势。并与新时代发展脉搏同频共振，致力于智慧城市、绿色建造、新型基础设施等领域，使城市的建筑规划更加合理和精细，相近建筑更加协调和自然，人与建筑的关系更加和谐与完美。宝冶人于时代之上，不断刷新城市的高度（超高层）、速度（市政交通）、精度（智慧建造）和温度（人文内涵），将建筑弹奏成凝固的音乐、雕琢成永恒的艺术、打造成时代的地标。

上海宝冶先后荣获国家科技进步奖特等奖、全国五一劳动奖状、全国工人先锋号、全国青年文明号、中国建筑施工综合实力百强企业、中国工程建设社会信用 AAA 企业等众多荣誉，位列"中国建筑业竞争力百强企业"前 20 名，斩获中国建筑行业工程质量最高荣誉中国建设工程鲁班奖 47 项。在行业内率先通过 ISO 9001 质量保证体系、ISO1 4001 环境管理体系、OHSAS18001 职业健康安全管理体系认证，并通过了美国 AISC、欧标 EN1090 等国际认证。

"建精品工程，铸长青基业"是上海宝冶的使命，"超越自我，敢为人先"是上海宝冶的企业精神，"诚信、笃行、创新、共赢"是上海宝冶的核心价值观，"建设美好宝冶，打造一流的最具竞争优势的全产业链全生命周期工程服务商"是上海宝冶的愿景。

二、施工重难点

国家雪车雪橇中心的赛道是国内首条雪车雪橇赛道，很多技术属国内首创，加之工期紧、任务重，相关工程是典型的边勘测、边设计、边施工、边调整的"四边工程"，工程施工过程中难免会出现设计图纸大规模调整的情况，这对施工单位工程管理能力及技术实力提出了挑战。

山高林密，场地狭促，施工条件差，也大大增加了项目的难度。国家雪车雪橇中心位于山脊之上，垂直落差 121m；用地狭促，最宽处仅 400m，最窄处甚至不足 80m，属于典型的线性工程；且项目涉及专业种类多，施工周期长，各专业之间穿插协作频繁，施工组织困难，管理、协调难度极大；与外部的人员通勤和材料、设备运输联系只有一条松闫路可用，路窄弯急，堵车常态化。

冬奥会雪车雪橇赛道为空间扭曲的双曲面板壳结构，轮廓空间形式多变，结构层次设计复杂，测量定位控制难度高。

赛道双曲面蒸发制冷管排布紧密，成型复杂，焊接作业空间狭小，确保制冷管道精准安装定位难。

赛道喷射混凝土，不仅要具有一定的强度和良好的流动性，而且要具有高致密性、高抗冻融循环等级、较好的抗裂性与低收缩性、良好的表面修饰性和凝结时间的可调性等。高性能喷射混凝土的配方研制是项目必须突破的重点工作之一。

钢木组合梁

并且，国内此前缺乏结构喷射混凝土相关建造经验，更没有相应标准，赛道双曲面喷射混凝土空间成型施工难度大。

国家雪车雪橇中心赛道氨制冷系统的设计突破了国内现有规范，总用氨量达到近 90t，纯度不低于 99.99%，国内没有类似设计和施工案例；而氨可燃可爆，因此系统安全风险大、技术难度高、施工难度大、实施要求严。此外，由于山区地形复杂，制冷机主体运输、卸车难度大。

国家雪车雪橇中心赛道的大跨度木结构桁架顶棚在国内少有应用，集保温、防水、天然防腐功能于一体的此类结构遮阳棚设计更是前所未有；即使在世界范围内，钢木组合结构的雪车雪橇赛道顶棚也是首次采用。木梁由 50 多种规格材料组成，每一榀的设计均不相同，单边悬挑长度 7~13m，安装精度要求很高。279 榀木梁在高差 121m 的赛道上安装，难度极大。

赛道需由国际雪车联合会（IBSF）和国际雪橇联合会（FIL）两个国际体育单项组织进行认证，过程中需经过多次单项组织的飞行检查。

项目所在的北京松山国家级自然保护区动植物资源丰富，森林防火、防汛及生态保护要求高。

三、各专业施工要点

（一）制冷管道夹具安装

制冷管道夹具是控制赛道制冷管道排布的辅助装置，制冷管道三维空间形状依靠夹具卡槽固定成型。赛道的造型随着山地高低起伏不断变化，以1.5~2.5m 间距分布的夹具必须随着赛道造型的变化而变化，高程、坐标位置不同，弯曲造型多样，因此不能用批量的模板统一制作。为了确保夹具的强度、侧向刚度、弯曲性能达到设计要求，夹具的制作采用厚度为 20mm 的Q235B 钢板全自动激光切割成型。全长 1975m 的赛道共使用夹具 1350套，安装误差不超过 ±5mm。

1. 施工特点及重难点

夹具高程、位置控制点多，调整难度大且安装位置复杂，安装精度要求高。

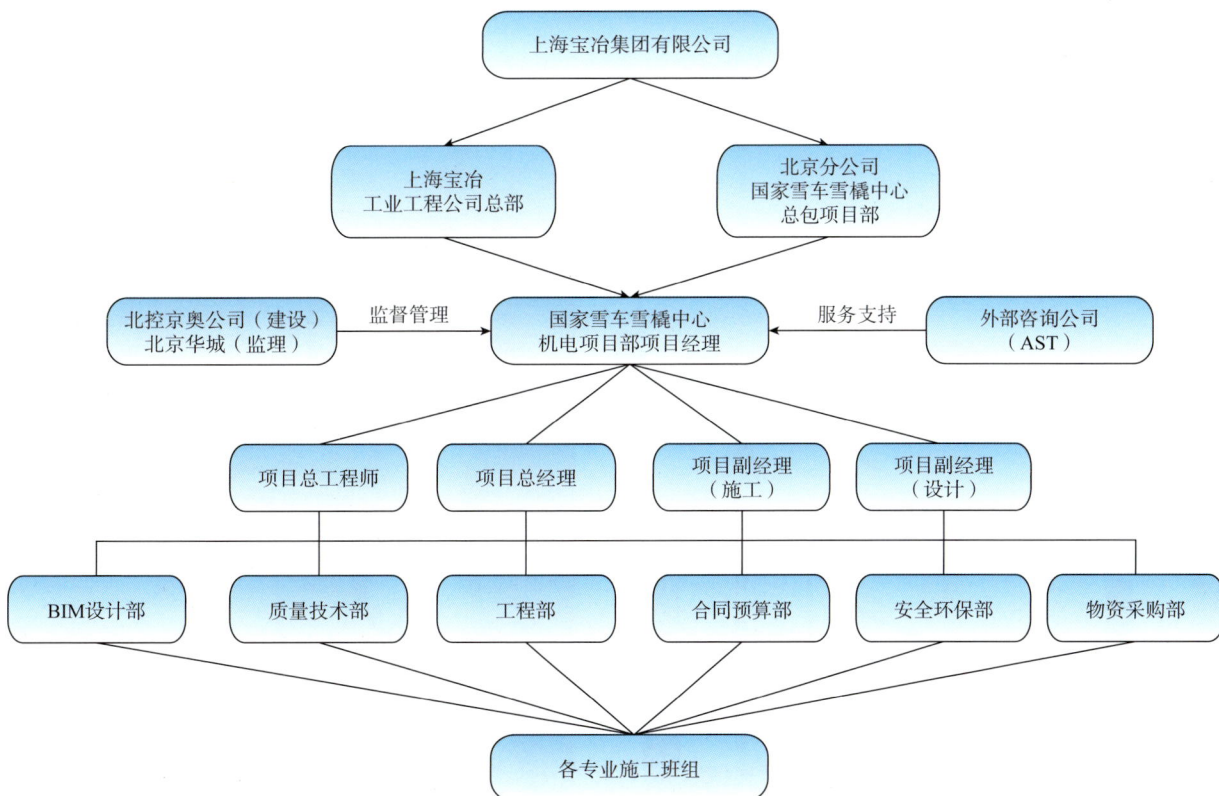

夹具安装施工组织架构

```
┌─────────────────┐
│   夹具设计图审图   │
└────────┬────────┘
         ↓
┌─────────────────┐
│  夹具临时支撑设计  │
└────────┬────────┘
         ↓
┌─────────────────┐                              ┌──────────────────┐
│  夹具临时支撑制作  │                              │  夹具安装三维坐标提取 │
└────────┬────────┘                              └────────┬─────────┘
         ↓                                                ↓
┌─────────────────┐    ┌──────────────┐         ┌──────────────────┐
│ 夹具临时支撑编轴线号 │ → │ 夹具临时支撑    │ ←       │    夹具基础放线     │
└─────────────────┘    │ 柱脚底板安装    │         └──────────────────┘
                       └──────┬───────┘
                              ↓
                       ┌──────────────┐
                       │  夹具支撑架安装  │
                       └──────┬───────┘
                              ↓                  ┌──────────────────┐
                       ┌──────────────┐ ←        │     夹具复查      │
                       │ 夹具与横向支撑拼装 │        └──────────────────┘
                       └──────┬───────┘
                              ↓
                       ┌────────────────┐
                       │ 夹具与横向支撑整体安装 │
                       └──────┬─────────┘
                              ↓
                       ┌──────────────┐
                       │    夹具调整    │
                       └──────┬───────┘
                              ↓
                       ┌────────────────┐         ┌──────────────────┐
                       │ 夹具两侧增加斜向支撑 │ ←       │    夹具调整完毕    │
                       └──────┬─────────┘         └──────────────────┘
                              ↓
                       ┌──────────────┐           ┌──────────────────┐
                       │   夹具一次复测   │ ←         │   制冷管道安装完毕   │
                       └──────┬───────┘           └──────────────────┘
                              ↓
                       ┌──────────────┐
                       │   夹具二次复测   │
                       └──────┬───────┘
                              ↓
                       ┌──────────────┐
                       │   移交下道工序   │
                       └──────────────┘
```

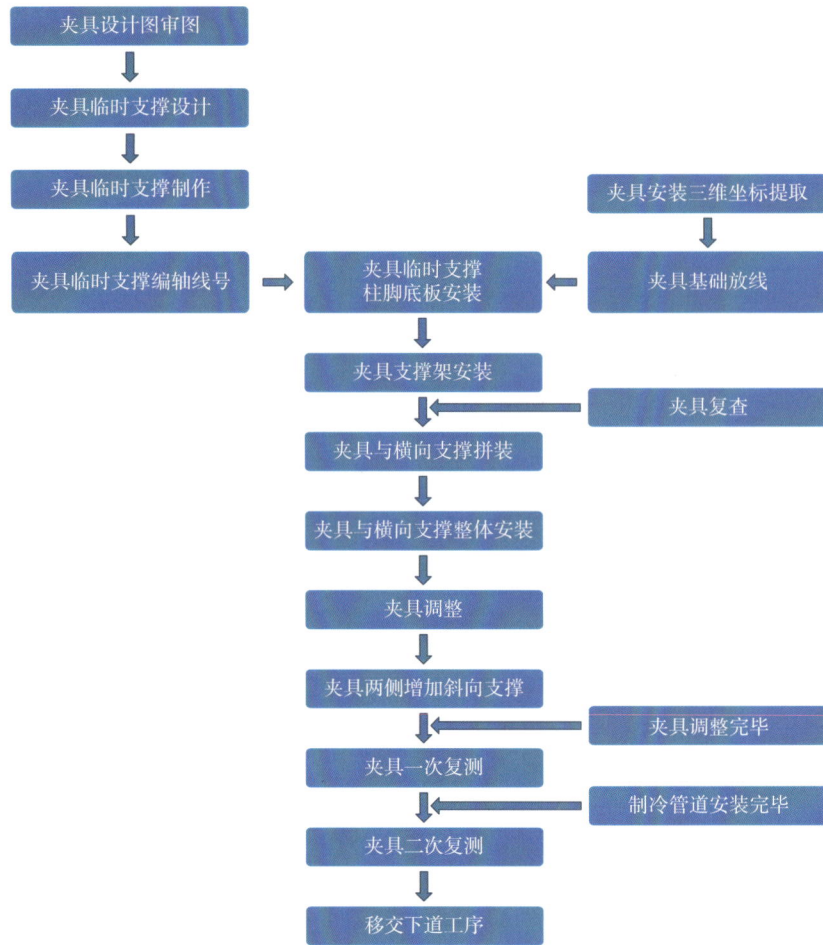

夹具安装流程

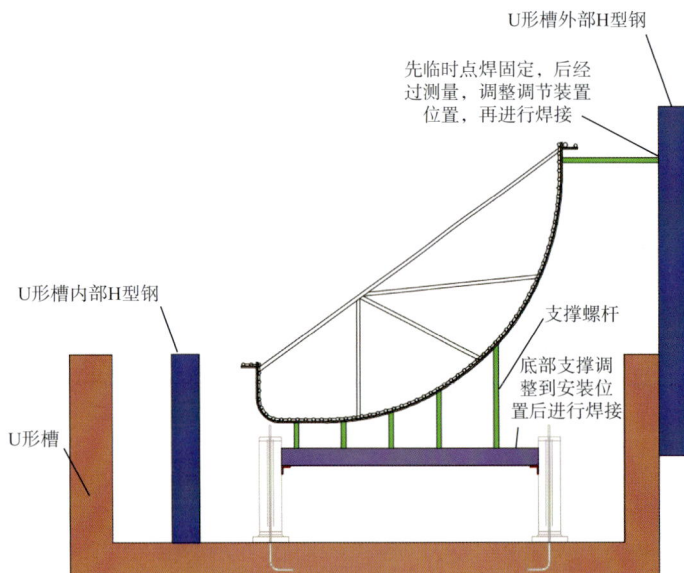

夹具与支撑整体安装示意

夹具与支撑实际整体安装效果

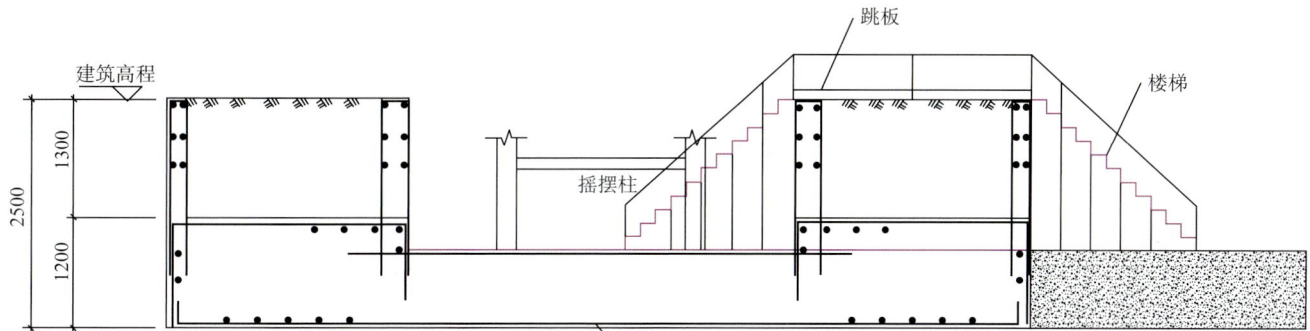

通道示意（尺寸单位：cm）

在山地林间施工，森林防火形势严峻；陡坡施工难度大、物资运输难度大，交通隐患多；山地雨季、冬季施工难度增加。

施工作业点不固定，需根据各制冷单元土建完成情况跟随施工，人员组织难度大。

针对施工面临的众多挑战，采取以下应对措施：

①夹具到达施工现场后，确保夹具整体公差在 ±3mm 以内。

②严格控制夹具安装的每道工序。

③测量专用设备，保证设备误差满足要求。

④明确各夹具的安装位置及其基础类型。

⑤正式施工前对作业队伍进行安装培训，提高安装精度和安装效率。

2. 专项质量保证措施

①安装前检查夹具的控制误差是否在允许范围内。

②增加夹具，从而减小夹具间距，增加夹具整体稳定性。

③增加调节装置数量，提高夹具支撑强度，从而保证夹具稳定。

④在夹具两侧增加斜向支撑，保证单片夹具的稳定性。

⑤增加竖向支撑，从而减小竖向支撑间距，增大支撑架的稳定性，同时保证夹具的稳定性。

⑥绑扎钢筋之前，先绑扎背部钢筋，再绑扎内侧钢筋，以提高夹具整体稳定性。

⑦引入赛道样板段。

3. 专项安全措施

作业人员进入 U 形槽施工时，需要搭设马道。马道宽 3m，高度根据地坪高程与 U 形槽上口高程确定。马道两边必须有扶手，采用脚手架搭设。禁止作业人员从 U 形槽上口往下跳跃通行或禁止翻越 U 形槽通行。

根据夹具形状，在调节装置安装及夹具调整时搭设脚手架。搭设位置在两片夹具中间，搭设高度根据夹具形状确定，采用活动脚手架搭设两层，采用盘扣式脚手架搭设四层。

U 形槽外侧悬空 1.5m 以上时，在 U 形槽两侧安装硬质栏杆，栏杆高度 1.2m。特别是赛道 360°旋转弯处，U 形槽两侧要安装栏杆，U 形

槽下部地面上，围绕旋转外侧 2m 围上一圈警戒线，防止高空落物。

搬运夹具时，应小心缓慢行走，防止磕碰伤。

确保所有进入 U 形槽安装临时支撑架和安装夹具的作业人员身背安全带。

（二）赛道制冷管道安装

1. 工程概况

雪车雪橇赛道采用氨制冷系统，赛道制冷管道分为两部分，一部分为蒸发制冷管，分布在赛道混凝土内，为双曲面型管道；另一部分为氨液供液管和回气管，分布在赛道下方。赛道制冷管道分为高区、低区、终点区、冰屋训练区 4 个区域，分区供液，供液方式为低进高出。调节站设置在赛道下方，共设置 54 个，即赛道分为 54 个制冷单元，各单元采用并联方式连接。

由于国家雪车雪橇中心项目的特殊性，赛道混凝土内蒸发排管管材选用国外设计方指定的、符合欧洲标准 DIN EN 10216-2 的 P265GH 材质低温无缝钢管，制冷集合管（包括进气管 Header Gas 和进液管 Header liquid）等其他制冷管选用钢号为 16MnDG 的低温无缝钢管。赛道主管道和调节站之间、调节站和混凝土内蒸发器连接的管道，以及图纸中有特殊要求的管道均采用 304 不锈钢无缝钢管。制冷管道的规格全部采用欧洲标准的规格。规格在 DN50（含）以上的管道属于压力管道的范畴，类别为 GC2 级。

制冷管道的安装分五个区域进行，赛道一区为 S1~S15 制冷单元，赛道二区为 S16~S24 制冷单元，赛道三区为 S25~S34 制冷单元，赛道四区为 S35~S45 制冷单元，赛道结束区为 S46~S54 制冷单元；结合土建专业 U 形槽的施工安排，部署分段施工。

2. 施工质量及管理措施

严格执行外方图纸要求及设计要求。

项目经理负责组织编制质量计划，将前期在测试段研发的安装技术，充分利用到正式赛道的安装上，保证工程质量。

严格落实施工过程中的成品保护：

①确保到场的管材、管件都是经过酸洗钝化的；检查到场材料的外包装是否完好，对于有破损的，及时检查材料是否受到了污染，对污染严重的予以返厂处理。

②施工中按需破开材料包装使用；在施工场地中倒运材料时，注意管材、管件两端的塑料封盖，如不慎碰掉，立即回装。

③使用吊带进行管材吊运，防止吊装过程中破坏材料表面油漆涂装。

④制冷管道安装过程中，在焊接前打开管材两端的封堵；对焊接完成的管段，及时封堵其两端。

⑤赛道下方安装完成的制冷主管，及时使用塑料布、美纹纸封堵。管道上铺设防雨布，防止赛道喷射混凝土污染管道表面。

⑥严格落实焊前质量控制、焊接材料管理、焊接施工过程质量控

制、焊接后最终质量检验。

3. 吊装作业安全防护

制冷管道安装过程中，吊装作业工作主要存在于管道的施工场地内运输作业，以及主管吊装摆放到安装位置两个环节之中，其安全防护要点如下：

①由于施工现场全部处在山坡上，着重确保吊机占位路坚实、地面水平平整，必要时设置道木或路基箱；受地理条件影响严重的地方，使用挖机平整场地；禁止起重机占位于斜坡地段进行吊装作业。

②由于赛道施工存在多专业同时施工的情况，吊装作业时，由起重工指挥，防止吊臂转动时碰撞其他构筑物。

③使用吊带吊运管道时，起吊前检查吊带额定载荷，仔细检查吊带有无破损，发现破损及时更换。

④由于受山地特殊作业环境影响，禁止雨天、雾天、雷雨、大风天气吊装作业。

⑤由于仓库内分别设置了焊接培训区、焊材库、管道加工区等区域，吊车站位选择位置有限，因此在管材装车时，禁止无关人员靠近吊车及货车周围，并拉好警戒绳。

⑥由专业人员进行吊机操作，尽量缓慢进行，以减小冲击力的影响，尽量避免超载和斜吊构件。

⑦做好吊运设备及构件承载能力验算，并由专人指挥操作，严格遵守吊运安全规定；严格执行起重机械"十不吊"的规定。

⑧确保起吊用工具和钢丝绳有足够的安全系数（一般不小于 6 倍）。

⑨吊装指挥人员使用统一的指挥信号，发出的信号鲜明、准确；起重机驾驶员严格按指挥进行操作。

（三）赛道主体结构施工

国家雪车雪橇中心主赛道总长度约 1975m，最低点高程 896m，最高点高程 1017m，落差 121m；平均坡度 9.8%，最大坡度 16%。另有 3 条训练道，总长度 160m。

雪车雪橇赛道主体为钢筋混凝土壳体结构，主要由夹具、制冷管道、钢筋骨架、混凝土、保温层组成；施工包含钢筋工程、模板工程、混凝土工程三大项内容，其中混凝土工程采用结构喷射混凝土施工技术。

赛道主体结构施工工期紧为突出困难，存在冬季施工期，且冬季施工期内需尽可能对赛道骨架进行施工，以减少对混凝土喷射施工的影响；同时，还存在因施工现场环境较为复杂，设备需频繁移动，水、电布置困难的问题。

1. 施工方案

国家雪车雪橇中心赛道主体结构施工的要点见表 3-2-1。

（1）钢筋工程

钢筋工程包含各部位钢筋的下料、预制、安装及找平管、钢织网的安装，由两组人员分区施工。

①钢筋加工要点。

钢筋加工前根据各制冷单元的结构图纸做出钢筋下料单，做好技术交底。加工工作均在加工棚内完成。

赛道主体结构施工要点   表 3-2-1

项　目	施工要点	施工措施
钢筋工程	异形钢筋预制、安装	尽可能采取预制安装的方式，预制时以实际放样比对为准；有弧度的钢筋尽可能预弯，预弯工作同样以实际放样比对为准。钢筋预制尺寸与角度为主控项目。 钢筋安装时，注意控制其安装间距与角度。对于曲面内侧部分，特别注意钢筋与制冷管之间、两层钢筋之间必须贴合紧密。在必要的部位设置拉结筋，保证钢筋网片之间的间距符合要求
模板工程	曲面内侧吊模安装	将吊模做成临时固定形式，使用自攻螺钉固定在找平管上。如此在混凝土达到一定的凝结程度后便可拆除吊模，且不会破坏成型的混凝土面
混凝土工程	混凝土喷射	制定成熟的喷射混凝土施工工艺，选择和培训专业的喷射手。混凝土喷射在封闭的环境中进行，保证环境温度和湿度符合要求

小件钢筋制作时，先按照图纸尺寸精确放样，再进行制作；有条件的情况下在现场做实际放样。

有锚固要求的受力筋满足最小受拉锚固长度 la 要求。

对有弧度的钢筋做预弯处理，减小钢筋本身预应力。由于弯弧机预弯出的钢筋弧度不一致，需进行二次加工，因此需根据与实际赛道的比对进行钢筋的调整，再以调整好的钢筋为样板进行加工。

同一制冷单元的钢筋使用同一炉批号的产品；不同制冷单元的钢筋分区放置，做好标识牌，禁止混用。各部位的钢筋成捆绑扎，禁止散放。

②钢筋安装。

所有钢筋均采用绑扎的方式进行安装，绑扎方式为八字形满扎；钢筋间的连接形式为搭接，搭接长度不小于 600mm，搭接面积不大于 50%。确保任何部位的钢筋在安装时均不触碰夹具调节螺杆。曲面内侧钢筋安装效果如图所示。

（2）赛道主体混凝土喷射

①喷射前准备工作。

一个制冷单元的混凝土由一台喷射机喷射完成，配两台空压机（一台 16m³/h 空压机用于喷射，一台 12m³/h 空压机用于回弹吹扫），另配置一台 15m³/h 柴油空压机备用。

提前规划喷射机、空压机、混凝土运输车等的停放地点，保证地面平整。

保证喷射机距离赛道不过远，尽可能使用钢质料管连接，且钢管不超过 100m，橡胶料管不超过 30m。

针对环境温度、湿度不能够满足养护要求的风险，预先搭设防护棚，布置好喷淋系统、照明系统和保暖系统，并在喷射时保证棚内通风。

②喷射混凝土作业。

混凝土喷射作业由通过考核的喷射手操作，且根据喷射手技能等级分部位喷射，高墙段的喷射只由技能评测等级达到 A 级的喷射手操作。

喷射前对受喷面做一次全面的洒水。在喷射过程中，如发现受喷

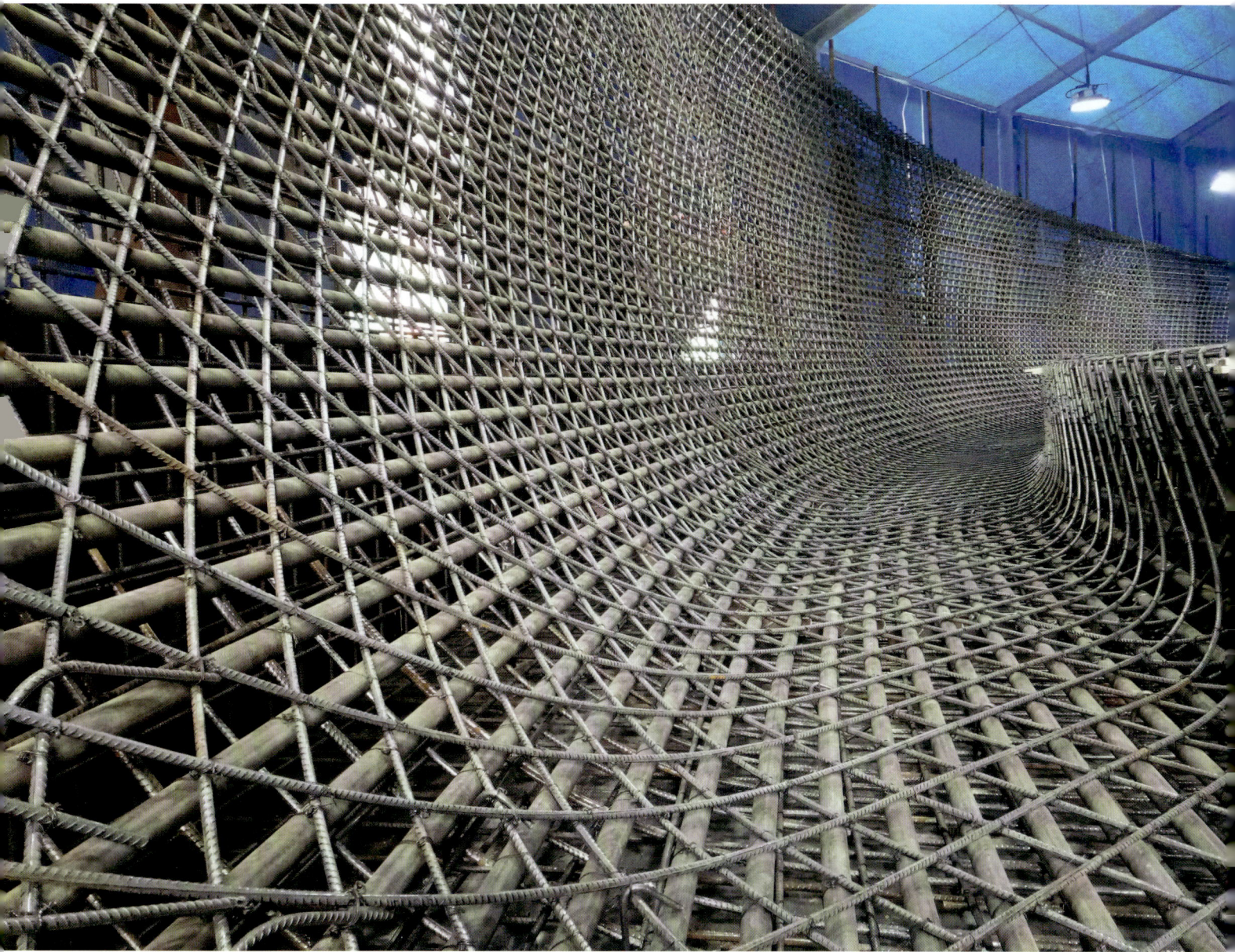

曲面内侧钢筋安装效果

面有干燥迹象则立即喷雾润湿。使用喷雾水枪进行喷雾，过程中杜绝有水珠滴落或存在明水流淌的现象。

喷射混凝土作业分段、分层依次进行，结构层喷射顺序自下而上，面层喷射顺序自上而下；分段长度为5~10m，根据喷射速度进行调整，每段喷射时间尽量不超过3小时。

除墙体外，其余部位混凝土施工均采用半喷半浇的方式进行。

吹管手随时将回弹料和回弹灰浆吹扫干净，吹扫风压不低于0.65MPa。同时，结合空气在输送过程中压力的损失，根据需求调整空压机的位置。

墙体较高时，高墙上段的喷射在操作平台上完成。在高墙下段喷射完成后铺设木跳板，再转移至平

台上进行喷射。避免跳板间隙过大，使用铁丝将两头绑紧。平台上方设置生命绳供高空作业时使用。

2. 质量保证体系

（1）重点工序控制

施工的质量控制关键点主要是混凝土密实度、混凝土表观质量。

控制点及方法如下：

①严格考核喷射手，严禁不合格的喷射手参与赛道混凝土的喷射工作；加强精加工的练习，统一工具的使用，强化质量意识；必要时，培训专人负责某一工序的施工。

②进行喷射前，仔细检查所有预埋件安装是否牢固，位置是否精准；确保模板支设牢固，以防在浇筑过程中出现模板胀模，影响质量；在进行赛道底部及檐口喷射时，确保振捣密实，振捣棒快插慢拔，各部位均振捣到位。

（2）施工质量控制

一般性质量控制方法参见赛

混凝土喷射

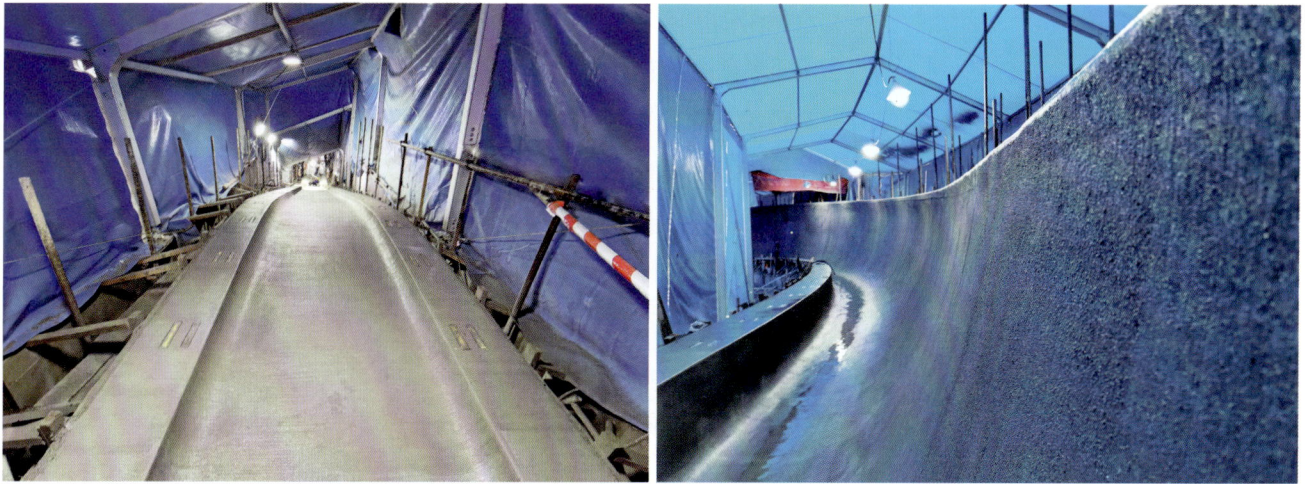

喷射混凝土赛道成型效果

道 U 形槽施工质量控制相关内容。

夏季高温季节进行混凝土泵送时，用湿麻袋或草袋包裹、覆盖泵的料斗和输送管，并经常喷洒冷水降温；浇筑前对模板浇水湿润，避免因模板吸水影响混凝土质量。

严格按照使用规程进行喷射混凝土施工，依据外方专家指导文件及试验成果文件资料进行混凝土质量控制。

技术人员和搅拌人员严格掌握赛道专用喷射混凝土的加水量和坍落度控制，包括混凝土坍落度损失的控制措施与处理方法。

（3）质量保证措施

搭设防雨棚，避免雨水、气温对喷射混凝土造成不利影响。

采用湿润的土工布包裹钢质输送料管，以减少高温对喷射料输送的影响。

采用雾炮机增加喷射机周边的湿度，减少高温对喷射料坍落度的影响。

规范喷射手的操作步骤和操作手法，以保证喷射混凝土的密实度达到要求。

选择适合的喷射机和空压机，保证其流量和输送压力达到喷射要求。

及时清理回弹料和回弹灰，以增加喷射料的凝聚力并使之密实。

确保钢筋质保资料齐全有效。钢筋进场后进行取样检测，确保其性能满足设计要求。

钢筋的定位采用在每段夹具之间画出刻度线，根据赛道曲面进行固定的方法。

根据配筋表，对弧度钢筋进行预弯后，再进行安装，以减少钢筋的弹性变形。

为保证混凝土的保护层厚度及平整度满足要求，在赛道内侧需安装找平管，外侧采用混凝土垫块和找平线。

为防止混凝土灰浆过多挤出表面（浆多，表面易出现龟裂），采用木质或镁合金刮板对混凝土表面进行找平。

使用指定的硬质塑料毛刷进行混凝土表面的拉毛。

模板安装前弹出模板控制线，并画出模板拼装图。

檐口的模板使用螺钉固定，不使用钢钉（采用钢钉的固定方式，在拆模时会损毁混凝土的棱角）。

3. 喷射混凝土施工安全要点

保证喷射手有足够的操作空间（1.5~2m）。

喷射手操作时戴橡胶手套，穿长袖衣服，避免皮肤受到喷射料的腐蚀；佩戴防护眼镜，以免被回弹料打伤；佩戴降噪耳机；穿带有钢板的长筒胶靴，裤腿笼罩在胶靴外，防止回弹料飞入鞋里，并有效保护脚趾和脚跟；佩戴头巾，每半小时更换一次。

喷射现场所有人员均佩戴防尘口罩。

确保喷枪头的橡胶喷嘴不过于紧固（一旦发生堵管，需要橡胶喷嘴被冲脱，以达到卸压的目的）。

在喷射现场划分一个安全操作区，操作区内禁止使用手机。

确保喷射混凝土输送时的安全，在管段连接处包裹防爆布。

喷射前将枪头朝向无人的空地，避免喷射料伤人。

4. 混凝土喷射工程冬期施工重点

混凝土工程是冬期施工的重点，由于环境的温度与湿度对混凝土的施工性能影响极大，而延庆地区冬施期间最低温度可达 –15~–10℃，湿度不足 50%，因此必须采取措施保证混凝土周边环境的温度和湿度，尤其是在养护期间，需保证环境温度不低于 10℃，湿度不低于 70%。

混凝土喷射所用均为低坍落度混凝土，其坍落度的损失极易受到环境的影响，因此从混凝土运输车放料开始，混凝土所经过的路径都需有保温保湿措施。

（1）混凝土停放现场防护

混凝土运输至施工现场，停放于喷射机旁侧，需使用 2.7m×6.5m×7.5m 的推拉式移动防护棚将整个喷射机笼罩在内，另搭设 4.7m×6m×10m 的钢管脚手架，覆盖雨布作为混凝土运输车的防护棚。主要防止冷风对混凝土带来的不利影响，若温度过低，考虑将防护棚封闭，并放置暖风机增加环境温度。

（2）混凝土泵送性能保证

混凝土未放料时，应保持运输车罐身匀速旋转（正转），使混凝土处于运动状态。从混凝土放入喷射机料斗起，应保持料斗内搅拌叶片一直处于工作状态，以免影响混凝土的泵送性能。

喷射作业时，由于钢质泵管导热性较强，容易受到环境温度的影响，使用 20mm 厚的防火聚氨酯保温套管包裹钢质泵管段，减少热量损耗。为使泵管内混凝土在一定程度上保持流动状态，暂停喷射期间每 10 分钟至少将混凝土泵出一次。

（3）防护棚内保温系统

赛道底部放置暖风机保持棚内温度，棚内温度需保证至少在 10℃以上，以 20℃为宜。暖风机运作时温度较高，应配置专门的防护装置，并将暖风机整体置于防护笼内，挂牌标示，防止人员烫伤。

暖风机尽量布置在 U 形槽内，避开人员行走的区域，必要时置于脚手架上，左右两侧交叉布置，使热量均匀散开。

（4）油料预备

因施工现场供电不稳定，另配柴油暖风机作为备用。按每台暖风机油耗约为 3.5L，喷射、养护均需要 24 小时作业计算，一个制冷单元冬期喷射、精加工、养护作业的总柴油消耗量为 4284L。

（四）赛道遮阳棚体系施工

国家雪车雪橇中心项目赛道遮阳棚是国内少有的采用超长悬臂木结构桁架顶棚，前所未有的集抗风、保温、防水、天然防腐功能于一体的遮阳棚，是世界首个钢木组合结构雪车雪橇赛道顶棚。该遮阳棚通过角度以及跨度、布局的变化，结合遮阳系统与人工地形对阳光的遮挡，形成一个安全封闭的"地形气候保护系统（TWPS）"，尽可能地减少气候变化对赛道制冰造成的影响，降低能耗。其主体结构采用钢木组合体系，双曲屋面体系上部面层为木瓦屋面、下部面层为铝板吊顶。

"地形气候保护系统"最重要的组成部分就是遮阳棚系统。为保证赛道在赛时能够大视角、全方位展现运动员全程运动轨迹和风采，遮阳棚采用大跨度单边悬挑钢木组合结构，共 279 榀钢木组合梁，单边悬挑长度 7~13m，由 50 多种规格材料组成，每一榀的设计均不相同；其下部为钢结构 V 形柱；屋盖部分为钢木混合结构，单边悬挑长度不

赛道木梁安装

大于 13m。屋面主梁采用胶合木拉索组合体系，次梁为钢梁，格栅与欧松板（OSB）形成屋盖。

1. 超长悬臂钢木组合梁建造工艺难点

赛道遮阳棚投影面积 22690m²，下部为钢结构梁柱，屋盖部分为钢木组合结构，含 279 榀钢木组合梁，悬挑长度 7~13m，高度 2.5~2.75m；防火安全等级三级，抗震设防烈度Ⅷ度，地震加速度 0.2g，设计使用年限 50 年。屋面主梁采用胶合木加拉索组合体系，次梁为钢梁，屋盖由格栅与欧松板（OSB）构成。

考虑到项目对木材外观、强度等的综合要求，屋面异形悬臂胶合木梁所用材料选择赤松，树种级别为 SZ3，同等组合胶合木强度等级为 TCt28。

（1）钢木组合梁深化设计

钢木组合梁属于新型结构体系，无相关工程可查询借鉴，从设计到施工历时一年之久。因木梁内部结构复杂，组成构件较多，通过建立三维模型进行可视化分析、碰撞检测、现场施工技术分析、受力模拟计算等，对设计进行重点深化，包括建立 tekla 三维模型，通过直观分析，对伸缩缝、步道斜坡屋面等设计节点进行二次深化，采用 Oasys GSA version8.7 软件进行赛道遮阳棚结构受力分析以及性能评估，确保深化设计符合要求。

为了保证建筑屋面造型的精准，确保结构受力效果，对每根钢次梁的长度、弯曲弧度，钢拉杆长度，钢次梁、钢拉杆耳板与金属马鞍件的焊接角度重新放样，精确定位，通过三维模型再次深化，做到精准放样。

（2）胶合木梁组装

胶合木组装流程较为烦琐，时间消耗较大；整体性要求高，且配合精度要求高，占用场地大。结合现场施工场地以及项目工期的要求，选择由加工厂整体组装完成后发往工地直接进行吊装。

采用 BIM 模型与工厂机器人加工生产线相结合的方式，前期建立木构件的 Rhino 模型，通过 GH 平台上开发的机器人控制插件，达到从后台设计到机器人加工指令一键生成，极大降低生产环节工厂技术人员编程难度，节省编程时间，省去了工人读图放线、人工切割开槽钻孔的传统生产过程，同时有效提升切割、开槽、打孔的工作效率和精准性，在降低成本的同时也大大提高了生产效率。

2. 双曲屋面建造控制要点

（1）屋面木瓦安装

按照木瓦外露 190mm 的原则，沿遮阳棚檐口完成线向屋脊处平行放线，收边于屋脊处；规格为 457mm×190mm，6~16mm 的楔形红雪松木瓦叠加铺设，从檐口最低处开始铺设第一层，木瓦与挂瓦条通过 Φ5mm、长度 60mm 的不锈钢自攻钉固定于木瓦被遮盖区域。木瓦从檐到脊（从下至上）分层铺设，遵循"压二钉一"的原则，收边到屋脊处时，再将木瓦做切割。

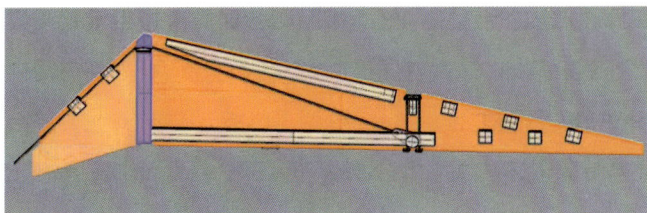

五金件、钢拉索临时安装固定效果示意

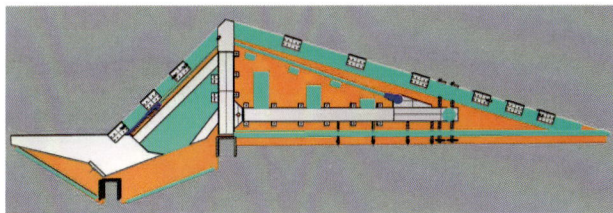

两侧胶合木安装固定，马鞍形夹件安装固定效果示意

遮阳棚木瓦安装成型效果

（2）铝板吊顶安装

吊顶主要材料采用 3.0mm 铝单板，檐口主要材料采用 3.0mm 厚铝单板，吊顶结构由主龙骨（L56×5mm 热镀锌角钢及 L30×4mm 热镀锌角钢），以及配套的 $\Phi8$ 吊筋、垫片等附属材料连接而成；外檐铝单板主次龙骨采用 50mm×50mm 方管、40mm×40mm 方钢、40mm×80mm×7mm 热镀锌钢方管，以及 E43 系列结构焊条、防水自攻钉等附属材料；采用密拼形式施工。

基于前期建立木构件的 Rhino 模型，校核现场木梁 6 个空间控制坐标点，根据吊顶完成面与木梁位置关系，提取吊顶板完成面每个拼缝交接处的空间坐标点，结合相邻空间控制点位的弦高、弦长、扭曲度，使用全站仪测量放线，形成精准的角钢骨架，确保铝板安装拼缝成型精度高且顺滑过渡。

（3）檐口铝板、格栅施工

通过 BIM 建模导出檐口铝板、格栅加工图，工厂生产加工完成后使用专用支架固定，运输至现场。现场使用特制胎架进行堆放，以确保铝板不产生变形，铝板安装后的成型效果及接缝高低差符合要求。

最外侧包圆管铝板为立体双曲铝板，由两块异形铝板组装而成。需在焊接钢骨架时将双曲造型形成。由于要通过两块异形铝板进行四个

面的曲面找型，骨架必须精密加工安装，以确保铝板能够紧密贴合骨架安装；若存在变形情况，需重新调整骨架，施工难度极大。

（五）赛道安全防护装置施工

雪车雪橇赛道是一种空间曲面造型的滑道，供运动员在赛道内高速滑行（国家雪车雪橇中心赛道最高设计速度高达 134.4km/h）而完成竞技，需要设置赛道安全防护装置，以期在雪车、雪橇高速行驶的情况下，防止运动员翻滚出赛道，全方位保证运动员的生命安全。为抵抗雪车、雪橇在高速下对防翻滚装置的冲击力，该装置的设计质量、施工质量尤为重要，成型精度及结构稳定性要求极高。

遮阳棚铝板收边及造型格栅安装成型效果

防翻滚装置安装成型效果

由于全球所有雪车雪橇赛道均不相同，国家雪车雪橇中心赛道防翻滚装置的建造无工程经验可借鉴。全长 1975m 的双曲面赛道空间曲率不断变化，造型复杂；防翻滚装置的深化节点每米设置一个，多达1278 个，且每个节点处构件尺寸各异，因此在深化设计阶段，材料损耗的控制和空间尺寸定位精度的控制十分重要。通过对 1278 个节点进行分析，将内部钢构件和外表木结构材料分类成 9 种钢结构模数和21 种木材模数。通过各模数之间的组合，可以构成完整精密的防翻滚装置；同时各尺寸模数的材料组合还能减少材料的裁切损耗，极大地节约项目成本。现场施工中还需消化主体结构的误差，实现极高的安装精度，确保运动员的安全。

防翻滚装置有两种不同的形式：连接在低墙段上的防翻滚装置和连接在高墙段上的防翻滚装置。两种防翻滚装置均由钢骨架及饰面板组成，高墙段防翻滚装置的钢骨架与饰面板之间连接有基层板。防翻滚装置的钢骨架采用 Q345B 级钢材，基层及饰面层木材采用生物高分子改性橡胶木（硬木），通过焊接以及高强螺栓、不锈钢平头钻尾螺钉的连接，通过受力计算，满足极限承载力的要求；同时满足作为赛道装饰工程线条顺畅，外形美观，具有良好视觉效果的要求。

国家雪车雪橇中心防翻滚装置所用的橡胶木是一种硬木，盛产于东南亚国家，国内产于云南、海南及沿海一带，生长寿命约 15~20 年，具有一定的强度，能够满足防翻滚装置的受力要求；同时表面光滑、纹理优美，具有良好的装饰效果。

配合橡胶木采用的生物高分子改性技术（环保、安全、无毒性），使高分子试剂彻底进入木材芯部，分解糖分，同时改变其物理性质，使其具有防白蚁、强度更高、更耐腐蚀、防火、防变形、抵抗紫外线等能力。试验证明，经过改性后的橡胶木与松木原木放在同一个白蚁箱内试验后，在松木被虫蛀 50% 的情况下，改性橡胶木能够保持 95% 的完整度。同时，该木材湿胀干缩能够保证在 1% 以内，防腐性能达到 C4级。该技术符合绿色奥运的宗旨。

防翻滚装置施工工艺流程为：槽式预埋件安装及清理—放线、复核预埋件尺寸偏差—防翻滚图纸深化与建模—安装、焊接整体防翻滚钢骨架—安装木龙骨及基层板—安装饰面板。

放线时，由于赛道为三维立面，需考虑整个防翻滚装置在三维体系中的定位。由于槽式预埋件是在混凝土工程之前埋设，以扎丝及电焊与主体钢筋连接，在混凝土浇筑膨胀及其他因素影响下可能有少数偏位，故进行下道工序前需先对预埋件尺寸进行复核。

防翻滚装置的钢骨架由钢板、H 型钢、槽钢、方管焊接成整体，基层板采用 M16 通丝螺栓固定于钢骨架上，饰面板使用不锈钢平头

钢骨架施工

木龙骨安装

钻尾螺钉固定于基层板上。通过对每米防翻滚装置分别绘制深化节点图，并严密控制节点尺寸，整个防翻滚装置形成一个顺滑的三维空间曲面装置。结构受力计算显示，经过深化设计的防翻滚装置可抵抗雪车、雪橇以134.4km/h速度滑行时撞击防翻滚装置的冲击力。

其中，高墙段防翻滚装置呈现出沿赛道渐变的形态，各个构件的高度、倾斜角度及尺寸均不相同。控制所有构件的尺寸，同时消除结构误差，使整个装置的外形曲面顺直通畅，同时满足图纸要求，是施工过程中需要把控的重难点。

深化设计中，详细标注各构件尺寸及构件之间的连接方式。重点为通过调整H型钢立柱的长度调整防翻滚装置的整体高度，以及通过调整上部H型钢安装的倾斜角度，控制防翻滚装置顶部的角度。

在正式施工前，进行建模工作，在软件上生成并标识防翻滚装置每个节点处的空间点位坐标。在钢骨架柱脚底板施工前使用全站仪进行空间定位，同时在钢骨架施工过程中，使用全站仪全程跟踪定位，以确保各个钢材构件的定位准确。在钢骨架施工完成后进行复测，确保钢骨架成型精度。在钢骨架施工过程中，对各构件的安装过程进行跟踪检查，对钢构件安装成型质量进行验收，验收合格后再进入下道工序。

在钢骨架精准成型的前提下，通过拉线进一步控制基层板成型质量，并使用十字卡件控制相邻基层板接缝高低差。拉线完成后对每块基层板进行试安装，偏差过大时通过增加垫木或基层板微刨调整，并在每层基层板安装完成后进行过程中的验收工作，确保最终成型效果符合要求。

采用十字卡件进行相邻饰面板接缝高低差的控制。通过判断十字卡件是否变形，技术人员能够直观地发现木饰面板的接缝高低差，及时进行调整，避免不必要的返工，同时保证相邻木饰面板间有1mm构造间隙以应对木材的自然变形。

施工中进行过程把控，每道工序均进行班组自检、项目部质量部门专检等工作，确保每道工序均质量合格。

最终，防翻滚装置完成面成型精度控制在 1mm 内且整体顺滑过渡，施工质量及效果获得了国际单项组织的一致好评。

（六）制冷机房设备及管道安装要点

1. 聚氨酯保温与管道焊接的防火

聚氨酯属于易燃材料，一旦起火后燃烧迅速，火势蔓延很快，可能会在消防队赶到前即发展得难以控制，造成巨大的财产损失，甚至是人员伤亡。因此在施工作业中，防火是重中之重。通过焊接队伍和聚氨酯保温施工队伍的密切配合，尽量减少交叉作业面。无法避免交叉施工时，焊接队伍做好暂时避让的准备。在已做好保温的位置施工，要现场配备专业安全员进行监督检查，现场准备好灭火器、水桶等灭火器材，每处焊接的位置均派专人看护，做到每个刚烧完的电焊头进水桶。在电气焊作业附近提前遮挡铺垫防火石棉布，以免被火花溅伤甚至引发火灾。在制冷机房、室外管道的聚氨酯保温过程中，虽然项目部的焊接工作已结束，但防火问题并未消除，项目部仍须按上述措施进行预防和管理。

2. 氨的防护措施

氨在标准大气压下的蒸发温度为 –33.4℃，易溶于水，单位质量制冷

紧紧依偎赛道的伴随路

量、单位容积制冷量都比较大，是一种中温制冷剂；具有较大的毒性和一定的可燃爆性，在空气中的体积分数达到 0.5%~0.6% 时，人停留半小时就会中毒；体积分数达到 16%~25%，遇明火会爆炸。

氨液溅到皮肤上会造成烧伤，应该用水或 2% 硼酸水冲洗皮肤，再涂上消毒凡士林或植物油脂。氨对眼睛有刺激性和烧伤性危害；被吸入后，轻则刺激呼吸器官，重则导致昏迷或死亡，可用湿毛巾或用水打湿衣服，捂住口鼻；吸入量较大时可用硼酸水滴鼻漱口，并饮入柠檬汁，切忌饮白开水。发生氨中毒后，应将患者转移到新鲜空气处进行救护，不使其继续吸入含氨的空气。

当系统加氨后，现场悬挂警示牌，加强对明火和焊接作业的管理。施工前进行教育和交底，做好现场防火、防爆、防中毒、防烫伤的准备工作。在现场设立专门人员负责其他施工队伍的防护，确保其施工前办理现场动火证明。

（七）配套设施施工

场地内部道路系统共 9 条道路，包含园区 3 号路和 8 条赛道伴随道路，主要服务于雪车雪橇场馆需求，总长 4753.308m。其中园区 3 号路长 1420m，8 条赛道伴随道路总长 3333.308m。蜿蜒的道路如同脉络，贯穿各个建筑、广场及赛道收发车点。伴随路紧紧依偎在赛道的西侧，为赛事的观众观赛、后勤、急救、通勤等提供服务。3 号路位于赛道的东侧，主要负责出发区、结束区、运营及后勤综合区与外部道路的连接等，承载赛事车行交通服务。

在场地的南侧，还布置了观众主广场、媒体转播区以及相配套的停车场。其中，观众主广场位于南侧赛道所围合的区域，设有利用天然地形形成的观众看台，其东侧有一条长 144m 的隧道通往延庆冬奥村和山地新闻中心。媒体转播区及停车场位于赛道南侧，紧邻市政道路松闫路。

1. 园区 3 号路施工重难点

（1）市政综合管线排布

由于国家雪车雪橇中心施工区域非常狭窄，而赛道下方密布着 900 多根桩体，不可能布设管线，因此只能紧贴园区 3 号路进行管线布设；加之 3 号路自身宽度仅有 9m，导致不得不在 3 号路下方布设庞大的管线网（包括赛道制冰的供水管线，同样是主管位于 3 号路下方，通过绿化带中的各分支点接入各支线）。电信、电力、给水、中水、污水等管线的埋深各不相同，上下层管线在有限空间中的排布是施工的一大挑战，同时还对 3 号路的走向产生了影响。

（2）临边支护

3 号路东侧是高临边边坡，且为碎石带，为了保证路基稳定，须进行边坡地质灾害治理。针对 3 号路南北落差较大，边坡坡度高达 70°~80°，拱形护坡锚索施工及混凝土工程人工支模安全风险高

弯曲盘绕的 3 号路

的难题，采取了 5 级拱形护坡的设计：由上及下每完成一级的施工，留出 1~2m 宽的步道，再进行下一级的施工。由此形成了在空间上错位的梯级式护坡形态。

3 号路边坡支护工程共设置了 30 多段重力式挡墙，针对各路段不同的地质情况和周边场地受限情况，分别采用了锚式、浆砌、钢筋混凝土等不同的临边支护工程形式。为了在施工过程中随时根据实际地形的变化因地制宜地施策，请设计院及各相关专业的工程师驻场，以便随着施工阶段的推进提前沟通。

（3）曲线走势

3 号路南北落差大，坡度非常陡，其中几个弯道的平均坡度达到了 15%，甚至 17%；加上场地受限、地下市政综合管线等因素的影响，使得 3 号路呈现出弯曲盘绕的流线美，同时也增加了施工的难度。

2. 新型材料膜结构应用

隧道与观众广场衔接处应用新型材料搭设了透明膜结构棚，可在观众走出隧道时起到减弱阳光、帮助眼睛适应的作用；夜间又可透射星空，还可配合灯光，呈现美观的视觉效果。

隧道出口处的膜结构

第三章　CHAPTER THREE

延庆冬奥村及山地新闻中心建设施工

01 | 第一节　延庆冬奥村及山地新闻中心项目管理工作

一、建设单位的管理工作

（一）项目总体概况

北京 2022 年冬奥会延庆赛区位于北京市延庆区张山营镇西大庄科村东北部的小海陀山区，规划面积约 1514 万 m^2，山顶海拔约 2199m，山地自然落差约 1300m，气候条件适宜，冬季降雪充沛。延庆冬奥村位于延庆赛区核心区南区东部，位于山脚下一块相对平缓的台地，平均海拔约 940m，北高南低，落差 62m；东高西低，相差 30m。

北京国家高山滑雪有限公司着眼"建筑全生命周期"，对项目从规划与设计、材料与构件生产、建造与运输、运行与维护直到拆除与处理（废弃、再循环和再利用等）的全循环过程进行把控。在延庆冬奥村的设计阶段，贯彻"山林场馆群，生态冬奥村"的理念，联系相关专家与设计师共同对如何延续并保持延庆独特的历史人文和生态环境资源，同时在确保满足冬奥赛事要求的基础上，打造冬奥场馆历史上新的里程碑进行详细探讨和研究，形成使建筑、景观与自然相融合，中国山水文化与冬奥文化相结合的设计成果。在建设阶段，最大限度减少对山林环境的扰动，最终成就了一个掩映于自然山林中的冬奥赛区和主题公园。

（二）项目特殊性

建设初期，延庆赛区工程的施工现场处于原生态环境中，几乎可以描述为"没路，没水，没电，没场地，没通信"的状态，缺少建设施工的基本条件。当地电力基础设施薄弱，无法按时供电，建设单位本着冬奥工程

建设"一刻也不能停，一刻也误不起"的精神，提高政治站位，充分挖掘各参建单位的经验优势和能力，在符合基本建设程序的原则下，以推进工程建设进度为核心，加强各业务统筹协调，优化审核流程，编制完成柴油发电机使用方案，满足了施工启动过程中的用电需求，保障了用电安全。为了节约用电成本，积极与管廊建设方面沟通协调，借用施工用电。为了能让冬奥赛区早日用上临时电，积极向北京市重大项目办、延庆区供电局、北京市冬奥供电专班汇报施工用电紧缺情况，终于在上级协调和支持下，解决了现场施工用电问题，为施工建设各项工作有序开展和加速推进创造了先决条件。

（三）建设管理工作理念

1. 践行绿色可持续发展理念

北京国家高山滑雪有限公司践行可持续发展理念，在保证满足施工必要条件的前提下，协调园林部门对山林保护方案进行论证，采取移栽、原地保留等方式对原有树种进行保护。实施过程中严格监督方案每一步措施的落实情况，跟进每一株苗木迁移、回植过程和养护情况。冬奥村建设中涉及原地保护或迁移的树木有313棵，包括核桃楸、大果榆、暴马丁香等树种。其中：127棵原地保留保护；172棵前期移栽，后期回植到场地内，作为景观树；14棵前期移栽，后期回植原位。原地保留树种通过砌筑树池、土台进行保护。无法避让的树木，通过近地移植或者迁到专用地块进行保护。

建设单位一线人员与施工单位人员共同在施工现场与自然保护区之间铺设了一条绿化带，用碎石等材料为小动物建设栖息地。通过开展树木保护、生态修复等系列工作，科学有效保护赛区内的森林生态系统和景观资源，促进冬奥会延庆赛区生态环境的可持续发展。

2. 保留延庆人文和生态环境特色资源，注重村落遗址保护

冬奥村场地中间保留的小庄科村村落遗址，既是冬奥村独特的核心公共空间，又是展示中国传统村落文化的窗口。虽然村落遗址体量不大，但北京国家高山滑雪有限公司高度重视对文化遗址的保护工作，组织施工单位优化遗址周边施工方案，施工过程中认真监督遗址保护情况，聘请专业文物保护单位进行精心修缮，最终使之成为冬奥村中呈现中国传统村落文化的独特空间和文旅景观。

（四）项目管理措施

为了保工期、推进度，建设单位工程建设部门全员不辞辛苦，奋战于工地一线。结合建设区域广、体量大、系统多等特点，实施"楼长制"，即除专业工程师本职工作外，围绕着施工进度的推进，每人均负责1~2个区域的全面管理工作，深入施工单位的各层次管理，发现问题、解决问题，并对影响施工进度的问题提出预警，以便建设单位及时掌握工程信息，进而采取

必要措施全力保障达成工期目标。"楼长制"的实施，促成了设计、施工、成本、质量、安全等多专业工作高效协同的状态，实现了预期效果。

（五）科研、工程课题管理措施

1. 建设北京市唯一酒店类超低能耗建筑示范项目

为贯彻"山林场馆群，生态冬奥村"的设计理念，北京国家高山滑雪有限公司严格落实北京冬奥组委及有关部门的要求，组织相关专家和设计单位、施工单位、监理单位开展建设超低能耗建筑的论证工作，多次优化并完善方案，详细审核技术参数和工艺水平，促成整个冬奥村及山地新闻中心项目应用野生动植物分区保护、生态系统及能源可持续监测、超低能耗与近零碳技术等35项绿色建筑技术，通过了北京市规划和自然资源委员会组织开展的绿色建筑评价标识公示，符合国际绿色建筑LEED金级标准。冬奥村D6组团为融超低能耗、绿色生态、舒适特色于一体的高品质建筑体，是北京市超低能耗建筑示范项目中唯一的酒店类示范项目。其最大的示范特点为被动式设计——通过采用高效围护结构外保温、自然通风和采光、高效空调机组、节能智能照明、室内空气质量监测和可再生能源等措施，节能率达到60.9%，取得了良好的示范效果。

在延庆山地新闻中心施工过程中，北京国家高山滑雪有限公司重点监督被动式围护结构、太阳能光伏等技术措施的实施情况，对涉及的材料从原产地环节、加工工艺环节、运输环节到安装环节进行跟踪，确保每一环节均按照方案落实，达到了充分降低山地新闻中心运行能耗、实现近零碳的目标。

2. 采用装配式装修，践行绿色可持续理念

延庆冬奥村的部分运动员公寓采用了装配式装修工艺，既减少了耗材，又实现了绿色环保，赛后拆除、改装为星级酒店方便，是可持续发展理念的生动实践。

北京国家高山滑雪有限公司充分贯彻绿色办奥理念，经与设计单位、施工单位、监理单位对建筑装配式要求的多轮研究，确定采用装配式复合墙板，将基层和面层全部转移至工厂加工，达到降低现场施工复杂度的目标，使得现场安装便捷，并且装修不会因环境温度的变化而出现开裂、空鼓等质量问题，更易于清洁维护，减少了施工安装阶段用工及建筑垃圾排放，实现了绿色环保。

此外，延庆冬奥村作为北京2022年冬奥会延庆赛区的居住配套，采用装配式装修，不仅适应了不同入住群体的体验与要求，而且能够减少运营过程中可能发生的检修、维护带来的时间与形象的影响，降低运营成本，将节俭办奥落到实处。

3. 应用智能人居技术

为示范前沿引领技术，提升场馆运营管理效率，打造示范样板，冬奥村打造了一张孪生底图、三项

业务应用、一个运营平台构成的"1+3+1"智能人居技术应用体系。

数字孪生系统基于时空大数据平台，融合 GIS 和 BIM 数据，对静态物理空间进行高拟真还原，打造全域数字空间；基于 5G、物联网、边缘计算、人工智能等技术，接入建筑各智能化系统的实时感知和控制数据，实现对其未来发展趋势的预判。

三项业务应用包含室内健康环境系统、能源优化系统、智能安防系统。其中，室内健康环境系统在保证人员舒适的前提下，通过检测各类设备运行状态，结合人员行为模式，预测建筑能源负荷曲线与用能模式，实现灵活、高效的需求响应，在保障安全用电的同时降低建筑运行成本。智能安防系统在冬奥村相关入口位置，增加无接触智能测温设备；通过人脸识别、图像识别算法实现对人员在冬奥村动态轨迹的跟踪；基于大数据分析提升冬奥村安防管理能力。

由此，冬奥村以住宅与公共区域为基础空间，运用人工智能、大数据、物联网以及云计算等技术，形成人、建筑、环境互相协调的整合体，赛时为运动员提供了安全、健康、舒适、环保、节能的人性化居住与工作环境。

（六）疫情应对措施

新冠肺炎疫情暴发后，延庆冬奥村于 2020 年 2 月 8 日经建设行政主管部门复工验收后正式复工。春节长假末期叠加新冠肺炎疫情的

巨大影响，使得人力资源及材料供应成为影响工程进展的突出问题，导致此阶段的冬奥村各组团结构楼承板施工及二次结构砌筑施工无法正常进行，工程基本处于"半停工状态"。北京国家高山滑雪有限公司积极应对，首先对人力资源的主要来源地域进行分析，调整其来源地域，避开疫情严重区域及周边区域，尽一切可能促进人力资源返京；同时将受疫情影响造成的人力资源及材料供应匮乏的情况如实向属地建设行政主管部门及北京冬奥组委、北京市重大项目办等相关政府部门汇报，从政府方面寻求解决途径，并将冬奥建设的政治重要性及项目正式复工信息发送至各劳务单位的属地政府部门，积极推进劳务人员的返京复工。劳务人员逐步返京后，严格对施工现场人员的聚集和住宿区的人员聚集进行布置、安排、检查、上报、信息传递等各项工作，并提供必要的防护物资的协助。此后的建设全程进行疫情防控工作的"常态化"管理，确保了冬奥村安全度过建设期。

二、施工管理

（一）施工单位

北京 2022 年冬奥会延庆冬奥村及山地新闻中心一标段的施工单位为北京住总集团有限责任公司，二标段的施工单位为中国建筑一局（集团）有限公司。

北京住总集团有限责任公司

（简称"北京住总"）是以改革创新为驱动，科技研发为先导，建安施工、地产开发、现代服务三业并举，跨地区、跨行业、跨国经营的大型企业集团，是首都国有经济重要骨干企业。延庆冬奥村及山地新闻中心项目一标段作为北京住总的重点工程，自开工建设以来，建设团队凝心聚力，攻坚克难，历时三年，实现了山林场馆、生态冬奥的完美结合，为北京 2022 年冬奥会的顺利举办奠定了坚实基础。

中国建筑一局（集团）有限公司（简称"中建一局"）是 2022 年世界 500 强企业第 9 位、世界最大投资建设集团——中国建筑集团有限公司旗下最具核心竞争力的世界一流企业。中建一局以习近平新时代中国特色社会主义思想为指导，全面贯彻党中央和国务院决策部署，全面落实中国建筑集团有限公司"一创五强"战略目标和"166"战略举措，致力攻坚高质量发展、创建世界一流企业。2016 年，中建一局凭借首创的"5.5 精品工程生产线"荣获中国质量领域最高荣誉——中国质量奖，成为中国建设领域荣获该奖的首家企业，以专业、服务、品格"三重境界"代言"中国品质"。2017 年，中建一局荣获"质量之光"年度魅力品牌第一名。

（二）工程概况

延庆冬奥村和山地新闻中心项目位于海拔超 900m 的小海陀山上，地形复杂，技术处理难度大，施工环境异常艰苦。经过前期勘测和反复试验，决定采用抗滑桩、悬臂式挡墙、临时支护钢管桩等方式保障施工稳固。延庆冬奥村共使用了 482 根长短不一的抗滑桩进行护坡，其中，最长的 32.6m，最短的 16m。项目实施进程中不断优化方案，平衡功能需求与材料成本，从质量控制、进度控制、安全管理等方面对材料及人员提出了不同的管理要求。

（三）管理要点

1. 项目总体管控

（1）制定总控计划

组织总包单位编制施工进度计划，并根据工期节点目标编制工期保障措施；要求总包单位将进度计划分解为月度计划及周计划，每次监理会上汇报周计划的完成情况及纠偏措施，同时按时间节点制订主要工程量的周完成计划，每周进行核对、纠偏。

（2）做好安全质量管理工作

针对安全质量的管理工作，推行"红黄牌制度"，定期组织各参建单位进行专项检查、评比、打分，对打分不达标的单位进行黄牌警示。屡次出现同样的质量安全问题及打分连续不达标时，即对责任单位公示红牌，并通知其集团公司撤换相应的安全、质量管理人员。

（3）实施奖罚分明的各项措施

分别在抗滑桩施工阶段及钢结构施工阶段开展劳动竞赛，每月底组织总包单位、监理单位对计划工程量的完成情况进行统计、复核，

对优秀总包单位给予精神及物质奖励，对执行情况不利的总包单位进行经济处罚，调动各总包单位生产积极性。

（4）实施"楼长制"

为了保工期、推进度，工程建设部门员工不辞辛苦，奋战于工地一线。实施"楼长制"，即除专业工程师本职工作外，围绕着施工进度的推进，每人均负责 1~2 个组团的全面管理工作，深入总包单位的各层次管理，发现问题、解决问题，并对影响施工进度的问题提出预警，以便公司领导及时掌握工程信息，进而采取必要措施全力保障工期目标顺利达成。通过实施"楼长制"，工程进展有了明显的促进。

2. 施工安全管理

在施工安全管理方面，认真梳理了各部门和各专业员工的职责，建立各部门及各岗位人员安全责任制；更新并完善了以安全教育培训、安全会议、安全检查、安全投入等为主要内容的安全生产管理制度；

编制了详细的综合应急预案，根据现阶段情况对应急管理机构人员进行了调整。

开展定期、节假日、季节性及不同施工阶段的安全、防疫、防火、防汛检查，以现场消火栓、微型消防站、消防器材、安全防护设备、用电设备、大型机械、防汛物资及疫情防控措施等为检查重点。监督总包单位严格执行建筑工程扬尘治理"十条标准"，达到北京市绿色施工"六个百分百"和"门前三包"要求。要求检查中的安全隐患限期整改，并对安全隐患严重及整改不彻底的责任单位进行处罚。

切实加强应急值守工作，要求值班人员坚守岗位，尽职尽责，及时掌握安全稳定工作动态，遇有突发事件，按规定及时、准确报告并及时赶赴现场组织抢险和处置；要求施工现场相关人员全面做好生产安全事故、火灾及其他紧急突发事件的信息报送工作，确保信息及时、准确。

02 | 第二节　延庆冬奥村及山地新闻中心施工

一、永久型衡重式毛石挡墙的施工

（一）工程概况

北京 2022 年冬奥会延庆赛区核心区充分利用区内自然环境优势，结合中国山水文化与冬奥文化，成为一座冬奥主题的中国文化意境大型山地园林；因借自然，选取最佳风景资源，构建立体的山地景观格局，人工建造与自然环境相得益彰。其中延庆冬奥村位于延庆赛区东南侧，分为东侧的运动员村组团及西侧的安检广场与停车区两部分。冬奥村用地范围内山体高差关系复杂，高程介于 900~983m 之间，南北高差约为 62m，东西侧高差约为 30m。由于场区内各台地高差较大，延庆冬奥村工程在地形高程高低差处设计为衡重式浆砌片石结构挡土墙，M1 挡土墙长度为 123m，P1 挡土墙长度为 155m。

衡重式毛石挡墙原材料为现场开槽挖出的花岗岩块石。大块石采用机械破碎为 200~600mm 不等的石料，再通过人工剔槽、打磨、修整后进行砌筑。挡墙表面景观完成效果为虎皮墙。

（二）实施效果

毛石挡墙砌筑总量约为 2100m³，通过将现场基槽开挖出的花岗岩大块料石破碎修整后直接用于毛石墙体的砌筑，减少了余石外运的工程量，同

延庆冬奥村

时也减少了毛石原材料的采购费用，起到节约材料、避免浪费资源的作用。在该工程中，与混凝土挡墙相比，毛石挡墙造价低、透水性能好，同时也满足承载力及耐久性要求，取得了非常好的经济效益。

二、钢结构施工

（一）工程概况

延庆冬奥村及延庆山地新闻中心项目一标段由居住 1、2 组团，公共组团南区，索道 A1 下站及山地新闻中心组成。

其中 1 组团为钢框架—中心支撑结构，地上 4 层，建筑高度为 19.45m，总建筑面积为 14620m²；基础由独立基础、条形基础、桩基础以及局部筏板等组成，结构主体钢柱采用箱形钢柱（最大口 500mm×500mm×30mm×30mm），钢梁采用 H 型钢梁（最大 H700×300mm），楼板采用钢筋桁架混凝土楼板，总用钢量约 3300t。

2 组团为钢框架结构，地下 1 层，地上 3 层，建筑高度为 14.92m，总建筑面积为 11557m²；基础由独立基础、条形基础、桩基础以及局部筏板等组成，结构主体钢柱采用箱形钢柱（最大口 500mm×500mm×30mm×30mm），钢梁采用 H 型钢梁（最大 H1100×400mm），楼板采用钢筋桁架混凝土楼板，总用钢量约 2250t。

公共组团南区为钢框架—中心支撑结构，地下 2 层，地上 4 层，建筑高度为 23.2m，总建筑面积为 30775m²；基础由独立基础、条形基础、桩基础以及局部筏板等组成，结构主体钢柱采用十字钢柱（最大 +800mm×300mm）、箱形钢柱（最大口 400mm×400mm×20mm×20mm），钢梁采用 H 型钢梁（最大 H700×300mm），楼板采用钢筋桁架混凝土楼板，总用钢量约 5600t。

钢构件的防腐设计年限不小于 25 年，其中钢柱、柱间支撑耐火极限为 3 小时，钢梁耐火极限为 2 小时，组合楼板楼面支撑耐火极限为 1.5 小时，钢楼梯的耐火极限为 1.5 小时，钢桁架耐火极限为 2 小时。

延庆冬奥村及延庆山地新闻中心工程主体结构形式为钢结构，工程体量大，深化设计工作量大，而工期又非常紧张，因此能否对节点进行优化、简化，设计出科学合理、传力途径明确、施工可操作性强，同时能够最大限度减少结构风险的连接节点，就显得尤为重要。

为保证构件加工制作、现场安装的顺利进行，保证钢结构的施工质量达标，专门设置深化设计部，进行钢结构深化设计的对口管理。深化设计部的主要职责是对深化设计工作进行系统、有效的管理，包括控制深化设计进度，满足材料采购、加工安装需要；审查校核深化设计图的质量是否符合原设计的节点构造要求；协调处理与其他专业之间的矛盾；保证图纸的正确性；确保钢结构工程的顺利进行。

钢构件采用工厂加工、现场安装的方式。采用基于 BIM 技术的设计方法，展开钢结构加工深化。结合工期、吊装运输能力等诸多因素进行工程结构的分段深化。

深化设计主要使用 Tekla Structures 完成。通过三维实体建模，建立可视化模型，突出检查直观性，展现钢构件自身、与各专业间的碰撞问题。

同时，依托已建立的 BIM 模型，对项目复杂化节点、难理解节点、工序、施工方案等进行三维模拟分析，并依托 BIM 技术向相关施工人员进行交底。为保证节点施工质量，通过 BIM 模型，直观地将加工难点体现出来，并与设计、加工厂进行工艺确定。

通过钢结构深化分析、精确施工节点详图、钢柱分节分段、优化钢结构吊装吊次，大大提升了钢结构吊装时间，减少二次倒运及对现场存放场地的占用。

通过合理的施工组织和质量控制，减少了返工，实现一次成活。

（二）实施效果

由于工程处于山地，车辆行驶、材料运输均不便利，采用钢结构施工技术能够使得操作程序更为便捷，节省人工、材料，明显提高施工效率，显著缩短施工工期。同时，钢结构能够减少用钢以及模板等材料的使用量，达到节材效果的同时，也能节省人力资源，多方面节约成本。

三、红雪松木瓦坡屋面施工

（一）工程概况

延庆冬奥村的设计理念为建设"山林场馆"，减少对周边环境的破坏，使建筑本身与周边环境协调一致。在坡屋面材料上选用红雪松木瓦作为坡屋面的饰面材料，使得整个建筑屋面更加具有观赏性，同时也与山林融为一体。

红雪松木瓦坡屋面如此大体量应用于工业建筑，在国内施工案例较少，相关施工经验缺乏。延庆冬奥村建设工程通过对该关键技术的研究、实践，总结出相关施工经验，为后续类似工程提供了依据。

运动员居住1、2组团，公共组团南区，索道 A1 下站坡屋面均采用红雪松木瓦作为屋面饰面材料，坡屋面总铺装面积约为 19000m^2。

红雪松木瓦坡屋面由保温板、找平砂浆、防水卷材、防水保护层、顺水条、挂瓦条、防水透气膜以及红雪松木瓦组成。

1. 工程特点与难点

（1）木瓦屋面与幕墙交接部位精度控制

延庆冬奥村坡屋面施工面积大，木瓦与四周檐口铝板交接部位多，施工节点复杂；需要综合考虑木瓦屋面与铝板的位置关系，精度要求高。

（2）木瓦屋面安装质量控制

由于工程位于山区，风力较大，屋面红雪松木瓦的固定牢固以及防止被风吹落是控制重点。

（3）木瓦屋面对向找坡精度控制

延庆冬奥村坡屋面施工体量大，特别是公共组团南区坡屋面坡度大，最大坡度达 22°，坡长为 29m，屋面宽度为 81.6m，且多为双向坡屋面对称找坡，两坡屋面交接处汇水面积大。控制两坡屋面交接处找坡精度，避免产生积水现象是工程的重点工作。

延庆冬奥村木瓦屋面

2. 工程创新点

（1）顺水条与屋面固定

原始图纸在木瓦与屋面结构的可靠固定方面仅采用角码用自攻钉与屋面防水保护层固定的方式。考虑到屋面坡度较大，为防止面层屋面发生滑动甚至脱落，对木瓦坡屋面与屋面结构固定方式进行优化，即在屋面结构预埋钢筋，将屋面顺水条与之可靠连接，从而将顺水条与屋面结构连成统一整体，避免发生屋面滑脱现象。

（2）屋面与铝板交接处理

木瓦屋面与外立面铝板存在较多交接面，保证其细部构造合理美观是施工的重点也是难点。根据各个立面效果，采用屋面铝板压盖屋面饰面瓦、屋面饰面瓦与铝板搭接两种做法进行处理，确保饰面效果美观。

（3）屋面山墙处防水处理

延庆冬奥村幕墙体系为开缝体系，屋面山墙部位须做好防水处理。为保证屋面雨水从山墙部位渗入，在屋面山墙处浇筑混凝土坎台，作为铝板固定点和挡水台使用；将防水卷材上翻至坎台顶部，防水铝板延伸至坎台内侧，形成闭合，确保防水效果。

（二）实施效果

红雪松木瓦在坡屋面中的应用，既能保证建筑屋面效果与山林地面融为一体，使得建筑整体与周围环境相协调，体现"山林场馆"的设计理念；同时，由于红雪松木瓦属于可再生材料，用于屋面施工

能够达到节材效果，体现绿色环保的奥运理念。

传统的陶瓦、瓷瓦、琉璃瓦为黏土或矿石资源加工而成，其应用对土地资源破坏较大；而红雪松木瓦的原料为木材，属于可再生资源，相比之下，红雪松木瓦的应用能够减少对环境的影响和破坏。此外，红雪松木瓦同陶瓦、瓷瓦、琉璃瓦相比较还具有自重较轻的特点，能够更好地减轻结构自重，更加有利于屋面承重受力，利于结构安全。与其他木瓦相比，红雪松木瓦具有天然防潮、防腐和防虫性，因而对于全年暴露于阳光、风雨和冷热气候中的建筑屋面而言，红雪松木瓦是理想之选。

红雪松独有的特性可以保证使用年限。红雪松木是一种天然的环境绝缘体，其热电阻率是沥青的2倍，板岩的5倍，混凝土的8倍，钢和铝的几百倍，结构性强。红雪松木瓦还具有保温隔热的功效。而红雪松木瓦重量轻的特性，使得其应用实际上增加了屋顶的结构强度，而不仅仅是增加了重量。此外，木材纤维的天然弹性使它们能够提供优越的抗冰雹和抗风能力。

四、超高超跨异形清水混凝土施工

（一）工程概况

根据设计施工图，延庆冬奥村及山地新闻中心建设工程中清水混凝土应用范围比较广，涉及V形

梁、弧形墙、K形柱、框架柱等，施工难点为：

①山地新闻中心清水混凝土结构设计复杂，其中井字梁为字母V造型，上口宽1300mm，下口宽300mm，高1800mm；横向、纵向跨度均为33.6m，需一次成型，施工难度大。

②清水混凝土K形柱造型奇特多变，最大高度达10m，且有多处弧形部位，施工难度大，对模板及混凝土施工要求非常严格。

③清水混凝土弧形墙整体呈不规则弧形，净高度在5.8~9.2m不等，墙长90.7m，并且墙体上存在多个眼睛形状的洞口；施工时除满足设计构造要求和造型效果外，还需考虑超长混凝土的抗裂问题。

（二）实施效果

新闻中心是结构复杂、造型多的大型结构体，其清水混凝土施工前，从对模板厂家的考察到穿墙螺栓的选用、样板的实施，均是从实践中摸索总结经验；样板实施及实际施工中，清水攻关也取得了良好的效果。

该项目清水混凝土攻关及施工任务顺利完成的过程中，责任制和高效的管理对科技进步发挥了极大的促进作用。现今建筑工程的结构施工越来越复杂，在实际施工过程中，会不断出现更多的难题，只有根据现场具体情况，分析其难点，选择最合理

的施工方法和工序，才能保证工程的顺利展开。

五、绿色施工技术的应用

（一）工程概况

1. 重难点分析

（1）项目位于松山自然保护区，环境保护难度大

延庆冬奥村及山地新闻中心工程紧邻松山自然保护区，地域广阔，地形复杂，植被茂密，工程施工会对周边环境、地表树木等带来一定的影响。

应对措施：合理规划现场施工场地，减少对周边环境的影响；对于基坑等不可避免影响的部位，制定生态修复方案；施工完毕后，对生态环境进行修复；对现场原有树木进行原地保护和近地移植。

（2）施工现场位于山区，无正式用水

该工程位于山区，施工现场内无正式用水，无法满足正常施工日常用水需求。

应对措施：安装设置山泉水收集装置，收集、存储山泉水，以满足现场日常施工用水需要；同时安装并应用一体化污水处理设备，将生活污水处理为中水，用于现场洒水降尘和绿植灌溉。

2. 绿色施工目标（表3-3-1~表3-3-6）

环 境 保 护 指 标
表 3-3-1

项　　目	目标控制点	控 制 指 标
场界空气质量指数	PM$_{2.5}$	不超过当地气象部门公布数值
	PM$_{10}$	不超过当地气象部门公布数值
噪声控制	昼间噪声	昼间监测 ≤ 70dB
	夜间噪声	夜间监测 ≤ 55dB
建筑废弃物控制	固体废弃物排放量	每10000m^{2}固体废弃物排放量不高于300t；建筑废弃物再利用率和回收率达到50%以上
有毒、有害废弃物控制	分类收集	分类收集率达到100%
	合规处理	100%送专业回收单位处理
污废水控制	检测排放	污废水经检测合格后有组织排放
烟气控制	油烟净化处理	工地食堂油烟100%经油烟净化处理后排放
	车辆及设备尾气	进出场车辆、设备废气达到年检合格标准
	焊烟排放	集中焊接应有焊烟净化装置
资源保护	文物古迹、古树、地下水、管线、土壤	施工范围内文物、古迹、古树、名木、地下管线、地下水、土壤按相关规定保护达到100%

节材与材料资源利用指标
表 3-3-2

项　　目	要求目标值
节材措施	就地取材，距现场500km以内生产的建筑材料用量占建筑材料总用量的70%
非实体材料（模板除外）可重复使用率	可重复使用率不低于70%
其他	结构、机电、装饰装修材料损耗率比定额损耗率降低30%
资源再生利用	建筑材料包装物回收率100%

节水与水资源利用指标
表 3-3-3

施 工 阶 段	主要控制指标
基础	
主体	用水量节省不低于定额用水量的10%
装饰装修	
施工现场节水设备	配备率100%
非传统水源利用	半湿润区非传统水源回收再利用量占总用水量的比重不低于30%

节能与能源利用指标 表 3-3-4

目标控制点	控制指标
能源消耗	能源消耗比定额用量节省不低于 10%
施工用电与照明	节能照明灯具使用率达到 100%

节地与土地资源保护指标 表 3-3-5

主要指标	控制指标
临建设施占地面积有效利用率	大于 90%
绿化面积占现场总面积	3%
职工宿舍使用面积	人均 2.0m²

人力资源节约与职业健康指标 表 3-3-6

目标控制点	控制指标
危险作业环境个人防护器具配备率	100%
对身体有毒有害的材料及工艺使用前应进行检测和监测，并采取有效的控制措施	全程监测并有效控制
对身体有毒有害的粉尘作业采取有效控制	均采取有效控制
总用工量	节约量占定额用工量的 3%

（二）施工要点

1. 环境保护

（1）宣传标语

项目部在施工现场入口处布置"五牌一图"，并在项目醒目位置设置环境保护标牌和宣传标语。

（2）扬尘控制

施工现场出口设置洗车台，及时清洗车辆上的泥土，防止泥土外带。使用密闭式运输车辆和密目网遮盖的绿标车进行土方、渣土和施工垃圾的运输，避免发生扬尘和遗撒。施工现场配备洒水车，洒水润湿施工道路。

采用遮掩网和密目网以及种植绿植等方式对裸土区域全覆盖，有

场地密目网覆盖

道路两侧种植绿化

主体结构楼层密目网防护

效抑制扬尘。现场内车道及加工棚场地均采用 C20 混凝土浇筑，车道范围 200mm 厚，其余 100mm 厚。

临时土堆使用密目网覆盖，易飞扬细颗粒材料及时入库存放，临时在库外存放时采用编织布封闭。采用封闭式木工加工区；锯末随时装袋存放，防止飞扬。模板支设过程中使用吸尘器清理模板内杂物；垃圾装袋，使用塔吊吊运下楼；现场设置垃圾池，并定期清理。现场调入清扫车，对现场进行全面清理。现场设置砂浆罐，对作业进行封闭式管理，杜绝砂浆现场搅拌，减少扬尘。

主体结构外设置全封闭阻燃密目安全网及踢脚板等防护措施，防止楼层内粉尘撒到外界；楼层间，洒水降尘，将垃圾装袋运输。

通过各种防尘措施，确保了现场土方开挖扬尘高度小于 1.5m，未扩散到场区外；结构施工、装饰装修阶段，作业区扬尘高度小于 0.5m。

（3）水污染控制

在食堂排污处设置隔油池：在工地食堂外侧设置二级隔油池、沉淀池，每周清理一次；油污随生活垃圾一同收入生活垃圾桶，由专门单位收走。

在现场大门内侧洗车台处设置三级沉淀池；清洗进出车辆的污水经过沉淀后，再利用于现场洒水和洗车。

对有毒化学品材料、油料的储存地，进行渗漏液收集处理。

为控制污水排放，保护周边环境，现场采购一套符合现阶段环保治理要求的污水处理系统。采用一体化污水处理设备，不仅节约成本，实现污水质量达标排放，还能实现污水处理、回收和再利用，用来冲厕、浇灌、洒水降尘。

（4）噪声控制

现场加强噪声监测，在施工现场及办公区定时、定点按照噪声检测管理制度的要求进行噪声监测，确保噪声控制在规定范围内，同时建立相关记录台账。

现场钢筋加工棚、木工加工棚、石材加工棚、安装管道、支架加工棚、风管预制车间等全部密闭降噪，木料加工在固定制作棚内完成，以减少噪声污染。

合理选择噪声低的施工机械设备。监测、记录现场大型机械噪声控制情况。

（5）光污染控制

现场钢结构焊接、避雷接地焊接、钢筋搭接焊等使用电焊位置，使用专用遮光布四面遮挡，同时在下部设置接火斗，避免强光外泄。

控制照明光线的角度：工地周边及塔吊上设置大型罩式灯，随着工程进度及时调整罩灯的角度，保证强光不外泄；施工现场夜间加班时设置的碘钨灯照射方向始终朝向工地内侧；必要时在工作面设置挡光彩条布或密目网以遮挡强光。

（6）大气污染控制

确保施工现场进出场车辆及机械设备废气排放符合国家年检要求。

项目部制定现场动火制度，严禁现场燃烧废弃物造成空气污染；集中焊接点安装焊烟净化除尘设备，以防造成大气污染。

项目部食堂使用节能环保的电器，并设置油烟净化器，减少空气污染。

设置乙炔和氧气库房，实时监测有无泄漏。

（7）土壤保护

因施工容易发生地表径流导致土壤流失的情况，采取设置地表排水系统、稳定斜坡、植被覆盖等措施，减少土壤流失。

定期清理沉淀池、隔油池、化粪池内沉淀物，沉淀池每周清理一次，避免出现堵塞、渗漏、溢出等现象。

处置有毒有害废弃物：油漆废料和空桶交由有资质的单位处理，不作为建筑垃圾外运；废旧电池、墨盒在领取新电池、墨盒时交回，统一移交具有资质的单位处理，避免乱扔污染土壤和地下水。

处理机械机油：在机械的下方铺设苫布，由具有资质的单位处理。

施工后恢复施工活动破坏的植被，与当地园林、环保部门、机构进行合作，恢复剩余空地地貌或绿化，补救施工活动中人为破坏植被和地貌造成的土壤侵蚀。

办公生活区通过设置地表排水系统、植被覆盖、铺设透水砖地面等措施，减少土壤流失。

2. 节材与材料资源利用

（1）落实节材管理制度

编制节材管理制度，并在施工过程中持续完善。健全机械保养、限额领料、建筑垃圾再生利用等制度。

加强绿色施工节材管理，节约天然资源，保护生态环境，通过再生利用废弃物，实现建筑垃圾减量化、资源化。

（2）材料的选择及节约

提前做好材料采购计划，合理安排材料的采购、进场时间和批次，减少库存，避免造成积压或浪费。现场材料分类存放，详细标识，建立详细的保管及出入库制度，实行限额领料，统计分析实际施工材料消耗量与预算材料消耗量的差距，有针对性地制定并实施关键点控制措施，提高节材率。

根据就近取材的原则进行材料

选择，并做好实施记录。该工程选取的材料供应厂家距现场距离均在500km以内，节省了因运距而增加材料损耗及材料运输费用。

工程使用的商品混凝土中掺加粉煤灰、矿粉等工业废料以降低混凝土中的水泥用量。混凝土浇筑前搅拌站提供相关的开盘鉴定资料，项目部及时进行混凝土掺和料统计。

二次结构砌筑采用成品预拌砂浆，墙体材料大量采用绿色环保材料。

山上围挡基础、挡土墙基础、办公室散水均采用毛石砌筑；所用毛石为施工现场石块破碎加工而成，减少了施工材料的运输、采购以及山上石块的外运，体现"绿色办奥"理念。

（3）可周转材料利用

办公区所用板房采用集装箱房，安拆方便，再利用率高。施工现场、工人生活区同样使用集装箱房，使工地临房、临时围挡材料的可重复使用率达90%。

模板支撑体系采用承插型盘扣式钢管脚手架，安全可靠，搭拆快，易管理，适应性强，节省材料，绿色环保；与钢管扣件脚手架、碗扣式钢管脚手架相比，在同等荷载情况下，可以节省材料约1/3，从而节省材料费和相应的运输费、搭拆人工费、管理费、材料损耗费用等，且产品寿命长，绿色环保，经济、社会效益明显。

现场临边防护全部使用定型化围挡、标准化聚氯乙烯（PVC）围

盘扣脚手架

挡，并根据施工组织安排循环使用。

（4）资源再生利用

施工现场建筑垃圾分类堆放，统一外运；钢筋、模板等废材及时集中处理，并制定收购合同。现场大宗材料实行"零库存"管理制度，对模板、木枋、钢管、扣件等周转材料实行动态管理。

①钢筋余料利用。

钢筋余料加工制作为马镫筋、梯子筋、顶模棍等，保证钢筋加工利用率达标，节约钢材。

②混凝土余料合理利用。

利用混凝土余料制作过梁，浇筑临时路面、预制盖板等预制构件，践行绿色施工和可持续发展理念。

③废旧模板利用。

废旧木模板用于后浇带、洞口封闭，以提高其利用率，减少木材资源的消耗。

④废旧纸张利用。

办公用纸分类摆放，双面使用。废纸回收重复利用。

3. 节水与水资源利用

（1）节水协议

签订标段分包或劳务合同时，将节水指标列入合同条款。项目部编制《临时用水管理制度》《节约用水制度》，明确节水目标，同时对工人进行节水培训，提高工人的节水意识。

制定用水定额。每月计量用水量。办公生活区的用水量按照管理人员生活区、工人生活区、钢筋加工区、生产区进行分区统计。

（2）节水措施

水平结构混凝土采取覆盖薄膜的养护措施，竖向结构采取刷养护液的措施，不采用传统的浇水养护措施，避免水的浪费。场区大门设置冲洗槽，冲洗用水经沉淀池沉淀后循环利用。

生产用水管网为无缝钢管焊接连接，供水管焊接紧密，避免管网出现渗漏现象。

施工现场生产、生活用水使用节水型生活用水器具，在水源处设置明显的节约用水标识。盥洗池、卫生间采用节水型水龙头、低水量冲洗便器、缓闭冲洗阀等。

（3）水资源利用

利用蓄水池、循环水箱、雨水收集及沉淀设施收集并储存雨水、地下水及其他可重复利用的回收水，根据适用条件用于冲厕、现场洒水控制扬尘及混凝土养护等；洗车水循环使用。

4. 节能与能源利用

（1）节能协议

签订标段分包或劳务合同时，将节能指标列入合同条款，提高分包单位的节能意识。

制定用电定额。每月计量用电量；按照办公区、生活区、钢筋加工区、生产区分开统计，并形成节电情况分析报告。

（2）节能措施

进行临时用电设计策划，合理设计施工用电及办公区、生活区用电设备位置。合理选用节能照明设备，施工用电与照明选用节能灯具，生活区、办公区室外照明采用太阳能照明设备，室内照明采用节能灯具。

临时设施采用节能材料，墙体、屋面使用隔热性能好的材料，对办公室进行合理布置。

施工现场大型机械，选择变频施工机具设备，以减少能耗，保证运行平稳，提高工效。

生活区及现场办公区道路照明采用太阳能路灯，洗漱、淋浴热源采用空气能热水器，以节约能源。

5. 节地与土地资源利用

（1）施工用地指标

工程开工前期，项目结合该工程特点，绘制了地基与基础工程、结构工程和装饰装修三个阶段的施工平面布置图，并采用BIM技术进行模拟优化，直观反映现场情况，减少施工占地，保证现场运输道路畅通，有效减少二次搬运。

（2）节约用地

对深基坑施工方案进行优化，采取先进的支护方式，最大限度地减少对土地的扰动，保护周边自然生态环境。采用工具式钢支撑及排桩支护结构，从而节约用地，减少对山地的破坏。

（3）合理布置场内道路

合理设计场区临时道路，本着施工现场道路为永久道路和临时道路相结合的原则布置，场内规划施工道路所处区域土方由场道单位进行土方平衡后再行施工；场内规划施工道路尽量借用总平面规划道路；施工道路完成面高程在规划道路基层以下，避免后期破除。

（4）施工用地分析

分阶段、分区域对现场临时施工用地进行分析，确保临时用地有效利用率满足相关要求。

6. 人力资源与执业健康

施工区、生活区、办公区分开设置，设专人管理。为保证人员安全出入，生活区出入口设置闸机，采用实名出入制度，对所有人员进

排桩支护

出入口自动闸机

为务工人员开办夜校

行实名登记；工人宿舍采用集装箱房搭建。生活区设有超市、夜校、食堂、浴室、厕所等配套设施。

对宿舍进行规范管理，制订宿舍管理制度，对床铺、鞋柜、碗柜、储物柜、空调、窗帘等进行统一。设置方便工人充电的 USB 安全充电插口，保证用电安全。在开关处设置保险装置，确保一旦超负荷，开关自动断电。为保证人员安全，各房间均设置烟感报警器。

确保食堂工作人员持健康证上岗，落实食堂器具规范管理，保证卫生安全。

生活区设立医务室，由专人负责消暑和保暖措施，并对药品发放等做纸质版记录。建立厕所、卫生设施等的定期消毒管理制度，并形成日常消毒台账。

（三）实施效果（表 3-3-7~ 表 3-3-12）

环境保护目标及实施效果 表 3-3-7

项 目	目标控制指标	实际完成值
场界空气质量指数	$PM_{2.5}$ 不超过当地气象部门公布数据值	扬尘监测记录显示，现场施工期间 $PM_{2.5}$ 未超过当地气象部门公布数据值
	PM_{10} 不超过当地气象部门公布数据值	扬尘监测记录显示，现场施工期间 PM_{10} 未超过当地气象部门公布数据值
噪声控制	昼间噪声：昼间监测≤70dB	现场设置 4 处噪声监测点，监测记录显示昼间监测≤68dB
	夜间噪声：夜间监测≤55dB	现场设置 4 处噪声监测点，监测记录显示夜间监测≤40dB
建筑垃圾控制	固体废弃物排放量：每 $10000m^2$ 不高于 300t	地基基础阶段建筑垃圾排放总量为 144.4t，主体结构阶段建筑垃圾排放总量为 58.7t；每 $10000m^2$ 的建筑垃圾排放量为 24.67t
有毒、有害废弃物控制	分类收集：分类收集率达到 100%	废旧电池、墨盒、废旧灯管、废机油柴油、油漆涂料、挥发性化学品等有毒、有害废弃物分类收集率达到 100%
	合规处理：100% 送专业回收单位处理	有毒、有害废弃物 100% 送专业回收点或回收单位处理

项　　目	目标控制指标	实际完成值
污废水控制	检测排放：污废水经检测合格后有组织排放	污废水经检测合格后有组织排放，pH 值在 6.5~8 之间
烟气控制	油烟净化处理：工地食堂油烟 100% 经油烟净化处理后排放	工地食堂使用油烟净化器，油烟 100% 经油烟净化处理后排放
	车辆及设备尾气：进出场车辆、设备废气达到年检合格标准	进出场车辆、设备定期年检合格
	焊烟排放：集中焊接应有焊烟净化装置	集中焊接使用焊接烟尘净化器
资源保护	施工范围内文物、古迹、古树、名木、地下管线、地下水、土壤按相关规定保护达到 100%	资源保护按相关规定保护达到 100%

节材与材料资源利用目标及实施效果

表 3-3-8

控 制 指 标	自 定 指 标	实际完成情况	指标完成情况
结构、机电、装饰装修材料损耗率比定额损耗率降低 30%	钢材损耗率 ≤ 1.75%	1.75%	完成
	商品混凝土损耗率 ≤ 1%	0.98%	完成
	砌块材料损耗 ≤ 1%	0.93%	完成
	木材损耗 ≤ 5%	2.95%	完成
模板周转次数不低于 6 次	模板周转次数不低于 6 次	模板周转次数为 6.2 次	完成
建筑垃圾回收再利用率不低于 50%	建筑垃圾回收再利用率不低于 50%	建筑垃圾回收再利用率为 58.3%	完成
商品混凝土使用率达 100%	商品混凝土使用率达 100%	商品混凝土使用率达 100%	完成
预拌砂浆使用率达 100%	预拌砂浆使用率达 100%	预拌砂浆使用率达 100%	完成

节能与能源利用目标及实施效果

表 3-3-9

类别	项目	要求目标值	实际施工情况		效　　果	指标完成情况
			施工阶段	目标耗电量（kW·h/ 万元产值） / 实际耗电量（kW·h/ 万元产值）		
节能与能源利用	节能控制	能源消耗比定额用量节省不低于 10%	地基与基础	28.9 / 25.605	节电率 11.4%	完成
			主体结构	28.9 / 25.4	节电率 12.1%	完成
			装饰装修	28.9 / 16.6	节电率 42.56%	完成
		采购地距现场 500km 以内的建筑材料采购量占比达到 70%	全部主材采购地距离现场不超过 500km		100%	完成
	其他	办公、生活和施工现场，节能照明灯具使用比例大于 80%	办公、生活和施工现场全部采用节能灯具照明		100%	完成

节水与水资源利用目标及实施效果 表 3-3-10

类别	项目	要求目标值	实际施工情况			效 果	指标完成情况
			施工阶段	目标用水量（m³）	实际用水量（m³）		
节水与水资源利用	施工用水	用水量节省不低于 10%	地基与基础	23034.59	13500	节水率 28.37%	完成
			主体结构	53520.72	36268.32	节水率 32.23%	完成
			装饰装修	39118.16	26074.17	节水率 33.34%	完成
	水资源利用	半湿润区非传统水源回收再利用量占总用水量不低于 30%	33.4%				完成

节地与用地保护目标及实施效果 表 3-3-11

目标控制点	控制指标	施工阶段	有效利用率	指标完成情况
施工用地	临建设施占地面积有效利用率大于 90%	地基与基础	94.4%	完成
		主体结构	91.2%	完成
		装饰装修	95.5%	完成
生活用地	职工宿舍使用面积满足人均 2.5m²	办公区	—	完成
		生活区	—	完成

人力资源节约与职业健康目标及实施效果 表 3-3-12

项目	控制指标		自定指标	实际完成情况	指标完成情况
职业健康安全	个人防护器具配备	危险作业环境个人防护器具配备率 100%	危险作业环境个人防护器具配备率 100%	危险作业环境个人防护器具配备率 100%	完成
		对身体有毒有害的材料及工艺使用前应进行检测和监测，并采取有效的控制措施	对身体有毒有害的材料及工艺使用前应进行检测和监测，并采取有效的控制措施	对身体有毒有害的材料及工艺使用前进行检测和监测，并采取有效的控制措施	完成
		对身体有毒有害的粉尘作业采取有效控制	对身体有毒有害的粉尘作业采取有效控制	对身体有毒有害的粉尘作业采取有效控制	完成
人力资源节约	总用工量节约率不低于定额用工量的 3%		总用工量节约率不低于定额用工量的 3%	总用工量节约率不低于定额用工量的 4.5%	完成

第四章　CHAPTER FOUR

延庆赛区市政配套工程建设施工

01 | 第一节　市政配套工程项目管理

北京冬奥会延庆赛区的市政配套设施包含交通、电力、电信（通信、网络、有线电视）、给排水等系统，其中电力、电信、给排水系统通过综合管廊将外部市政管线引入延庆赛区核心区，具体包括造雪引水系统、生活供水系统、再生水系统、污水及垃圾处理系统、雨洪系统、电力系统、电信系统、热力系统等。作为基础设施系统的节点建筑，一/二级造雪引水泵站、110kV变电站、900m及1050m水池塘坝、1290m蓄水池、输水泵站及管理用房、索道站、综合管理监控中心、天气雷达站、综合管廊监控中心、LNG站房、垃圾转运站、污水处理站等，都分别进行了精心慎重的选址和设计，采用针对性的策略和设计方式，使其适宜于所在的不同山地环境；在完全满足功能、工艺需求的基础上，增强其公共性和景观性，并着

力从尺度、结构、形态、材料等方面探讨生产/工业/工艺与生活/管理/景观两种既有差异性又有关联性的建筑类型表达方式。其中具有代表性的两个造雪引水泵站、两个110kV变电站、两个水池塘坝，作为"山林场馆、生态冬奥"不可或缺的重要组成部分，形成一种异化于城市空间的具有"山林"特色的基础设施建筑。

一、项目概况

（一）赛区交通系统

赛区交通系统包含内部道路系统和索道系统。

内部道路系统包含赛区连接线、6条主干线及6条支线，总里程14.68km，串联核心区内各竞赛场馆和非竞赛场馆。

索道系统由9条索道及2条拖

牵组成，全长 10.3km。乘客可从冬奥村西侧的主缆车站到达竞速、竞技结束区及各出发区。

（二）综合管廊

综合管廊是核心区重要的市政基础设施，为赛前建设、赛时运行和赛后利用提供造雪用水、生活用水、电力、电信、有线电视等市政保障，被称为赛区"生命线"。

（三）电力系统

电力经外部电网输送至核心区内两座 110kV 变电站（海陀站、玉渡站），通过新建 10kV 双环网供电输配系统，满足核心区用电需求。

（四）电信系统

通信、网络、有线电视等信号由综合管廊和京礼高速公路双路引入，通过核心区内建设的通信环网接入各场馆使用区域。无线信号方面，通过新建宏站、微站，实现赛区内 5G 信号全覆盖，满足赛事转播、通信、网络需求。

（五）给排水系统

赛区给排水系统包含生活给水系统、造雪引水系统、中水回用系统和排水系统，满足核心区造雪、制冰和生活用水需求。污水收集并经污水处理站处理后回用。

二、工程节点

（一）道路工程一工区（山上段 K0+000~K3+600）

节点目标：2019 年 5 月 1 日，园区 2 号路山上段 K0+000~K3+600 段下层沥青路面铺筑完成，具备通车条件（按节点目标完成交付工作）。

（二）道路工程二工区（山上段 K3+600~K4+800）

节点目标：2019 年 7 月 31 日，园区 2 号路山上段 K3+600~K4+800（含 BOH 后院停车场支线桥、竞速结束区支线桥）段下层沥青路面铺筑完成，具备通车条件（按节点目标完成交付工作，成功保障了中间平台集散广场所需施工材料的运输）。

（三）道路工程三工区（山上段 K4+800~K7+195）

节点目标：2019 年 9 月 30 日，园区 2 号路山上段 K4+800~K7+195（含训练道休息区支线）段下层沥青路面铺筑完成，具备通车条件（按节点目标完成，标志着园区 2 号路全线通车，成功承担起核心区各场馆道路沟通的任务）。

（四）电力工程

节点目标：2019 年 8 月 15 日，T11、T12 电力土建工程具备穿缆条件（于 2019 年 8 月 13 日完成交付，为赛区供电提供保障）。

业主下达指令后，3 天内施工机械从 5 台增加至 43 台，最多 400 余人同时进行生产作业。此节点被业主称为"奇迹工程"。

（五）桥梁工程

节点目标：2019 年 9 月 30 日完成所有桥梁工程，为园区 2 号路全线通车提供保障。

2019 年 9 月 16 日 3 号桥施工完成，桥梁工程全部施工完成。3 号桥位于园区 2 号路终点，为景观桥，桥梁下部桥墩采用异形钢结构

园区 3 号桥

Y 墩与横向变截面的混凝土桥墩的组合结构。"Y"是寓意着胜利的手势，象征着冬奥核心区从起点到终点建设的全面胜利，预示着对奥运健儿再创辉煌的云霄之望。

（六）管网工程

节点目标：2020 年 1 月 30 日完成给水管网施工。实际于 2020 年 1 月 15 日提前完成，为国家雪车雪橇中心测试赛制冰供水提供重要保障。

（七）道路附属工程

节点目标：2020 年 8 月 15 日，全线锚索框架梁施工完成（按节点目标完成，为后期绿化工作提供了

早进场、早施工的条件）。

（八）泵站工程

节点目标：2020 年 12 月 1 日，1~4 号泵站机电设备安装调试完成，具备赛区供水条件。

（九）照明工程

节点目标：2021 年 6 月 30 日，路灯安装调试完成（按节点目标完成）。

三、项目分工

（一）市政第一标段

总承包单位为中交隧道工程局有限公司，负责建设园区 2 号路、竞速结束区支线、训练道休息区支

线、竞技结束区支线、媒体转播平台支线及场馆运行区（BOH）后院停车场支线。

（二）市政第二标段

总承包单位为北京城建集团有限责任公司，负责建设赛区连接线，园区 1、3、4、5、6 号路，园区 1、2 号停车场以及停车场支线。

（三）造雪引水系统标段

总承包单位为北京金河水务建设有限公司，负责赛区造雪引水系统的建设，包含 900m 塘坝、900m 泵站及管理用房、1050m 塘坝、1050m 泵站及管理用房，以及输水管线、1290m 调蓄水池等。

（四）市政配套生态修复第一标段

总承包为北京润安园林绿化有限公司，负责范围为：2 号路山上段 K4+330.796（不含集散广场支线下边坡）至 2 号路山上段终点（含该段支线）范围内，回村雪道 B3K1+650 以上，1290m 蓄水池周边。

（五）市政配套生态修复第二标段

总承包为中外园林建设有限公司，负责范围为：2 号路山上段 K4+330.796~K0+000 段范围内（含集散广场支线下边坡）及 2 号路山下段全段范围内，回村雪道路线 B3K1+650 至回村雪道终点全线范围内，A1、A2 索道中站至冬奥村边线范围内，1050m 塘坝周边。

（六）市政配套生态修复第三标段

总承包为北京金三环园林绿化工程有限公司，范围包括：赛区连接、1 号路全线、3 号路图纸部分、4 号路全线、5 号路全线、1 号路停车场支线、车检广场及右侧停车场、冬奥村南侧 1、2 号停车场范围内；900m 塘坝周边。

道路工程锚索框架梁施工

02 | 第二节　交通工程施工

一、项目概况

（一）园区路

延庆赛区核心区内部道路系统共 7 条道路，包含 1 条公路、6 条公园内部道路及其支线，总长 14.68km。

（二）赛区连接线

延庆赛区连接线是连接延崇高速公路和赛区的道路，是整个赛区主要的进出道路。赛区连接线总体呈南北走向，南起延崇高速公路为冬奥会预留的立交收费站，北至延庆核心赛区安检广场，全长约 2.066km，规划为三级公路，路宽 19.5m，设计速度为 30km/h。道路标准横断面为两幅路形式，中央分隔带宽 1m，两侧行车道各宽 8.5m，含双向 4 条机动车道及路缘带。

（三）园区 1 号路

园区 1 号路是在赛区安保线内沟通延庆赛区连接线与松闫路的通道，赛时联系延庆赛区连接线与园区 3 号路，赛后沟通松闫路与延庆赛区连接线。园区 1 号路呈南北走向，南起园区 3 号路，北至延庆赛区连接线，全长约 0.545km；采用标准为园区内部道路，路宽 9m，设计速度为 20km/h。道路标准横断面为一幅路形式，中央机动车道宽 7.5m，布置 1 上 1 下共 2 条机动车道，两侧土路肩宽 0.5m，两侧护栏宽度各 0.25m。

（四）园区 2 号路山下段

园区 2 号路山下段是在赛区安保线内沟通延庆赛区连接线与冬奥村的通道，也是沟通国家高山滑雪中心的唯一通道；赛时联系延庆赛区连接线与冬奥村，赛后沟通延庆赛区连接线与国家高山滑雪中心。园区 2 号路山下段呈南北走向，南起园区 5 号路；北至冬奥村，接园区 2 号路山上段；全长约 0.48km；采用标准为园区内部路，路宽 9m，设计速度为 20km/h。道路标准横断面为一幅路形式，中央机动车道宽 7.5m，布置 1 上 1 下共 2 条机动车道。

（五）园区 2 号路山上段

园区 2 号路山上段是在赛区安保线内沟通冬奥村与国家高山滑雪中心竞技结束区的通道，也是沟通国家高山滑雪中心的唯一通道；呈南北走向，南起冬奥村北端，顺接园区 2 号路山下段终点；北至国家高山滑雪中心，接竞技结束区停车平台；全长 7.195km；采用标准为园区内部路，路宽 9m，设计速度为 15~20km/h。道路标准横断面为一幅路形式，中央机

"百步九折"的 2 号路

动车道宽 7.5m，布置 1 上 1 下共 2 条机动车道。全线共设置折点 92 个，回头曲线 14 个，平曲线最小半径 15m，最大纵坡 12%，最小纵坡 0.4%，全线平均纵坡 7.4%。

二、道路施工重点

作为北京 2022 年冬奥会延庆赛区的重要组成部分，园区 2 号路是沟通延庆赛区连接线、冬奥村、BOH 后院停车场、媒体转播平台、国家高山滑雪中心竞速结束区、缆车 G 索下站落客区、国家高山滑雪中心竞技结束区等冬奥核心场馆的重要通道，也是沟通国家高山滑雪中心的唯一通道。同时项目施工的市政管网、泵站等配套工程是赛区用水、用电的重要保证。

园区 2 号路山上段、山下段及支线的建设，含道路、桥梁、管涵、

市政管网、沿途停车场、交通场站、1 号安检广场、垃圾站、交通安全设施、道路照明、弱电等市政配套工程，为延庆赛区道路建设中的重点和难点。

园区 2 号路山上段及山下段，总长度 7.68km，支线总长度 1.56km，合计全长 9.24km。

三、市政配套设施工程建设难点

（一）地处森林保护区，施工过程中环保要求高

施工过程中坚持"不破坏就是最大的保护"原则，遵循因地制宜、就地取材、以防为主、防治结合、安全经济、造型美观、顺应自然、与环境景观相协调的原则，采取有效的防治措施；施工前对表土（腐殖土）进行剥离，用于施工后赛区绿化

修复工作；在施工过程中尽可能减少对原有生态环境的破坏。

（二）开工时间晚，施工时间短，工程量大

受伐树影响，实际开工日期滞后160余天，有效工期短。项目位于森林保护区且施工区域气候寒冷，同样导致有效工作时间短。项目主要工程量有土石方536000m³，路基挡护工程240000m³，桥梁5座（合计526延米），工期压力大。

（三）交通运输困难

施工期间赛区通行道路仅有一条，狭窄，弯道多，坡度大，运输条件差，且由多家施工单位共同使用，经常发生交通拥堵现象。

（四）交叉施工现象较普遍

施工场地狭小，无法避免多家单位交叉施工的情况；并且2号路为盘山公路，自身交叉施工也较多，安全隐患大。

（五）施工难度大，变更内容多

施工区域地质情况复杂，无法做到准确勘测。设计图纸需要根据现场情况随时调整，而重新设计会消耗工期，以致留给施工的时间很短。

（六）施工内容涉及专业较多，多专业共同管理开展困难

延庆赛区A部分场馆配套基础设施施工总包一标段项目涵盖道路、桥梁、泵站土建、泵站暖通、泵站电气设备、赛区生活水给水管网、电力管网、中水管网、停车场、LNG加气站等施工内容，涉及专业多，工种投入多，管理工作量大，多专业共同管理工作开展困难。

四、交通工程施工的安全管理

为加强现场管理，更好地实现项目建设各项目标，确保各项工作顺利进行，项目根据国家、地方和行业法规以及所属集团、公司等有关规定，建立了包括安全及质量管理体系、风险监控体系、职业健

堵车影响施工

给水管网、电力管沟施工

康环保管理体系等在内的各项规章制度和管理办法，明确了内部分工和各岗位职责，并根据所属集团、公司有关规定定期落实相关的岗位考核管理和绩效考核制度。

园区2号路项目作为赛区唯一通道，在赛区建设中有着重要作用，因此在保障施工进度的前提下，其施工现场的安全管理尤为重要。园区2号路前期施工内容复杂，危险源众多，安全管理难度大。人工挖孔、边坡落石、机械交通安全、临边高空作业、临电安全、深基坑、爆破施工、塌方、森林火灾等是项目建设期间主要的安全风险点。为减少施工过程中的人身伤害，加强现场安全管控，项目对现场实行分区管理，严格落实"一岗双责"管理制度；各管理人员对施工进行全过程监控，为施工安全提供最大保障。

因2号路为盘山路，建设中对原有山体开挖量较大，开挖面陡峭，边坡落石、塌方为主要危险源。为保证下方施工作业人员安全，项目每日开展班前教育工作，并在施工前对可能存在的落石、塌方隐患处设置主动防护网，最大限度保障下方施工作业人员安全。

项目前期施工机械多，最大日机械台数上百台，现场机械安全管理尤为重要。项目设备部与机械修理厂签订保障协议，定期对现场机械进行维修保养，确保现场机械状态满足安全要求。项目安监部协同设备部不定期对现场机械进行检查，对于维修保养不及时、存在故障的设备，立即停止施工并进行维修保养工作，待其安全性满足要求后再继续用于施工。

作业点安排专人指挥、监控；下方通行人员及车辆时，及时停止施工，避免因机械扰动造成落石伤害。

由于项目处在松山国家级自然保护区内，森林防火工作是重中之重。在森林防火及相关作业安全保障方面，项目下大力气，配备充足管理人员，沿线布设森林防火队员 25 人、微型消防站 12 座、微型消防箱 60 个、消防物资仓库 4 处；对防火队员及消防器材进行网络化布控，结合微信随手拍、手机定位等信息化模式，切实做到森林防火安全可控。

为应对可能发生的突发事件，项目在完善应急物资与各项预案的基础上，积极开展应急演练工作，切实提高人员应急反应意识与应急处置能力。

五、交通工程施工的工程质量管理

（一）进行合理的施工组织

结合施工图纸进行实地勘查，科学规划，统筹安排，找出关键线路，编制施工组织设计，将全线划

分为三个工区，明确质量目标及责任人。

（二）加强设计优化管理

从技术角度出发，加强与设计院的沟通，采用设计优化变更，在加快施工进度的同时保证施工质量。

（三）采取多段平行作业

合理安排工序，编制施工计划，保证多个作业面平行作业：从时间上考虑，采取错时施工方式，对各个班组施工时段进行合理划分，使之错开施工，提高施工效率；从空间上考虑，在确保施工安全距离的情况下，采取上下错开施工段落方式，加快施工进度，降低安全风险。

（四）加强交通管理

通过多种方式缓解交通压力，保障材料供应：现场设置专人指挥交通；道路两侧设置错车道；现场增设储料平台，保证材料储备。

（五）加大人员投入，增质增效不减速

针对山上施工期间温度较低的问题，项目增加投入，采取保温措施，保证施工质量。其中 1 号、2 号桥加

主动防护网

大人员投入，同时作业人数均超过 50 人，并搭设保温棚，覆盖棉被，采用 300 台暖气同时运行，保证施工养护条件达标，在按节点完成施工任务的同时又保证了施工质量。

（六）加强对已完工工程的质量检测，保证在建工程的施工质量

加强对已完工桥梁、挡土墙、抗滑桩、桩板墙的沉降位移观测工作，针对已完工水沟、路缘石、防撞墙在使用过程中损坏等问题，与业主协商一致后采取变更水沟形式、增加外防腐涂料的方式，保证已完工工程的实体质量。

加强 1~4 号泵站设备运行过程中的巡查工作，保证设备、供水系统正常运行。

严格按照国家有关技术规范、操作规程和设计要求施工，加强技术质量交底工作，保证按设计和方案施工。

03 | 第三节　市政电力工程建设

按照北京冬奥组委对北京 2022 年冬奥会电力供应与赛时保障的总体要求，要确保冬奥会赛前及赛事期间供电"万无一失"，实现供电可靠性 99.9999%；要本着避免冬奥会赛前及赛事期间发生电力故障的原则，高质量推进冬奥会电力能源建设项目，高标准筹备赛区电力运营保障，保障冬奥会赛场的重要场所可靠充足供电。

一、项目内容

延庆赛区新建两座 110kV 变电站，分别为海陀变电站和冬奥村变电站，于 2019 年底投运；新建 10kV 配电网 12 座电缆分界室和 8 座总配电室、6 座分配电室、26 座箱式变电站。

（一）新建分界室部分

新建集散广场、PS100 泵站、PS200 泵站、竞技结束区、PS300 泵站共 5 座分界室。

（二）新建配电室及箱变部分

新建集散广场总变配电室、竞速结束区变配电室、PS100 泵站总变配电室、竞技结束区高压配电室、PS200 泵站高基配电室、中间平台配电室、PS300 泵站总配电室、山顶平台配电室共 8 座配电室，新建箱式变电站 21 座。

（三）分界室电源部分

从玉渡站、海陀站各引一路电缆至 PS100 泵站电缆分界室、集散广场电缆分界室、PS200 泵站电缆分界室、竞技结束区电缆分界室；从玉渡站、海陀站各引双路电缆至 PS300 泵站电缆分界室。需敷设 10kV、$300mm^2$ 电缆 76km。安装电缆户内终端 44 只，电缆中间接头 205 只。敷设光缆 29km。

（四）配电室及箱式变电站电源部分

敷设 10kV、$300mm^2$ 电缆 1.4km，10kV、$150mm^2$ 电缆 37km。安装电缆户内终端 88 只，电缆中间接头 65 只。敷设光缆 26117m。

二、施工难点

北京 2022 年冬奥会延庆赛区国家高山滑雪中心配电网工程，是为国家高山滑雪中心的造雪系统、缆车及配套设施提供电力支持的重要工程项目。该工程施工难度体现在以下几个方面。

（一）雪道电缆沟开挖

需要在坡度接近 45°的雪道上开挖出 2m 深的电缆沟，总开挖长度达十几千米，敷设电缆总长度达上百千米，开挖及电缆敷设难度极大，特别是电缆沟开挖过程中需要在雪道上逐级平整场地，设置站址平台，以防挖掘机在施工过程中发生倾倒或滚落。

（二）电气与其他专业交叉施工

如电缆沟开挖要与雪道施工、造雪管线、电话管线施工相结合，要求必须按规定时间开挖、敷缆接头、回填，经常出现施工区段与电缆、光缆盘长不匹配的情况，例如 PS300 配电室出线电缆、光缆需要临时挂在山体的岩石上，待下一段路径交付后再继续施工，极大增加了施工难度。

（三）山区配电室施工

配电室电气施工与土建作业交叉严重，且设备运输、吊装同样受山区道路坡度大、雨季施工泥泞、没有合适的进场道路的影响。

例如 PS100 分界室、配电室施工，面临道路狭窄，且道路与配电室之间有一条沟，需要搭设临时的设备吊装平台的困难。又如坐落在小海陀山顶峰，海拔 2198m 的山顶平台配电室的施工，由于没有预留合适的运输通道，经过多种方案比选，最终使用 85t 履带式起重机进行变压器及开关柜的吊装，难度极大。

（四）分界室进线电缆施工

PS200 分界室、PS300 分界室，进线电缆路径选择在主体结构悬挑出山体部分底板的下部；特别是 PS300 分界室，电缆路径下部就是坡度及陡峭的山崖，在这个部位安装支吊架、进行电缆敷设施工，危险性很大。

（五）配电室施工

配电室施工时间紧，任务重。以 PS100 分界室及配电室施工为例，从设备进场到投运只有短短的 18 天；且设备安装工作量很大，包括 6 台变压器、51 面低压柜、15 面高压柜、16 面环网柜等的安装，以及与之配套的高低压电缆敷设接头、电缆设备试验、保护调试、验收、处缺等工作。特别是密集母线安装，需要变压器、开关柜就位后才能测量排产，而密集母线送到现场时距离发电期限仅剩四五天的时间。最终，调集 4 组 20 余人进行密集母线与开关柜、变压器的铜排连接，连续抢工 24 小时，才成功在北京市重大项目办第一个"百日节点"总结会的前一天晚上 9 时，实现 PS100 投运。

（六）箱变基础施工

箱变基础施工位于山区，场地选址困难，既要考虑山地施工是否满足设备运行的需要，又要考虑不影响其他赛区内的设施。如 T15 箱变的位置经过四五次现场踏勘才最终选定，在一个大土堆的斜坡上；又如 T7 箱变经过多次选址，最终确定在技术道路挡墙上，施工难度很大。

三、施工安全管理

工程现场配足土建、电气专业作业层班组骨干人员，严格培训、考试准入，强化安全管理；在配网核心分包商中，优选政治意识强、技能水平高的分包队伍，参与国家高山滑雪中心电力工程建设。

持续加大两级巡检组现场巡检力度，保证现场日常巡检全覆盖。

坡度较大的雪道开挖施工前，在雪道上逐级平整场地，设置站址平台，以防挖掘机在施工过程中发生倾倒或滚落。

雪道开挖施工前，在雪道下侧设置防护沟；对于 B6 雪道，特别设置两道被动防护网，以防滚石伤人。

山区防火方面，禁止施工人员带烟火上山，对所有机械设备加装防火罩，严格合规执行动火作业。

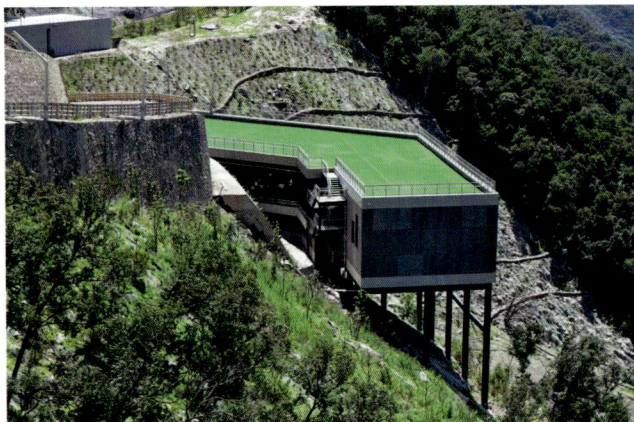

PS200 泵站

遥望 PS300 泵站与敞廊

四、工程质量管理

加强原材料、设备到场检验，尤其是关键参数核对；严格落实电缆接头工持证作业管理，加强电缆耐压、震荡波、介损试验。

全面应用国网标准工艺，加强隐蔽工程、关键工序过程监督检查，全面提升工程质量。

雪道放缆前，对电缆盘支架进行固定，设置电缆盘制动装置，防止电缆盘及电缆突然坠落。

雪道放缆过程中，设置足够数量的滑车，保证电缆的敷设质量。

04 | 第四节　配套水利工程建设

一、工程建设特点

北京 2022 年冬奥会延庆赛区的市政配套水利工程是赛区建设工程的重要组成部分，不仅担负着赛时提供水源保障的任务，还要为未来冰雪运动的快速发展提供支撑，也是践行可持续发展办奥理念的重要板块。

配套水利工程的主要项目包括2座塘坝、2座蓄水池、2座泵站和5段管线。根据赛区总体规划要求，这些水利设施应在满足赛事用水调蓄需求的同时，形成景观效应。

该工程涵盖了水利工程中的大坝、蓄水池、泵站、输水管线等，建设内容极其复杂。在陡坡峡谷中建设了2座拦水坝，最大坝高58m，为北京地区第6高坝，是近20年北京地区新建大坝中最高的混凝土重力坝；新建1座容积10000m³的蓄水池，是北京高山峡谷地区最大的钢筋混凝土结构蓄水池；在峡谷陡坡位置新建2座地下加压泵站，水泵最大扬程300m，单座泵站最大装机容量约为6300kW，是造雪引水干线上装机容量最大的泵站；在曲折的高山峡谷中埋设约10km长的造雪输水管线，最大设计压力为4.5MPa。

该工程场地紧张，与奥运场馆工程、市政配套工程等相互配合建设，选址均在场地狭窄、陡峭的边缘地带，设计、施工难度极大。经参建各方共同努力，解决了50m高碎石土边坡开挖支护、全地下泵站高覆土的结构工艺、高扬程输水系统的水锤防护、严寒地区冬季施工组织设计等问题。

二、主要项目及其建设标准

配套水利工程设计建筑物级别为3级，其中：

① 1050m塘坝是整个供水工程的枢纽，其主要建筑物级别为3级，次要建筑物级别4级。

② 900m塘坝因不是供水系统的主干建筑，相对而言属次要建筑物，其建筑物级别为4级。

③ 2座泵站的设计流量均小于1m³/s，总装机功率约为7MW；根据《水利水电工程等级划分及洪水标准》（SL 252—2017）第4.7.1条，其主要建筑物级别为3级，次要建筑物级别为4级。

④ 蓄水池作为泵站供水系统的主要设施，其主要建筑物级别为3级，次要建筑物级别为4级。

（一）1050m塘坝

1050m塘坝坝址位于综合管廊末端，佛峪口沟的支沟上；利用该支沟狭窄地形形成良好的库盆条件。该支沟不占用赛区交通和比赛场馆空间，可缓解赛区用地紧张的问题。

1050m塘坝总库容99000m³，正常蓄水位以下库容93000m³，死库容1500m³，是冬奥供水的主干建筑之一。主要建筑物为重力坝和溢洪洞，建筑等级为3级；其他次要建筑物和临时建筑物，建筑等级为4级。

该塘坝设计洪水标准为50年一遇，校核洪水标准为500年一遇；正常蓄水位1052.00m，死水位1025.00m，设计洪水位1052.69m，校核洪水位1052.89m。

拦河坝采用堆石混凝土重力坝，坝轴线长77m，最大坝高58m，坝顶宽度为5.0m，坝顶

1050m 塘坝

高程 1053.00m，防浪墙顶高程 1054.20m。

（二）900m 塘坝

900m 塘坝位于冬奥村与国家雪车雪橇中心之间的佛峪口沟河道上，左岸为冬奥村，右岸为国家雪橇雪车中心，地处赛区核心位置。除满足造雪用水调蓄需求，900m 塘坝还发挥着赛区景观水库的作用。塘坝坝顶为连接冬奥村与国家雪车雪橇中心的交通道路。

该塘坝正常蓄水位 904.00m，总库容 96400m³，有效库容 60900m³；坝轴线长 100.5m，最大坝高 28m。

由于坝顶需作为安检广场到国家雪车雪橇中心的道路使用，根据功能需要，坝顶宽度设计为 10.0m，坝顶高程 910.00m。

溢流坝采用无闸门自由溢流设计，设 5 个孔口，堰顶高程 904.0m，单孔堰宽 8m。溢流坝段坝顶布置交通桥。交通桥设 5 个桥孔，桥面总宽 10m，每孔净跨 8m；采用预制混凝土简支梁，桥面上游侧及下游侧设人行道及护栏。

左岸及右岸非溢流坝均为堆石坝，堆石坝上游坝坡 1：2.0，下游坝坡 1：1.6。上游坝坡铺设土

工膜防渗，土工膜上铺砌混凝土预制块保护层，土工膜下铺设碎石垫层。下游坝坡采用钢筋混凝土网格梁植草护坡，网格梁下铺设 0.5m 厚碎石垫层，网格梁内铺土植草。

该塘库盆周边为河床冲洪积松散沉积物的深厚覆盖。为防止水库渗漏，在库盆底部及周边铺设土工膜，土工膜上回填 2~6.5m 厚的碎石土覆盖层，增加防根刺能力，改善了水气交换效果。为了拦截入库泥沙，在库尾设置沉沙池。

（三）1290m 蓄水池

蓄水池是造雪引水系统与造雪系统的分界，主要作用是调蓄 1050m 泵站与造雪 PS100 泵站间供需水量，以及进行造雪用水的预冷。

根据造雪系统要求，1290m 蓄水池需要满足开敞、容积不小于 10000m³、满足过滤器安装需求等条件。经过对蓄水池形式的比选，最终设计为集蓄水、拦沙、排洪、预冷为一体的多功能钢筋混凝土水池。该设计能够基本避免上游洪水泥沙入池，实现节约用地，为赛区布置创有利条件。

蓄水池池底高程为 1278.83~1284.10m，池顶高程为 1289.83~1290.10m；最高蓄水位为 1289.10m，最低蓄水位为 1281.10m；净长 61m，净宽 25m，净高 6~11m，有效蓄水高度 5~8m，有效蓄水容积约为 10000m³；边墙为悬臂墙结构。

（四）排洪系统

为防止雨洪水及泥石流对蓄水池造成影响，在蓄水池上游建设拦沙墙，拦截上游泥沙，并在蓄水池东侧建设排洪涵，将上游雨洪水通过排洪涵排到下游。排洪涵为钢筋混凝土结构，分为两段，净空尺寸分别为 2~2.8m×2m 和 6m×2.4m。

（五）1050m 泵站

1050m 泵站主要建筑物为泵房和管理房。泵房主要为水泵设备间和检修平台。管理房内主要为泵站功能用房，内设视频网络设备间及控制室、低压配电室、蓄电池间、办公室及值班宿舍、变频器室、高压配电室、消防控制室及停车间等。根据冬奥会延庆赛区建筑方案，出于对赛区内总体景观协调的考虑，1050m 泵站的泵房和管理房均建设为地下结构。泵房及管理房按照顶板顶覆土不大于 4m 进行控制。

（六）900m 泵站

900m 泵站主要建筑物为泵房和管理房。泵房主要为水泵设备间和检修平台，管理房主要为泵站功能用房。

根据冬奥会延庆赛区建筑方案，出于对赛区内总体景观协调的考虑，900m 泵站的泵房和管理房均建设为地下结构。泵房顶部覆土约为 1m；由于后期上部需要覆雪，因此按照顶板顶覆土不大于 4m 进行控制。管理房顶板顶按照覆土不大于 4m 进行控制。

900m 泵站泵房位于冬奥村疏散道路下，内设 3 台水泵，平面尺寸为 33.20m×14.90m。管理房位于冬奥村疏散道路西侧山体内，为

900m 塘坝

1层结构，内设设备间及控制室、高压配电室、低压配电室、变频器室、水质设备间、办公室等。管理房平面尺寸为 51.30m×11.80m。

900m 泵站主厂房地面高程初定为 910.0m，考虑顶板覆土为 1m，顶板顶高程为 909m。根据工艺要求，主厂房内净空不小于 8.7m，则主厂房底板顶部高程为 891.60m。此时泵房进水管中心高程为 893.00m，满足水由 900m 塘坝自流进入泵房的需要。

900m 泵站管理房位于 900m 塘坝检修清淤道路旁，可通过检修清淤道路进入管理房。泵房位于检修清淤道路平台下，设置人员出入及逃生口 2 处，设置楼梯间。正常出入及逃生时，泵房内人员可以通过楼梯间爬升到地面。

（七）融雪排水工程

每年 4 月左右，国家高山滑雪中心的雪开始融化并产生径流，地表径流最终汇入 900m 塘坝。为防止融雪水污染佛峪口水库，融雪期间 900m 塘坝不能向下游泄水。为此，需将赛区内融雪水收集、回收利用，并需对融雪水应急排放予以考虑。由于无法利用佛峪口沟将融雪水排向下游，因此只能考虑通过修建排水管道将融雪水排向佛峪口水库下游。

排水管道若沿佛峪口沟沟底敷设，将存在防洪及施工占地问题；沿现状松闫路敷设，将存在施工占路、施工交叉等问题；利用综合管廊内造雪输水管道投资小，占地少，施工交叉影响小。因此推荐利用综合管廊内造雪输水管道排融雪水方案。

由于管廊内造雪输水管线最高处为 905m，高于 900m 塘坝的正常蓄水位，因此需通过 900m 泵站将融雪水提升至综合管廊内。根据赛区雪道面积，初步估算融雪水最大流量约为 1m³/s。

Operation Guarantee

运行保障篇

Operation Guarantee
运行保障篇

> 高山滑雪赛事运营
> 国家雪车雪橇中心运营工作
> 延庆冬奥村赛事保障工作

04

冬奥会延庆赛区

运行保障篇

Operation Guarantee

延庆赛区的赛时运行服务保障工作，充分彰显了北京冬奥精神，特别是"追求卓越"的冬奥精神。正如习近平总书记所指出："追求卓越，就是执着专注、一丝不苟，坚持最高标准、最严要求，精心规划设计，精心雕琢打磨，精心磨合演练，不断突破和创造奇迹。"[①]

围绕办一届"精彩、非凡、卓越"的冬奥会的总体目标，延庆赛区的冬奥场馆设施运行保障，实现了从"一无所有"到应有尽有，从"一无所知"到行家里手；以"一往无前"的勇气和智慧，为冬奥观众呈现了一场精彩的雪上盛宴。

场馆的运行保障，是办好赛事的关键。延庆赛区在测试活动、国际测试赛的运营保障中，全方位地学习掌握了冬奥会办赛规则、规律、保障方式，并通过成功筹备和举办北京冬奥会世界杯级别的国际测试赛，积累了宝贵的运行实战经验。

冬奥场馆设施的运营保障，包括竞赛赛道准备、赛时人员管理、赛道管理（包括造雪、制冰等设备工具的管理）、维保与使用（包括质量安全管理）、医疗通信保障……如此等等，项目繁多，工具复杂，职责明细。

本篇对国家高山滑雪中心和国家雪车雪橇中心的赛时运行保障，做翔实的记述。

[①]参见：《在北京冬奥会、冬残奥会总结表彰大会上的讲话》，《人民日报》，2022 年 4 月 9 日 02 版。

高山滑雪赛事运营

　　2020 年底国家高山滑雪中心竞技区域的全面投入使用，标志着整个国家高山滑雪中心的全面完工。为保证北京 2022 年冬奥会高山滑雪项目顺利进行，国家高山滑雪中心山地运行团队反复测试造雪、压雪、安全防护、索道运输与山地救援五大系统，确保万无一失，全方位保障北京 2022 年冬奥会赛场运行工作。

雪炮造雪

01 | 第一节 竞赛赛道准备

一、设备及工具管理

（一）规划

在规划期间，北京冬奥组委必须制定竞赛管理所需的设备清单，并从各工作人员小组负责人处收集信息。

1. 设备规划方法

必须根据最终的赛道制造方法，例如对浇水法和注水法的选择，来进行制造设备的规划；必须根据安全报告和电视转播视角进行安全设备的规划；必须根据组织结构，以及参与运动竞赛准备和管理的人数来进行赛道工作组设备和工具的规划；还要根据赛后设备库存情况对破损及消耗的设备进行维修和采购。

2. 设备储存规划

主储存区尽量靠近雪面，理想状态下，应存放有滑雪板和绞盘式压雪车。山顶基地储存区存放少量器材和设备，可以通过循环式索道轻松地从主储存区运送这些设备，以便节省时间。赛段本地储存，宜采用在每个赛段或几个赛段设立专门空间的形式，具体方案根据地形进行设计。在各赛段储存区，可以放置管理对应赛段所需的全部工具，例如雪铲、雪耙、旗门钥匙（即拧杆器，帮助把旗门杆旋拧入雪面的工具）和旗门等。同时，赛段储存区还是夏季对应赛段安全设备（如防护网、防护垫和空气围栏）的最佳储藏场所。

（二）所需人员

配备适当的人员组成装备工作组，其主要责任是确保浇水软管、工作手套、安全设备、防护网部件和赛道硬化材料（盐）等工具设备和材料储备在正确的位置，并且在需要使用时有合适的数量。

山顶基地储存区与赛段本地储存区

（三）竞赛运动准备与交付

准备工作包括在比赛前检查设备，例如准备好小型照明灯所需的电池等；根据工作组的需要组织设备储存，例如将赛段设备分配到赛道划线员，以方便寻找；按计划在各赛段储存区内准备设备；根据安全报告制订沿坡道运送设备的计划；编制设备配置文件，确保赛道工作组成员必须根据签署的人事责任文件领取设备。

提前将安全设备送达计划地点。在比赛期间，所有存储设备保管员在主储存区和山顶基地储存区就位，并准备响应赛道工作组的要求。如果赛道工作组从山顶基地储存区提取设备，保管员必须从主储存区运送补充设备至山顶储存区，以维持山顶基地设备储存的平衡。为装备工作组分配独立的信道，以确保在储存区之间的通信不会干扰赛道工作人员的无线电频道。赛道工作组成员需要从储存区提取设备时，严格根据规则和签署文件进行设备配送。

赛事结束后将 B 类防护网和 A 类防护网带到储存区，统计清点所有设备，并立即清洁、干燥和折叠充气防护垫。

二、绞盘式压雪车

（一）绞盘

赛道各段的长度和垂直落差各不相同，部分赛段的坡度甚至超过 70%。坡度过大的赛道，其准备过程必须使用特制的绞盘式压雪车。这些绞盘式压雪车采用 1000m 以上的钢丝绳，通过其后部平台安装的大型液压式绞盘可以连接到特制锚杆或大树上，通过调整钢丝绳长度到达目标赛道位置。在赛道准备阶段，压雪车可以单独工作，也可以和使用滑雪板在赛道上移动的工作人员配合成组工作。在比赛中遭遇降雪天气，并且降雪量大到无法由人工通过侧滑（滑雪动作）去除时，可以由绞盘式压雪车提供援助。此时会出现自重 6~8t 的压雪车通过绞盘和钢丝绳与锚点连接，在赛道上工作的情况。这种情况的危险性非常高。当绞盘式压雪车移动时，其钢丝绳可能断裂。压雪车推的雪有可能滑下山坡，如同一场小型的雪崩。因此，需要对工作现场进行特殊保护，以免发生安全事故。

（二）吹雪机

绞盘式压雪车可以搭载吹雪机作业。使用吹雪机时，必须使雪形成吹雪机很容易接近的大雪堆或雪堤。某些情况下，这可能意味着需要使雪移动相当远的距离。

在吹雪机工作时，周边人员时刻注意适当远离吹雪机，并远离吹雪机的上坡侧，以避免滑向吹雪机。吹雪机工作时，操作员的视距非常有限。即使周边人员可以看到吹雪机操作员，操作员也可能看不到周边人员。吹雪机在连接锚点使用绞盘持续工作时，赛道工作人员切记不可穿越钢丝绳，应与绞盘式压雪车和钢丝绳保持适当距离。

F1 训练道浇注冰状雪

三、赛道浇水

在使用软管或注射棒浇水之前，必须查看天气预报。这是因为在非常寒冷的天气下，浇过水的雪面可能会在压雪车犁雪、压雪之前冻住。在这种情况下，必须在浇完水后立即用压雪车进行犁雪、压雪工作。如果风比较大，浇入雪中的水可能会较快蒸发。某些情况下没有时间等待天气转好，为了按时完成工作，必须在天气不佳的情况下开始浇水。这时有可能会面临更多挑战，比如如果天气太冷，赛道表面可能会在浇水过程中形成雪球；如果天气太暖和，会导致浇水部分无法冻结，导致需要花费额外时间冻结赛道，或者出现水使雪融化的情况。在这种情况下，可能需要再次进行赛道注水。

（一）用软管浇水

整个赛道浇水是一个十分耗时的过程，需要使用浇水软管、喷嘴、造雪枪等工具，并由大量人员操作。该过程非常复杂，并且需要人员具备丰富的经验（浇水非常容易过度，导致产生过于光滑的表面）。足够的浇水时间对于确保赛道表面能够提供良好的抓地力至关重要。浇水过程通常需要几天时间。赛道浇水是赛事保障准备阶段工作的一部分，不可能在赛事期间完成。

一旦赛道完成最终塑型，必须计划首先需要浇水的赛段。压雪车必须用垄沟状或轨道状耕雪犁（前者业内俗称"马铃薯田"）。浇水主管需要协调所有工人的行动。将所有材料运输到待处理区域的顶部，从起跑点开始铺开所有浇水软管。使软管向山下滚动，直到软管全部连接完毕为止。使水管末端与最接近的造雪系统出水口齐平，开始进行造雪系统出水口管道清洗，直到出水口有清水流出为止。将软管与出水口连接。在软管正下方

赛事器材队员为赛道浇水

的雪中安装竿件（竹竿），并用绳子将软管绑在竹竿上。由工人装配，以便保持软管固定。

浇水主管必须通过无线电对讲机向水泵管理员核实准备开始注水，同时必须通过无线电对讲机与出水口开关操作员（造雪员）保持沟通，以确保水压和流量正确无误。所有工人沿着浇水软管长度方向散开。在水泵管理员仔细地确认逐步增加压力后打开水龙头。由于软管中充满水，当操作软管向山下移动时，工作人员必须支撑、控制软管，以免其向坡下滑动过快。

必须由两位工作人员控制喷嘴附近的软管。喷嘴操作员必须随软管和喷嘴走过雪道上的垄沟，并对每个地方浇水，不留下任何一小部分干雪。喷嘴管理员必须持续给雪浇水，直到雪的颜色改变（变得越来越灰，最后变蓝），并且水开始从浇水的部位渗出，不再被吸收。当软管覆盖范围内的浇水工作全部完成，水泵管理员关闭出水口开关。而后在下坡方向重新连接浇水软管，

并重新开始浇水。切记需在浇水之前让软管内的压力恢复，并不断检查软管，以免其打结折叠，造成出现水锤（水力冲击）现象。重复以上操作，直到待处理区域浇水完成为止。重复以上操作，直到整个赛道浇水完成，并且赛道各处的密度、硬度及其他浇水效果一致。

（二）赛道注水

注水杆在世界杯赛道上已得到普及。该系统非常独特。水经管道输送到铝管（注水杆），并在高压下通过喷嘴强制排出。每个喷嘴喷射出一柱水。注水杆搁置在雪面上时，将水注入积雪中。受水压、喷嘴尺寸和积雪影响，渗水深度可达20~100cm。赛道表面将留下数千个洞，每个洞被饱和雪包围，冻结形成硬赛道表面。这些洞可以排出积雪中的热量，或让冷空气进入，从而加速冰冻。注射系统的操作非常费时费力，但在正确使用和最佳条件下，使用该系统可以形成优质赛道表面。

注水过程非常复杂。注水主管

需要协调所有工人的行动。将所有材料运输到待处理区域的顶部和起点。从起点开始铺开所有注水软管。使软管向山下滚动，直到软管全部连接完毕为止。连接软管，使水管末端与最接近的造雪系统出水口齐平。开始对造雪系统进行管道冲洗，直到出水口有清水流出为止。将软管与出水口连接好。

根据坡道宽度选择适当位置将待连接软管的注水杆装配成一套，倒置在雪面上。转动注水杆，使喷嘴在有水流出前不接触雪，以免其被雪堵塞。在开始注水前，清洁所有喷嘴。在软管正下方的雪中安装竿件（竹竿），并用绳子将软管绑在竿件上。由工人装配，以便保持软管固定。操作注水杆，将注水杆正面向上转动，使之保持远离雪。

注水主管必须通过无线电对讲机向水泵管理员核实准备开始注水，同时必须通过无线电对讲机与出水口开关操作员（造雪员）保持沟通，以确保水压和流量正确无误。使所有工人沿着软管长度方向散开，在水泵管理员仔细地确认逐步增加压力后打开水龙头。由于软管中充满水，当操作软管向山下移动时，工作人员必须支撑、控制软管，以免其向坡下滑动过快。

当水流过注水杆，水压达到所需的工作压力时，开始移动注水杆（如有可能，在其与安全网之间保留一些空间，以便人员沿着安全网安全移动；在比赛线路之外，最好留有 6~8m 宽的非注水路径，供工作人员使用）。将喷嘴向下置于雪面上。必须由两位工人控制注水杆

使用 Z 形注水管进行冰状雪赛道注水作业

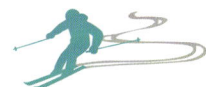

附近的软管。软管在任何情况下都不能阻碍注水杆的运动。仔细倾听水声。当可以听见水声时，先钻一个洞，然后将水注入洞中。该过程需要 2~5s，具体取决于雪的深度和密度。注水主管必须事先核实并设置时间。关键是要等到能听到洞里注水几乎到达雪面上，类似于水瓶装满水时的声音。设置计时器进行时间管理，并随着计时器的声音移动。拖拽注水杆时不能提起注水杆跨过雪面，每次向山下移动 5~10cm。确保注水杆两端移动量相等。可以根据所需的雪密度增加或减少两次注水的间距。重复以上过程，即注水 2~5s，拖拽 5~10cm，再注水，再拖拽，如此反复。向山下拖拽时，按之字形图案横向移动注水杆 5~10cm。注水主管必须就横向运动提出建议。注水杆必须保持与赛道线垂直。重复该过程，直到软管覆盖范围内的注水工作全部完成，关闭出水口，并将注水杆运离赛道线，期间保持注水杆远离雪面。在下坡方向重新连接注水软管，并重新开始浇水。注意在注水之前让软管内的压力恢复，并且不断检查软管，以免其打结折叠，造成出现水锤（水力冲击）现象。

这一系列操作过程需要在开始之前向所有工人解释清楚。如果坡道太陡，可能需要工人穿上冰爪。穿上冰爪后，不可在注水软管上行走。如有可能，在注水停止时需要把多余的水排出赛场外。

赛事器材队员安装赛道防护网

赛事器材队员安装 A 类防护网网裙

四、安全装置

采用压雪车建立雪台和雪基，然后才可开始下一个工序的安全安装。

（一）A类防护网

A类防护网为悬挂网，是一种编织网，高4m；当断面编织连接时，长度可以超过200m；通过悬挂在塔吊钢丝绳上的静力绳索吊挂，底边锚固在地上。A类防护网工作组必须遵守A类防护网的工作原理（各类防护网的材料和安装方式各不相同，需各有在供应商监督下依据供应商手册建立安全防护系统）。A类防护网两侧的积雪深度必须相等。如果出现额外的积雪，必须将其移除到原来的水平。必须每天检查A类防护网的张力。

（二）B类防护网

B类防护网也是一种编织网，通常高2m，长15~25m。B类防护网要使用带有夹子的高2.25m、直径33mm的聚碳酸酯杆提供支撑。如果运动员或使用滑雪板在赛道上移动的工作人员滑倒滚落，B类防护网可使其减慢速度。防护网底部必须与雪接触，顶部向上拉起，以消除下垂。两层防护网之间的距离不小于75cm，也不大于2.5m，以防止一层防护网位于另一层之上时出现蹦床效应。每天需要去除比赛场地出口旁边的两层防护网间隙内收集的积雪。如果有风，需要将防护网卷起，置于杆件中部，以降低风阻力。

（三）C类防护网

C类防护网又称C类围栏、人群控制或观众围栏，属于编织网的一种，通常高1.3m、长25m，其作用是使观众保持在比赛场地之外，或划分起点、终点区等独立区域。

（四）充气防护垫

充气防护垫是一种PVC材质的充气墙，可以在运动员摔倒时减缓冲击。滑雪充气防护垫尺寸为6m×1.3m×1.2m，终点充气防护垫尺寸为8m×1.3m×1.3m。每天需要检查充气防护垫内的压力，清除充气防护垫前收集的多余积雪，并为充气防护垫补气。

（五）Willy袋

Willy袋是一种填充有聚苯乙烯泡沫塑料块的PVC外袋，通常尺寸为2m×1.3m。运动员摔倒时可以通过其实现减速。

（六）防护垫、计时三角垫

防护垫是一种外部为PVC、内部填充泡沫的泡沫垫，可以在运动员摔倒时减缓冲击。如果赛道工作组必须安装单个防护垫或防护垫墙，为提高墙壁强度，可在防护垫或防护垫墙后安装B类防护网。防护垫的日常维护主要是去除防护垫前多余的积雪。定时垫的功能和安装方式与防护垫基本相同，但定时垫中含有光电池，因此妥善保管和注意防晒、防雨和防风非常重要，否则材料会在阳光下燃烧。

在每个必须设置保护装置的障碍物附近，需采用压雪车准备积雪。为确保设置安全，在赛道最终成形和浇水、注水前进行此工作。

02 | 第二节　运动竞赛管理与赛道工人职责

一、赛道长的日常职责

（一）赛前

（1）备齐库存清单、工具、人员和材料检查。

（2）检查赛道工作人员位置及其工作内容。

（3）完成所有除雪任务，保证整个赛道在比赛日外观完美。

（4）检查 B 类防护网，并更换任何损坏的部件。打包或清除 B 类防护网底部的任何积雪。如有需要，重置 B 类防护网。

（5）检查所有 A 类防护网，清除 A 类防护网前部和后部任何多余的雪。

（6）检查所有定时位置、充气防护垫和 Willy 袋，清除所有积雪。如果防护垫因风而移动，复位防护垫。

（7）检查赛段内的所有 C 类防护网，确保其处于非埋地设置下，并且每天进行重置。

（8）收集所有未使用的工具和个人设备，并将其存放在安全区域。这些工具必须储存在飞溅区之外。

（9）在检查过程中，让所有工作人员远离比赛路线，以便运动员清晰、不间断地观察赛道线路。

（10）检查后，清除所有靠近旗门的积雪。清除旗门内部和外部已堆积的任何浮雪和雪包。

（11）检查所有侧滑推雪员停靠站标志是否均已部署到位且清晰可见。

（12）所有赛道工人到达指定位置。在大多数情况下，赛道工人必须位于 C 类防护网栅栏外，在比赛结束前不得再进入比赛场地。

（13）重新检查所有工具和个人设备是否已从比赛场地中清除，或持有在相关工作人员手中。

（14）完成所有任务后，告知赛道长已准备就绪。

（15）在比赛过程中保持所有需要的工具在手（或在工作带内）。保持备用 B 类防护网杆件位于防护网附近。

（16）检查 A 类防护网沿线的所有区域，并清除水瓶、午餐盒和额外的旗门等。

（17）检查赛段所有人员所在位置，确保所有工作人员必须处于安全位置。

（18）赛道保持并准备检查。

（二）比赛期间

（1）注意任何需要维修的旗门，及时派遣赛道工作组修理旗门。

（2）确保比赛按计划进行。赛道清理侧滑员必须准时行动，到达下一站，并滑出比赛线路或者问题区域。

（3）呼叫所属赛段的 DNF（未完赛人员）。沟通尽可能简短明了，减少不必要的无线电装置占用。

（4）为应对运动员摔倒的情况做好准备。B 类防护网杆件和赛段工作组必须准备就绪，在运动员离开事故赛段之后再开始行动。

（5）确保响应所属赛段的相撞事故时，能够估计出完成所有工作和清理区域所需的时间。清除所有损坏的材料，并重置防护网或旗门。确保在打电话向赛道长汇报赛道清理情况之前，所有工作人员的位置都清晰可见。

（6）在赛道上快速移动，并且只做必要的工作。在赛道清理前，确保有充裕的时间离开赛道。

（7）确保所有赛段工作人员留在安全区域，直到最后一名运动员离开为止。除非需要进行赛道保持，否则竞赛进行中不得有任何工作人员留在赛道上。

（8）比赛结束后，挂起所有弹出式防护网和钢丝绳。按要求打开每个赛段内的工人出口。

（9）必须对比赛结束后教练和滑雪服务人员突然冲出的情况保持关注。

（三）赛后

（1）收集所有旗门并对其进行盘点。将所有旗门带到库房或者指定点位，以备第二天重新安装。

（2）收集所有赛段工人和赛道工人团队的问题反馈。

（3）等待赛道长巡视比赛场地（其通过各赛段时将分别给出指示）。

（4）如果预计会下雪，在绞盘式压雪车锚点连接处，撤除 B 类防护网。拉起 B 类防护网的底部，以

防其被积雪压埋。如果预计有风，拉下防护网的顶部。必须给压雪车预留出入口。

（5）对全部赛道入口进行修整，以确保所属赛段外观美观。

（6）检查 A 类防护网周围，以便清除任何积雪。

（7）盘点所有设备，清点库存，将所有设备存放在安全的独立区域。切忌将任何东西留在雪地上，即使很小的降雪也会掩埋设备，导致设备丢失。

（8）为赛段修补工作做好准备，包括准备好确保无关人员远离修补区所需的、额外的钢丝绳和安全网。

（9）按照赛道长指示放置障碍钢丝绳或弹出式防护网。

（10）确认所有工作完成后，通过无线电询问其他赛段是否需要援助。按要求安排赛段工作组和工作人员离开赛道。如果没有其他赛段需要帮助，工作组在最近的工作人员出口处离开赛道。

（11）如果上坡方向的赛段仍在工作，需等到该赛段工作人员离开后，本赛段工作人员再离开。

（12）在离开滑雪区之前，查看次日的日程安排。

（13）确保赛段工作组已为次日早晨的工作做好准备。

二、赛事 / 赛道安装工作组

（一）赛前

（1）备齐库存清单、工具、人

员和材料检查。

（2）为进行赛道安装工作做好准备，包括备齐旗门、检查旗门数量和质量，并为赛道安装员提供协助。在赛道安装过程中，双重旗门的第二道门均采用螺钉连接。

（3）检查所有旗门，确保其处于正确位置且外部杆件位置正确。

（4）检查所有旗门的旗门杆是否平直和平行，并适当地拧紧。如有损坏，进行更换。拉直并拉紧旗门布，并适当地标记损坏的旗门杆。

（二）比赛期间

（1）赛事／赛道安装工作组作为赛道工作组的一部分开展工作，并发挥快速反应的作用。赛道工作组需要在其赛段进行快速交付或快速行动时，呼叫赛事／赛道安装工作组。

（2）注意是否有旗门需要维修，随时准备修理旗门。

（3）在起跑点配置少量人员组成的备用团队，以便观察赛道上旗门以及安全防护设施的情况，或者在底部赛段的队员向上移动时配合着向下移动。

（4）在赛道长提出要求时，将设备从山顶存储点向下交给指定赛段。

（三）赛后

（1）准备好设备和材料，以备次日工作使用。

（2）如果天气很冷，从坡道上取出所有旗门，并且标记转弯杆。在寒冷天气里，塑料可能会变得非常易碎，这就是旗门可能需要存放

在温暖地方的原因。

（3）如果需要重新进行赛道安装工作，首要任务是取得赛道安装员的支持。

三、赛道划线员

赛道划线的主要意义不仅包括向运动员展示从一个旗门到另一个旗门的路径，还有向运动员展示不可见的颠簸、跳跃、着陆区或阴影区、光照区的地形变化。因此，赛道划线员的工作非常重要。

（一）赛前

（1）待最后一位侧滑推雪员离场后再开始工作。

（2）正确地标记所有颠簸点、跳跃点和阴影区内的着陆区，尤其是阴影区内的颠簸点。

（二）比赛期间

在赛道划线员站待命，等待赛道长发出指令。

（三）赛后

（1）准备次日使用的颜料。

（2）将颜料交付给赛道划线员站。

（3）必要时修理染料背包。

（4）完成主要工作后，按照赛道长的指示协助赛道上的其他工作，或向各点位补充某些化学品。

四、侧滑推雪员

（一）移动

（1）所有滑行工作组成员必须以团队形式移到为其指定的工作地点。

（2）某些情况下，赛道中段或

赛道划线员在白面工作

下段的工作任务可能需要工人向下坡方向移离比赛场地，并在下方赛段重新进入赛道（而不能在赛道上滑行至下方赛段）。这样的安排可使下方赛段已完成的工作成果不会被上方赛段的人员活动破坏；下方赛段先完工时，上方赛段仍可正常工作。

（3）由于其他岗位的工作人员可能需要在各赛段的顶端进行工作（如修复旗门等），各点位推雪负责人需在进入赛段之前与赛道长联系，确认其他岗位人员的工作完成后再开始推雪。

（4）侧滑推雪员应该知悉工作组出口位置。得到指示时，即使处在赛道中部，侧滑推雪员也必须从这些出口离开赛道。

（5）除非得到特别告知，否则不可以滑到终点。

（6）最后一个侧滑推雪员出口在终点下行方向右手侧。

（7）当侧滑推雪员到达结束区（推雪工作完成）后，立即以团队形式到索道下站签到。

（8）当侧滑推雪员到达索道上站时，推雪负责人应已在索道上站。

（二）滑行

实际进行滑行推雪时，推雪负责人必须保持对其滑行团队的控制。所有滑行推雪工作必须在有效的团队组织下积极进行。推雪负责人及时确定滑行（移动积雪）的人力物力需求和相关信息（何时与何地），以便有效地移动积雪。

（三）赛事前

推雪负责人及其助理（侧滑推雪员停靠站负责人）必须定时通过赛道，并基于起跑间隔，找到赛道沿线上赛道工作人员停靠站的安全地点，同时与赛段领导就该地点协商一致；应该在 B 类防护网上或其后面用旗帜适当地标记每个赛道工

冬残奥运动员（和领滑员）在染色后的雪道上疾驰

作人员停靠站。推雪负责人及其助手必须与所有侧滑推雪员共同进行视察，向他们指明每个停靠站的位置，并确认每个人都已清楚掌握。

1. 良好天气下的工作

良好天气（无降雪）下，在检查过程中，若比赛路线外部和旗门周围已形成积雪，必须在比赛前清除这些积雪。前几天移动的积雪也可能需要再次移动。

2. 恶劣天气下的工作

如果遇到下雪天或非常温暖的天气，推雪团队需要与赛道长密切合作，以协助进行除雪工作。必须首先将积雪移离 A 类防护网和 B 类防护网 1.2m。然后，必须在清除比赛线路的积雪之前，清理远离比赛线路的区域。例如，可以将赛道分成 4 个部分，首先移出外侧 2 个部分的积雪，以腾出空间、移出内部 2 个部分的积雪。有时可能无法将所有积雪彻底移出赛道。在这种情况下，可以把积雪移到远离赛道的区域，并利用"千步"（许多很小的侧步）将积雪压实。如果天气非常暖和（尤其是在夜间），未经特别许可，侧滑推雪员不得进入赛道。在温暖的天气下，侧滑推雪员有时不需要进行推雪工作，但是需要在压雪车无法工作，且雪又未遭严重破坏的地方帮助压雪。这时，侧滑推雪员需要排成几行，然后小步仔细地侧向踏步压雪，以防止赛道出现凹凸不平的雪包。

（四）高速滑行推雪团队

选择一组侧滑推雪员（3~6人），在起跑前30分钟时于起跑处集合。在比赛开始前约15分钟，该组侧滑推雪员以团队形态在比赛线路上滑行推雪。其目的在于推走比赛线路上剩余的散雪。推雪时为高速滑行，但不得以比赛速度进行，必须以受控速度连续从起跑线滑行到终点线。高速滑行团队必须做好准备，并随时待命。

（五）比赛期间滑行

（1）每个推雪员停靠站需指定一名配备有无线电装置的负责人（赛道推雪负责人助理）。

（2）推雪员停靠站的负责人（赛道推雪负责人助理）负责解释间隔变化或下方邻近赛段需要做的工作。

（3）比赛期间需要的侧滑推雪员更少。在此期间，侧滑推雪员分成两队工作。在"赛道准备检查"之前，团队预先定位到赛道上的各个停靠站。每当一名运动员经过一个推雪员停靠站后，该站即派出一组侧滑推雪员（两人），滑行推雪至下一个停靠站，如此分段完成赛道的清理。

（4）除非另有指示，要求滑行较宽路线或较窄路线，否则推雪团队需沿着前一位运动员的滑行路线快速移动，将其滑行留下的痕迹"擦掉"。

（5）参赛者通过推雪员停靠站后，推雪团队快速地进入赛道，并在下一个停靠站快速地退出赛道，但是在这种情况下不得对转播区域形成干扰。切勿滑行超过一个赛段。

（6）如果听到"赛道声"，需立即离开赛道。因为这意味着参赛运动员在赛道上，并且就在附近。

（7）保持安静，以便辨别声音方向。

（8）在赛道工作人员停靠站时，应保持安静，特别是停靠站距离电视媒体转播的摄像机和麦克风不远时。

（9）残奥赛时，当视力受损（Ⅵ级）的运动员比赛时，需保持赛道安静。

五、A类防护网工作组

A类防护网工作组必须从安装期到操作和解散期始终负责A类防护网项目。

（一）赛前

（1）备齐库存清单、工具、人员和材料检查。

（2）确定每个A类防护网线路上坡方向的A类防护网工作组的位置。

（3）检查各A类防护网线路的张力，必要时采取措施维持该张力。

（4）检查各A类防护网线路的弧度，必要时重新安装和重新张紧此线路。

（5）检查滑动裙板处是否缺少积雪。

（6）检查赛道A类防护网网裙处的积雪是否过多，是否需消除积雪，向赛道长汇报情况，必要时请求支援。

（7）检查防护网后的积雪情况，并用滑雪板消除压力。

（8）检查 A 类防护网后约 5m 的安全区域。如果存在任何障碍物，如树枝上的雪球等，需要去除这些障碍物。

（二）比赛期间

（1）始终留意是否有旗门需要维修的情况出现（运动员摔倒造成旗门被破坏时，很可能同时造成 A 类防护网被破坏），随时准备修理 A 类防护网。

（2）A 类防护网工作组在起跑处必须有几个备用团队，以便在某个停靠站的人员进入赛道工作（完成工作后须向下滑行离开赛道），该停靠站出现人员缺口时，配合补位。

（三）赛后

（1）修理 A 类防护网，并检查预报的次日降雪量。

（2）如果预报天气恶劣，需要准备推雪用的滑雪板，以及运雪的溜槽。

（四）拆除

（1）将 A 类防护网勾起，后卷起、系住，并用苫布等盖住，以防止在夏季被晒伤。这可以使 A 类防护网在更长时间上保持原有形状。

（2）在风区，如果 A 类防护网不拉紧也不卷起，起风时，许多塔架可能会发生崩塌。

六、充气防护垫工作组

（一）赛前

（1）备齐库存清单、工具、人员和材料检查。

（2）为鼓风机提供燃料。

（3）根据赛会安全报告，检查所有充气防护垫。

（4）准备备用充气防护垫，以便更换损坏的充气防护垫（如有必要）。

（二）比赛期间

注意是否有充气防护垫需要维修，随时准备修理充气防护垫。

当天的比赛结束后，充气防护垫工作组需要为次日的比赛做准备，进行设备维护。

七、起点基础设施工作组

起跑区域工作组负责起跑区域的设施安装和维护，以及帮助起跑裁判控制起跑处的设备，分发号码布，进行出入控制。

（一）赛前

（1）使用压雪车塑造起跑坡道。起跑坡道的倾斜角与主坡道稍稍相反，以防有物品从起跑坡道向下滚动到主坡道。

（2）使用压雪车塑造好起跑坡道后，让积雪沉降半天。

（3）根据赛会规则建造起跑坡道。

（4）安装起跑墙。

（5）根据赛会规则安装起跑杆和防护垫。

（6）安装出发棚（即热身帐篷，为充气的暖棚）。

（7）塑造运动员起跑区域的平面。

（8）起跑杆、防护垫和起跑区域准备就绪后，用水冻结该区域，

雪道建造

并用胶带或杆件固定该区域。

（9）所有准备工作完成后，经过一夜的时间让整个区域冻结。

（10）在出发棚内部安装桌椅等设施。

（11）按照起跑裁判或仲裁组成员事先同意的计划安装 B 类和 C 类防护网。

（12）如果预计天气暖和，在起跑区域周围铺设橡胶垫。

（13）设置白板、号码布支架和滑雪板架。

（14）确保该区域的人员安全，围栏、设备（计时计分系统、线缆）安全等。

（15）如果有足够的空间，进行所有起跑点，包括第一和第二备用起跑点的预安装（安装出发门、出发棚、计时计分系统、线缆等）。否则，将设备运输到该起跑点位置，并将其储存在防护网外部的安全区域，以便仲裁组决定切换到第一或第二备用起跑点时，在 30 分钟内安装好起跑点。

（二）比赛期间

（1）服从起跑裁判的命令。

（2）为起跑裁判准备起跑名单。

（3）准备起跑无线电装置的备用电池。

（4）实施起跑区域出入控制。

（5）将号码布发给运动员或其运动队的工作人员。

（6）根据国际滑雪联合会的规则检查运动员的设备（不接触运动员）。

（7）呼叫运动员到达起跑点。

（8）跟踪白板上的比赛结果和排名。

（9）如果天气暖和，使用盐或其他化学品使积雪变硬。

（三）赛后

（1）如果起跑处移到其他地方，重新确定起跑点位置，并在该处

（预）安装起跑点。

（2）如果沿用当前起跑点，确保该区域的人员安全，围栏、设备（计时计分系统、线缆）安全等。

（3）修理设备，并为次日的比赛做准备。

八、结束区工作组

结束区工作组负责结束区的设施安装和维护，以及帮助技术运营经理、终点裁判控制终点的设备，收集号码布，进行出入控制。

（一）赛前

（1）使用压雪车塑造结束区地形。

（2）使用压雪车塑造好终点区域后，让积雪沉降。

（3）根据赛会规则，人工搭建结束区混合围栏等安全设施。

（4）标记终点水门的位置。

（5）按照商定的计划标记充气防护垫的位置。

（6）按照计划安装充气防护垫。

（7）按照计划安装混合区屏障和其他终点设施。

（8）安装 C 类防护网。

（9）放置橡胶垫。

（10）设置白板、号码布支架和滑雪板架。

（11）确保禁止无关人员进入赛道；各业务领域在各自的位置各司其职，作业不混乱；各种设备设施安全设置达标等。

（二）比赛期间

（1）服从技术协调经理或终点裁判的命令。

（2）为终点裁判准备起跑名单。

（3）准备终点裁判的无线电装置所需的备用电池。

（4）实施混合区和终点区出入控制。

（5）将号码布发给运动员或其运动队的工作人员。

（6）跟踪白板上的比赛结果和排名。

（7）如果天气暖和，使用盐或其他化学品使积雪变硬。

（8）提供颁奖仪式援助。

（三）赛后

（1）重新压雪、修整雪面。

（2）确保修整过后的赛道保持清空，无人员进入破坏雪面。同时确保作业人员安全，压雪车工作时周围没有无关人员。

（3）修理设备，并为次日的比赛做准备。

九、人员在赛道上的移动

随着世界级滑雪比赛所需工人数量的不断增加，坚持执行赛道上工作人员移动的计划变得至关重要。必须严格管控工人的移动，否则大量人员在赛道上移动将对赛道造成严重破坏。

（一）工人的移动

（1）在早上的工作中，只将必要数量的工人派往任务所在赛段。

（2）如有可能，从底部赛段开始完成派送，而后逐次向上部赛段延伸。

（3）赛道工作人员利用"工作

人员通道"从赛道外进入赛道开展工作，尽可能减少人员在赛道上的停留对赛道雪质的破坏。

（4）所有赛道工作人员均时刻与其团队互相支持，不可与团队分离。

（5）当在山上移动时，只在必要时协助所经过赛段的工作，以免在赛道上的移动破坏其工作成果。

（6）除非被分配了任务，否则不要离开值守位置。

（7）滑行推雪时保持侧滑或犁式推雪行，切勿转向，以免在赛道上留下转弯的痕迹。

（8）快速移到指派前往的赛段，确保到达正确的赛段。

（9）保管好工作需要的工具。

（10）完成指派的任务后，务必由距离最近的工人出口处退出。

（11）赛段工作组的工人，务必保有足够的时间进行"赛道准备检查"。

（12）除各赛段工作组之外的其他赛道工作人员，在进行"赛道准备检查"之前务必退出赛道或退至栅栏后。赛道准备就绪后，只采取向山下移动的方式退出比赛场地。

（13）检查滑到指派任务所在赛段的路线。

工人到达所属赛段时，要到赛段领导处报道，以便领受具体任务。在比赛期间，只有旗门裁判、赛段工作组、赛事／赛道安装员和侧滑推雪员可以留在栅栏之间。其他赛道工人必须退出赛道。

（二）比赛期间

"赛道准备检查"完成后，确保

只有旗门裁判、赛段领导及其工作组、赛事／赛道安装员和侧滑推雪员位于栅栏之间，其他人员（如 A 类防护网工作组和充气防护垫工作组等）均留在栅栏后。

除非已发布"起跑停止"命令，否则赛段工作组不可冒险进入赛道。如果参赛者摔倒，除非赛事长已通告"赛道清空"或"赛道占用"，否则任何人不得移动。相关指令下达后，赛段工人可以开始修理 B 类防护网、A 类防护网和充气防护垫。在预定的比赛停止时间段（如预定的出发间隔、预定的广告时间等），赛段工人可以进行正常的赛道维护工作。赛道维护工作完成后，赛段工人必须快速返回到其停靠站。

（三）赛事／赛道安装工作组

除非发生特殊情况，赛事／赛道安装工作组必须留在停靠站。如果参赛者摔倒，在赛事总监清除障碍之前，不可移动。随时准备行动，修复损坏的杆件和门旗。如果需要修复旗门或旗门杆，必须快速完成修复，并移动到赛道侧面的安全地点。可以跟在参赛者之后直接到达下一个赛道工作人员停靠站。

确保拥有完成工作所需的全部工具，包括但不限于钻机、旗门钥匙（即拧杆器，帮助把旗门杆旋拧入雪面的工具）、雪楔、额外的门旗、雪楔锤和替换旗门等。在比赛期间，工具要始终不离身。工作组只有几秒钟的时间来完成工作，然后转移到安全的地方。

正常情况下，赛事／赛道安装

工作组不应对运动员摔倒做出反应。这应是赛段工作组的任务。

（四）侧滑推雪员

在比赛期间，侧滑推雪员移动最多，因此相关管理工作必须对其保持最高关注度。侧滑推雪员按照仲裁组计划，每 2~3 人一组，在运动员正后方保持成组状态快速移动，沿着比赛路线滑行到下一个停靠站。侧滑推雪员必须快速滑行，从而确保能够为下一次滑行做好准备，同时避免被下一位运动员赶上。

侧滑推雪员不可在停靠站停留，因为这会导致阻塞并与其他滑行人员发生交通拥挤。当到达赛道底部时，需立即返回到电梯顶部，并进行签到；不必帮助进行旗门修理或 B 类防护网修理。在停靠站保持安静，并听从指示。侧滑推雪员必须有很好的时间意识，以确保在下一位运动员之前安全地到达下一个停靠站。

（五）教练员 / 技术人员

因为各个国家队工作的专业教练和滑雪技术人员都是经验丰富的滑雪比赛老手，在运动员察看赛道线路前，教练员和技术人员通常会在早晨进行赛道准备检查。在进行"赛道准备检查"时，大多数教练员都会到位。由于相关人员是仓促到位，加之教练员们经常多人一起滑行，而且动作很快，"赛道准备检查"的局面可能相当混乱，甚至可能是危险的。在比赛期间，不允许教练员或滑雪技术员沿着赛道下滑。为确保跳跃安全，必须阻止教练员或技术人员走赛道路线，以减少对赛道的损坏。

03 | 第三节 赛道管理

一、日常赛道修复

现代滑雪比赛的速度与力量是超乎常人想象的。强大的压力通过滑雪板转移到雪面上，每天会对比赛路线造成损坏，同样会对与比赛路线伴行的运动员滑行通道造成损坏。这些损坏大部分是比赛期间发生的正常磨损。赛道工作人员需要进行赛道地形修复、整体压雪车压雪及赛道表面平整、推雪等雪表面的维护和修复。由于速降比赛和超级大回转比赛的速度非常快，通常规定仅在"出发停止"期间才能进行赛道修复工作。这段时间参赛者不在赛道上。工作完成后，工作人员返回安全区，并宣布赛道"清理完毕"，而后比赛继续。

由于回转和大回转的速度相对较低，在前后两名运动员的出发间隙进行赛道维护工作是很常见的。在这种情况下，工作人员必须在运动员进入视野之前完成工作并退出赛道。确保赛道工作人员和运动员的安全是所有赛道作业的重中之重。

在进行比赛赛道维护时，会遇到几种独特的雪扰动现象。相应修理工作的工具为谷物铲斗（详见下文介绍）和雪铲。必须彻底铲除下至硬层的整个周围区域，包括旗门正下方的区域；必须在运动员察看赛道线路后进行。

1. 雪孔

雪地上有孔洞对于运动员而言非常危险。雪地上有孔洞的原因多为参赛者在同一地点对滑雪板施压，突破雪地上的薄弱层或磨损区域。洞通常仅出现在比赛路线上旗门的正下方，可能会造成运动员腿部损伤，并扰乱几个旗门的比赛路线。

对其进行修理的第一步是要铲除孔洞的下坡边，扩大其在比赛路线方向的长度；深度超出周边雪域1m，不要过深。第二步是要在比赛路线上坡方向上加长。深度超出周边雪域1m。第三步是向旗门内侧挖掘，深度与周边水平相称。

2. 颤纹

颤纹是指积雪上类似于洗衣板的小波纹，在这些小波纹上滑行通过时滑雪板会发出颤动的声音。颤纹是运动员侧向滑行，滑雪板边缘压紧雪面、释放压力的颤振留下的痕迹；出现在旗门上方或下方，通常没有太大影响；修复时使用雪耙耙齿的齿侧，平滑整个区域，刮擦去除颤纹（顺纹操作）即可。

3. 犁沟

犁沟是指比赛路线雪地上的长凹槽。它是由于软雪在参赛者滑雪板压力下产生变形而出现的，通常出现在旗门上方、下方和附近的比赛线路上。如果犁沟底部陡峭，有可能使运动员腾空，并在下一个旗门处滑入"迟转线"。通常可以不用理会，如需修复可采用与修复雪孔相同的方法。

4. 双犁沟

双犁沟指雪地上与比赛路线交叉的两个平行的短犁沟，是由于运动员双脚撞击，给滑雪板上施加转向压力形成的，有可能使参赛者失去平衡。修复时用钢铲清除两个犁沟之间的颠簸路线即可。

5. 雪堤

积雪从比赛路线滑到赛道正外侧停留即为雪堤。雪堤通常出现在春天，因为赛道上的雪在春天会变软，并且赛道会经常被新的降雪覆盖。如果参赛者处于迟转线上，可能导致其滑雪板陷入软雪堤，以致发生翻滚碰撞，非常危险。修复时需要用铁锹或雪耙将整段雪堤完全铲除或平整，并将过量的积雪填补或扩散、混合到周围积雪中。

6. 旗门周围的雪堆

回转旗门转向杆底部周围若有积雪，会导致转弯底部和周围区域形成危险的坡道（有时也出现在旗门外侧）。如果运动员摔倒，滑入旗门，雪堆坡道可能将他们抛向空中。旗门可能不会被撞倒，而旗门杆弯曲的部分可能折断，伤害到运动员。

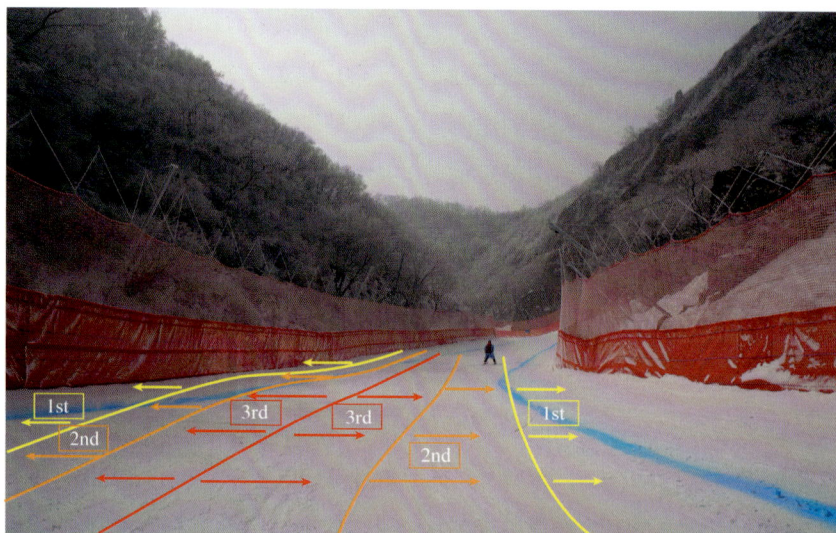

比赛线路上浮雪的清理顺序

清除坡道积雪的步骤

二、除雪

去除比赛场地积雪的工作并不复杂，但有必须遵守的关键原则。多年来，人们开发了以下策略来简化整个除雪过程。

（一）策略

1~3cm 的小型降雪通常可以从赛道上滑落。较厚的 5cm 降雪需要采取一些策略予以去除。30cm 的降雪需要采取重大策略去除。

1. 首先清除比赛路线外部区域的积雪

如果直接在比赛路线上滑行并铲除积雪，将导致比赛路线外侧，即运动员滑行路线外侧形成一个无法移动的巨大雪堤。所以，必须首先彻底清除比赛路线外部区域，从而提供一个清晰和开放的空间，以便移走比赛路线上的积雪。

2. 首先清除坡道低线／底部的积雪

清除斜坡或横坡上的积雪时，需要有空间容纳从坡上部推下的积雪，因此必须先清除坡下部区域的积雪，并且清除下部路线时，需要增加

30%~50% 的清除区域。

3. 除雪的主要目的是限制不必要雪堤的形成

前述策略有助于限制雪堤的形成，而雪堤一旦形成，由侧滑推雪员将之移走将很困难，通常需要使用机器或雪铲。将积雪汇集到栅栏附近，用带吹雪机的压雪车进行清理，确保竞赛区域内没有雪堤。

4. 将积雪移离比赛路线并移入小型飞溅区，或者使用积雪储存区

飞溅区是运动员通常不会进入的区域，除非他们摔倒并滑入其中，因此可以考虑用于储存少量积雪。由于时间太短，可以通过侧滑推雪或使用带吹雪机的压雪车将多余的积雪移到这些地方并将其压实。有大量积雪需要处理时，也可将之移到这些区域，使用带吹雪机的压雪车进行处理。此外，也有一些指定的区域可以储存积雪。将积雪收集到这些区域之后，必须对其进行压紧和平整。不得有任何团块、雪堆或隆起从周围的积雪中突出。

5. 只移动需要清除的积雪

除雪工作的一项重要内容是确定哪些区域不需要清除积雪。这些区域可以在一天的比赛后处理。

6. 其他原则

（1）尽可能减少人员移动

每个人在赛道上移动时，在某种程度上都或多或少地移动了积雪。人数越多，积雪越软，积雪的移动便越多。积雪越硬则积雪移动越少。为此，必须仔细控制比赛场地内所有工人的移动。应尽可能频繁地使用工人路线和出口。

侧滑推雪员在长陡坡上可以加快速度，比较容易推下大量的积雪。中等坡道对于除雪最有挑战性。

（2）共同努力

在所有除雪操作中，均需要注意优化劳动力配置，始终确保工作进度合乎逻辑，保持工作流程高效。赛段之间保持沟通，以确保工作高效。要避免发生一个区域已完成积雪清除后，另一组人员或赛段又将积雪倾倒在该区域的情况。

（3）清理所有赛事的雪道

在除雪操作中，通常只清理当天赛事的比赛路线。同时，还必须对比赛场地进行的所有赛事予以考虑。例如，在第二天将举行超级大回转比赛时，只清理下半部分坡道的比赛路线是没有意义的。因此，要以确保当天比赛的举行为重点，同时兼顾随后几天赛事的需要。

（4）清除雪堤和雪堆

任何的工人移动都将制造雪堤和雪堆，而任何雪堤和雪堆留在比赛场地内都是非常危险的。运动员或工人快速下坡时撞上雪堤和雪堆，都可能会翻倒和发生严重撞击。除雪的目的之一就是限制任何雪堤和雪堆的形成，并彻底清除雪堤和雪堆。

（5）危险区域

比赛滑行路线的起跳点、着陆点附近区域和各转弯之间的区域若有软雪积聚将非常危险，要特别注意。当运动员转弯时向滑雪板施加压力，可能突破该柔层积雪，产生一个洞或犁沟。当在松软的雪地上

起跳和着陆时，运动员可能"扎进"松软雪面并前扑，以致摔倒。

必须格外注意检查这些区域，以确保将所有积雪清除、露出坚硬的赛道表面。软雪被压紧时，可能会造成混淆。这种压紧的积雪虽然硬度足够支持比赛，但是仍然必须彻底清除。工人的移动推动和压紧积雪，从而导致积雪大量堆积的情况是很常见的。小隆起物、凹陷、洼地和平坦区域的背面往往积聚着大量的积雪。

（6）机械作业

虽然压雪车的使用存在一些局限性，例如有些区域压雪车无法进入、人员暴露的区域、转播平台不适合压雪车工作，但应该尽一切努力使用压雪车清理赛道。在大多数情况下，用机器除雪比用手除雪更有效。

（二）铲雪

顶级滑雪运动员能够在比赛中进行精确"表演"的一个保障因素正是岩石般坚硬的积雪表面。以100km/h的速度冲下赛道斜坡需要完美的积雪表面——很少有颠簸或波纹，表面绝对没有软雪。比赛路线上松散的软雪会带来安全问题。由于国际雪联赛事对赛道积雪表面状况有严格要求，赛事组织者经常需要许多工人用雪铲清理赛道。在进行铲雪作业时，有几个确保实现最佳效率和质量的要点。

1. 团队

铲雪队员应该并肩作战，以清除一大片积雪，而不是单独铲雪。团队应该从高处开始，向下坡方向

展开工作；应匀速作业，照顾速度慢的成员，确保没有人落后，避免团队分散。铲雪时不要将积雪抛向队员身上，或者抛向刚清理过的地方。

2. 工具

铲雪时，通常使用三类雪铲。谷物铲斗最适于清理A类防护网上的积雪和陡峭地形的积雪，在将积雪从一个地方吊装到另一个地方时使用。车道铲最适合于团队合作项目使用，在将松散的积雪刮离赛道表面时也非常有效，最适用于平坦到中等坡度的地形。小钢铲用于在表面硬化或结冰的赛道去除小的颤纹。雪耙用于将少量积雪推出赛道，清除赛道表面的松散积雪，进行一般赛道维护以避免形成颤纹和凹槽。

铲雪的关键是清除积雪直到露出预先准备的硬雪层或赛道表面。无须挖进或穿过该硬雪层，否则可能会起反作用，因为会产生一个洞，以致必须进行修复。只使用谷物铲斗和车道铲，可以很容易地清除不必要的顶层软雪，且不会损坏硬雪层。可以通过雪铲发出的声音判断是否到达了硬雪层。

3. 旗门周围

铲除旗门周围的积雪非常重要。通常，顶级运动员的滑行距离足以撞上旗门，其滑雪板距离旗门非常近。即使在运动员察看赛道之前已清除旗门处的松散积雪，在察看过程中也可能快速积雪。因此，在检查结束后派遣工人清除旗门外的积雪非常重要。门铰链应处于雪平面，将松散积雪清除到硬雪层非

常重要。不要挖进硬雪层。

4. 检查

大部分积雪清除工作在运动员察看赛道之前完成。但是，在运动员察看赛道时，有些工作可能需要继续进行。如果发生这种情况，必须尽一切努力避开比赛路线，以便运动员获取对赛道清晰的认识。运动员明确路线后，铲雪队可以返回到赛道上，清除剩余的松散积雪。在检查过程中，大量教练员和运动员在比赛路线上滑行，将导致产生雪堆，必须清除这些雪堆。

5. A 类防护网

通常，A 类防护网安装在陡坡底部。必须清除该处所有过剩的积雪。除雪完成后，A 类防护网两侧的积雪应该处于相同水平。A 类防护网后部的积雪不得高于前部的积雪，反之亦然。清除该处的积雪时，有几种选择要考虑：

①在防护网下面安装冰雪滑道和逃生口，是最有利于快速除雪的选择。

②使用小型吹雪机除雪，是应对小降雪或者将积雪移离 A 类防护网时的选择。

③利用压雪车搭载的吹雪机将积雪吹离防护网。

6. 冰雪滑道

快速移走大量积雪的方法之一是使用冰雪滑道。通常的做法是在 A 类防护网周围使用冰雪滑道，但是当积雪变得非常多，导致其他除雪方式效率低下时，也可以将之用于从赛道上的其他区域移走积雪。冰雪滑道主要有两种类型，一种是曲线式，即在 A 类防护网下或坡道的另一侧改变方向；另一种是直线式，即使用赛段形成长路线，以长距离移走积雪。

（三）吹雪机

目前，可用两种类型的吹雪机执行除雪任务。一是将大型吹雪机连接到压雪车上，用于重载工作，这种机器组合称为吹雪机。二是小型吹雪机。压雪车上安装的吹雪机运行时会产生大的雪云和大量噪声。因此在吹雪机运行时，保持远离吹雪机非常重要。

小型吹雪机通常用来清除 A 类防护网的积雪，并移动小型雪堤。其间需要始终遵循正确的操作程序。一是不可使吹雪机承受压力。二是运行时，必须确保操作人员、设备和松散物品远离吹雪机。如果吹雪机看起来不能正常工作，应关闭电动机，检查并在必要时更换剪力螺栓。完工后把油箱加满。

三、雪硬化剂

有时候，雪硬化剂是在恶劣天气条件下拯救比赛的最后选择。通常，当气温高于 0℃，积雪温度在 0~0.5℃时，积雪很湿，采用雪硬化剂非常有效，并且仲裁组将决定什么时候和如何使用硬化剂和水。使用雪硬化剂只是特殊情况下的一个临时解决方案。

1. 使用硬化剂的准备工作

按照最坏情况制订计划；在准备比赛前将硬化剂储存在干燥的安

全区域；比赛过程中，准备沿着坡道进行本地（赛道外部安全的地方）储存；要准备好浇水软管，因为如果雪地上没有足够多的水，需要人为加水；参赛队伍的教练随时可能要求对训练雪道使用雪硬化剂，对此需做好准备。

2. 如何使用硬化剂

硬化剂通常手工散布，但也可以使用机器来完成，重点是不要散布太多。每个硬化剂颗粒有其影响范围，如果散布得太近，会出现融化现象，也即出现与目标相反的情况。

3. 正确应用雪硬化剂的技术

散布硬化剂的工作要组织有序；在路线上成排工作；均匀散布；有规律散布非常重要；不要停顿（尽可能少停下来）；让盐静置；不要停止撒盐；撒盐后只做轻微表面处理，不要破坏撒盐后的雪面；切记每次只撒少量的盐，分十次撒优于一次性散布太多。不得在赛道以外使用雪硬化剂。特别需要注意的是，需要使用硬化剂的情况并不完全相同。必须检查积雪硬度、积雪和空气温度、空气湿度和积雪湿度等。例如，有时候需要打破小范围的硬雪层，以便将硬化剂输送到底部柔软的湿雪处。

4. 硬化剂的选择

雪硬化剂的使用必须合法合规。最常见的雪硬化剂是化学肥料（硝酸铵，例如 PTX）、尿素和氯化钙，或者是盐，包括岩盐、海盐和蒸发盐（氯化钠）。

盐具有明显的优势：盐是天然的；储存、运输方便（无危险等级）；不会过期；改变颗粒大小容易，能够针对不同赛道要求、天气状况、雪质等因素匹配最优的雪面硬化方案、合适的散布时机；无施肥效应（盐会随着雪的融化而消融，因此夏季草甸中不会有盐残留）；价格低。

撒盐会引起化学和物理效应。因此，专家们总结了 4 种不同粒度的盐的用法。非常粗的穿透深度最深（大于 50cm），作用时间最长（约 3 天），但反应时间最慢；比较粗的穿透深度中等，反应时间较快，作用时间稍短；中等粒度的穿透深度不太深，反应时间很快，作用时间不太长；细的仅对积雪表面产生影响，响应时间仅需几秒钟，作用时间短。通过重复和仔细地施用正确的盐粒，赛道可以保持坚硬达 1~2 个星期。瑞士研究表明，多数硬化剂会溶于水或蒸发，仅有约 15% 的散布雪硬化剂会进入地面。1~2 年后，雪硬化剂即可自然代谢掉，自然环境可从其影响中恢复。

5. 硬化剂的有效性

硬化剂在下列情况下无效：在天然积雪（干燥、新鲜的）中；下雪时；积雪里的水太少时；硬化剂散布太多时；积雪已固定时。此外，雾会降低硬化剂的效果，所以硬化剂在晴天使用效果更好。

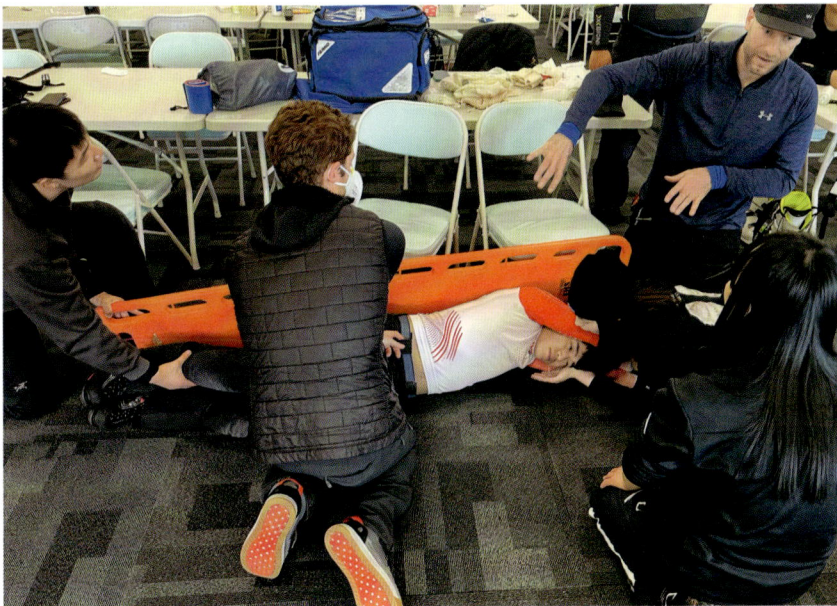

外籍救援专家讲解赛道救援技能

04 | 第四节　其他保障工作

一、医疗

为了覆盖所有意外情况，国际大赛均会要求实际比赛期间在现场提供一架医疗直升机。如果仲裁组认为运动员遭受严重伤病，可以使用这架直升机。医疗直升机通常驻扎在赛道底部附近一处可供其安全着陆的区域。在大多数情况下，受伤的运动员先在事故现场得到稳定，然后被运送到直升机上。此外，山上也设有着陆区。这些区域会清晰标记，并用围栏隔开。这可以使直升机能够在事故现场上空盘旋，并降落在危险区（可能有很多人员经过，因此伤员不可长时间停留，必须尽快被转移疏散的区域）；此种情况下必须将受伤运动员运输到危险区。

如果人员在医疗直升机疏散范围中或其附近，需要遵守一些重要规则。

（1）听从和遵守现场负责的医疗巡视队长给出的任何指示。

（2）在医疗紧急情况下，任何为了看得更清楚些而采取的不必要的行动都不利于疏散。

（3）直升机可能制造出强下拉气流。通常，直升机下方和下坡区域受影响最大。要确保所有宽松衣服、充气防护垫、B类防护网、帽子、背包和工具不会被吹走。

（4）可能需要把B类防护网拖到地上，以减小直升机的风效应的影响。疏散后，必须尽快将其恢复到原来的状态。

（5）一旦疏散完成，仍然要恢复比赛，要使比赛场地或训练场地快速恢复其原有状态。

二、无线电装置

成功举办赛事的一个重要保障因素是清晰沟通的能力。高山滑雪的场地为室外，因此移动地面电话（有地线）是不适用的。工人之间使用双向无线电装置进行沟通。无线电装置正确使用时是一个强大的工具，但若使用不正确则会达不到预期效果。该系统由手持式无线电装置和中继器（如需要）组成。中继器一般位于高山上，才能保证发射和接收信号成为可能。

（一）设备

手持装置由无线电装置、电池和天线组成，也可能会配备有远程麦克风和无线电胸式伞包。电池一般情况下可以正常使用一整天，但工作人员仍需随身携带备用电池。如果保暖良好，电池将能持续工作更长时间。保持将无线电装置放在夹克衫内，有助于电池保暖。一天结束后，必须为电池充电。

（二）频道

奥委会将使用几个主要无线电频道，以便仲裁组和工人沟通。基于赛道工人的组织结构规划频道数。仲裁组和计时计分系统使用的无线电频道不能与赛道工作组和场馆运行组直通。

一个频道作为赛道工作组频道，在赛事进行过程中主要用作"仅收听频道"，即通过该频道广播赛事状态、赛道保持情况及其他重要信息。不允许在该频道上呼叫或保持对话。

"谈话频道"是大部分赛事设置业务所使用的频道。早晨的大多数沟通均在该频道进行。在比赛进行过程中，该频道将由赛段领导助理和侧滑推雪组协调员节约使用。

仲裁组有自己的频道，即"仲裁组频道"。其他人无法收到该频道，因此所有仲裁组决定将由赛事总监通过赛道工作组频道传递。正常的比赛日运营将从所有工作组利用"谈话频道"开始。当天比赛结束后，所有赛道工人都回到"谈话频道"完成当天工作。

救援演练

第二章　CHAPTER TWO ❄

国家雪车雪橇中心运营工作

国家雪车雪橇中心的运营管理工作包括氨制冷系统等各系统的检查调试、赛道制冰工作的准备，赛事期间氨制冷系统等各类设备正常服务保障、赛道各项控制系统的服务保障、赛道修冰补冰工作，以及赛后各系统和设备设施的检修保养等。

服务工作保障团队根据北京冬奥组委和政府相关部门的指导和要求，组建团队，编制方案，进行多次演练，调整完善相关服务工作方案，实现资源标准化配置，场馆规范化服务，满足不同相关方多样化需求，确保场馆安全、顺畅运行，为竞赛提供坚强保障。

01 | 第一节　制冰修冰

雪车雪橇赛道制冰是在赛道喷射混凝土表面喷射水，从而在氨制冷系统的作用下形成冰道的过程。出发区冰道厚度约 5cm，其他赛段：雪车冰道厚约 3cm，雪橇冰道厚约 2cm。赛道制冰修冰的主要工序为制冰—补冰—修冰—清扫—洒水维护。

一、前期准备

冬季制冰修冰期内，在正式赛道制冰前，做好保温措施，确保水、电等一切条件准备就绪，避免因水管冻结堵管而影响制冰修冰进度。

由于施工现场环境较为复杂，制冰修冰沿线较长，配备交通运输车供频繁移动赛道制冰修冰工器具使用。

赛道制冰前，塔台监控、通信设备确保运转正常，以便实时监控现场

制冰修冰安全。制冷中心设备系统调试运转正常。制冰给排水系统调试完成，供水点位保温措施到位，水压满足制冰需要。在 3 号路上配置 6 辆 12t 水车作为全天 24 小时制冰移动水源应急供应点。人工清理赛道基层，清理下来的建筑垃圾归堆，统一运输至消纳场。

二、制冰师分工

（一）时段分工

自国家队进场训练开始，由于日间对赛道的使用伴随着对冰道的磨损，大面积制冰修冰时间为 5:00—8:00、12:00—13:00 和 18:00—22:00；在赛道使用期间，制冰师全员待命，对破损严重的冰面及时进行修补。22:00—次日 5:00 由制冰师负责对赛道冰面进行监管养护。

（二）区域分工

赛道共分三个作业区，出发区 1 区—C11 弯（S1~S28 制冷单元）为一区，由 8 名国际制冰师和 11 名国内制冰师负责；C11 弯—C16 弯（S29~S41 制冷单元）为二区，由 8 名国际制冰师和 11 名国内制冰师负责；C16 弯—结束区（S42~S54 制冷单元）为三区，由 8 名国际制冰师和 10 名国内制冰师负责。各区人员均全程负责赛道制冰、补冰、修冰、清扫、洒水养护等施工作业内容。分区交接处由

2 名国际制冰师搭档国内制冰师组长共同完成补冰、修冰任务。

（三）总结会管理

国家队入场后，国际和国内制冰师共同参与观看国家队训练滑行轨迹，并听取记录国家队训练意见；于当晚一起召开总结反馈会。

三、制冰修冰方案

制冰修冰工艺流程如图所示。制冰修冰工作要点见表 4-2-1。

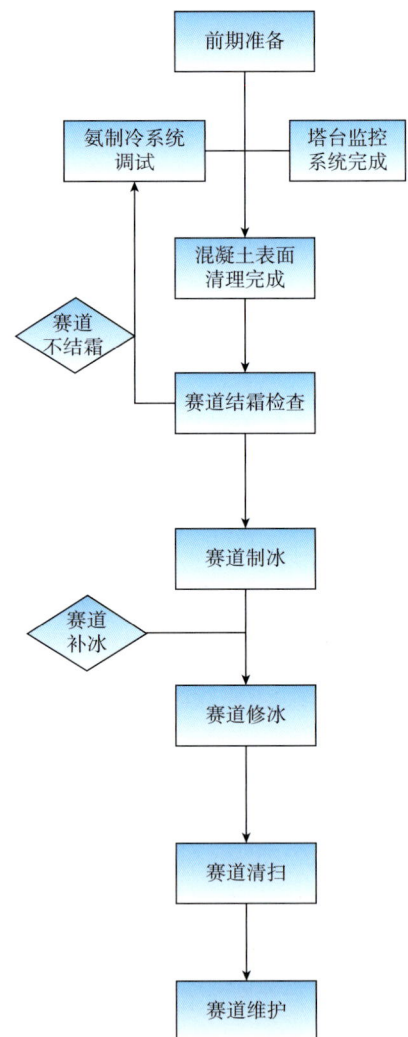

制冰修冰工艺流程

制冰修冰工作要点

表 4-2-1

项　目	施 工 要 点	施 工 措 施
温度	—	根据环境温度变化，协调制冷中心控制
制冰工程	50cm 范围均匀洒水覆盖制冰	对不同的制冰部位，在保证均匀全覆盖的情况下，控制合适的厚度制冰；平直段采用快速洒水制冰，高墙段采用缓慢洒水制冰
修冰工程	• 修冰轨迹搭接 • 修冰成型效果 • 平面修冰保证对称性 • 最后一刀收刀时，反向修冰收刀	注意观察雪车雪橇滑行轨迹，保证轨迹线的修冰面一遍成型；注意打磨保养修冰刀，保持其锋利
清扫工程	—	修冰后，及时将冰面的冰碴、霜碴清理干净；分两组进行清扫，一组初扫，一组精扫；最后洒水养护

（一）赛道清理及结霜试验

1. 赛道混凝土表面处理

通氨检测前将赛道混凝土表面浮灰、材料清理干净，采用常温水洒水浸湿，禁止无关人员进入赛道内部。若外界温度过低，洒水易因外界温度低导致结冰时，则采用温水冲洗赛道。

2. 赛道结霜试验

赛道通氨后，制冰师同制冷中心管理人员检查赛道表面是否结霜。赛道结霜表明可以制冰；若有部位不结霜则表明该部位制冰效果差，立即告知制冷中心技术负责人，采取应对措施。结霜试验完成后，及时再次将混凝土表面的霜清理干净；若有结冰现象，则直接进行制冰作业。

（二）赛道制冰工程

制冰修冰期间保持遮阳帘处于关闭状态，防止外界风、雨、阳光、雪等环境因素干扰制冰修冰。

高墙弯段的喷水制冰采用沿高墙自上喷洒，自流水成冰的方式；平直段由正面均匀喷洒制冰。一层一层喷洒水雾。喷射厚度超过要求高度（雪车冰道为 3cm；雪橇冰道为 2cm；结束区和出发区为 4~5cm，其中出发区有用专业开槽设备为赛车冰刀切割出的 2~3cm 的凹槽；具体操作中根据

喷射水雾

现场条件及国际制冰师意见调整厚度）的，用刮刀刮掉。制冰完成后快速排水，避免冻结堵塞。

冰道厚度控制的方法为：利用钻机在冰上钻孔至混凝土面，用尺子测量钻头深度判断冰道厚度是否满足要求。厚度控制点间隔 10m 左右，长段取 5 组，短段取 3 组。

赛道制冰完成后，机具回收返还库房，并迅速对给水制冰管道进行排水，避免二次使用时冻管。禁止无关人员进入冰道。

制冰工程质量检测的内容主要包括外观是否干净、无夹杂，是否平顺圆滑，冰面厚度公差是否在 ±4mm 以内。

（三）赛道补冰工程

在赛车进出弯轨迹线路和制冷单元交接位置，制冰效果差导致冰脱落处，将雪加水充分拌和均匀后，过滤掉多余水分，使用抹灰的塑料抹子进行补冰。待补冰完全冻结后，采用花洒方式缓慢洒水保护。所补冰不能有空气，可适当加厚，再修冰至圆滑。

相邻制冷单元间设置有 40~70mm 宽的伸缩缝。采用聚苯乙烯（EPS）泡沫棒填充伸缩缝（共使用约 400m），对面层采用天然融雪填充补缝。整个冰面不留设伸缩缝。

在赛道制冷单元交界处，使用 3m 长的 4.5cm×7cm 铝合金方管靠尺找平补冰。从上一制冷单元开始进行补冰，保证两个单元平滑过渡。补冰完成后设禁行标识，等待冰凝固。

补冰采用一层层修补的方式进行。时间允许的情况下，洒水制冰。补冰材料优先选用天然雪，修冰刮下来的冰碴次之。补冰完成后，机具及时回收返还库房。

（四）赛道修冰工程

赛道制冰完成后，进行反复修冰作业，根据当天冰面结霜程度确认修冰方式。

修冰时，将刮刀置于正前方，双手分别握住刀把，呈弓步站立，身体略向前倾；用身体力量修冰。

平面和高墙的冰刀修冰搭接面占刀身长的 1/2~2/3。保证均匀用力和平面修冰的对称性。

修冰成型面必须保证滑行轨迹是一道成型，禁止两道或多道搭接成型。

以刀片较高侧指向修冰方向。最后一刀时，反向修冰收刀。修冰完成后及时打扫，再洒水保护；机具及时回收返还库房。

（五）赛道清扫工程

高墙采用铲刀或扫帚除霜和雪；平直段采用铲刀处理冰坨和侧墙，使用扫把清扫雪霜，精扫至具备洒水处理条件。明确分工，保证比赛时快速清扫完成。

赛道修冰产生的雪碴、冰碴及时清理到赛道外，及时转运到指定位置。清扫完成后，机具及时回收返还库房。

共计安排 14 组人员进行清扫工作，每组 11 人，具体分工见表 4-2-2。

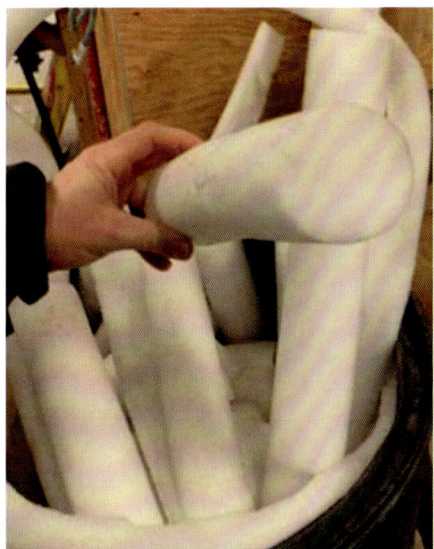

填入伸缩缝的绝缘材料

制冰师用手感受冰面平整度

赛道修冰

冰面清扫

赛道清扫人员分工

表 4-2-2

站位排序	职 责	人员安排及具体工作内容
1	扫帚清扫高墙	由 2 人组成，手持专用扫把清理高墙霜雪
2	铲刀铲冰坨	3 人组成，持铲刀处理高墙和矮墙雪霜、平面的冰坨
3	初扫霜雪	3 人组成，2 人清扫，1 人铲雪
4	精扫霜雪	3 人组成，2 人清扫，1 人铲雪

（六）赛道洒水维护

两人配合，一人控制一端开关，交错开关洒水。到结束区段上坡区时增加 2~4 人配合拖管。洒平面时需均匀快速；洒高墙时在入弯和出弯处快速均匀洒水，中部通过画圈或者上下画线的方式缓慢洒水，保证高墙赛车轨迹水分均匀即可。洒水完毕后及时排水。

赛道冰面洒水

四、质量控制要点

制冰修冰的质量控制关键点主要是：制冰密实度、冰面表观质量、制冷中心温度控制。控制点及方法为：

①严格考核制冰师，加强制冰师的练习，统一工具的使用与管理，强化质量意识，必要时邀请专家对主要工序质量严格把控及负责。

②在制冰前，认真检查混凝土表面结霜情况，发现有区域无法结霜及时联系制冷中心解决；制冷中心参考表4-2-3进行实时调整。

③当制冰厚度达到要求时，取

彩色小管埋入冰面，标记控制点。

五、施工安全注意事项

确保人员将棉帽、防水防冻手套、防水防冻鞋、专用鞋钉等劳动防护用品穿戴整齐。

冰面行走时，必须脚后跟着力。

手持操作工具木棒长度较长，作业时严禁背后站人。临时休息时，工具统一放置在赛道外；收工后统一放回工具间。

修冰、清扫作业时，留出足够的安全距离。

制冷系统温度控制对照　　　　　　　　　　　　　　　表 4-2-3

空 气 温 度	制 冰 温 度
−5℃以下	0℃即可
−5~+5℃	维持在 −5℃左右
+6℃以上	维持在与之对应的零下温度上，如 −6℃

注：最大的制冰温度不需要超过 −8~10℃；−7~−4℃是制冰速度和耐久性最佳的温度区间，可在保证安全的前提下，根据气温的不同将赛道温度降低至 −3~5℃，将霜冻降到最低。

机械设备严格按照操作规程及说明书使用，由专人负责管理。

注意水源接头的防冻；制冰水管不用后及时排空，避免冻结堵管。

喷水时喷洒均匀，一人掌握喷头，一人整理水管。整理水管的人，负责两人的制冰路线安全，控制安全距离，保证管道不缠脚。

有人员冰上摔倒，或者雪车翻车时，其他人员快速离开赛道，同时告知控制塔台，通知下方人员迅速离开赛道。待摔倒人员自行停止后，再帮助扶起。

02 | 第二节　赛前筹备工作

一、比赛服务

比赛服务主要工作任务内容包括：

①落实制冰管理制度、赛道出入管理制度、器具管理制度、使用规章制度、冰面管理条例规定。

②观察日照、室外温度、湿度、大风、雨雪等环境因素对赛道的影响，形成巡检记录表，作为赛道制冰原始依据资料。

③选拔新增制冰师，通过播放制冰视频、比赛视频等进行国际制冰师对国内制冰师的理论交底、日常体能锻炼指导等工作。

④培训期间，对国内制冰师的综合能力、个人擅长领域形成过程记录。

⑤做好制冰期间的安全交底工作。

⑥进行赛道制冰工具、器具组装，调整刀刃角度。

⑦进行赛道临水、临电检查，测试水管压力。

⑧采用 EPS 泡沫棒填充 54 个制冷单元的伸缩缝位置。

⑨开始赛道洒水制冰工作，完成后反复进行修冰工作（根据当天冰面结霜程度确认修冰方式）。

⑩调试赛道遮阳棚保护系统相关设施。

二、设备运保

制冷系统管理工作涉及制冷机房及赛道工艺系统，包括制冷工艺电气系统、自控系统、制冷及附属设备、管道设施及阀门等。

电气系统管理工作涉及的强电系统包括高低压配电室后续路由和所有配电间、配电箱（柜）、室内照明、赛道照明、园区照明、电气线路、设备供电系统、柴油发电机系统、防雷检测系统等；弱电系统包括通信、广播、监控、门禁、计时计分系统等。

03 | 第三节　赛事及国家队训练保障

为高质高效保证国家雪车雪橇中心为国际体育单项组织及各国运动员提供高标准赛事服务，确保运动员拥有高质量的滑行体验和场馆服务体验，确保国家队训练顺利进行，服务工作保障团队在国家队训练和北京 2022 年冬奥会期间严格按照北京冬奥组委、政府相关要求开展包括氨制冷系统在内的各类设备正常服务保障、赛道各项控制系统的服务保障、赛道修冰补冰等各项服务保障工作。

一、比赛、训练服务

服务保障工作每日以滑行时间计划为核心开展，工作计划与运动员比赛、训练时间相契合。具体工作包含赛道制冰修冰、遮阳棚系统运行、塔台中心运行、运动器械运输等多项内容，以及各项准备和辅助工作。

应急应对工作内容见表 4-2-4。

二、设备运保

赛前准备期和比赛期间的设备运保工作，主要是维护场地内各种设备设施的正常运转，保证赛事的顺利进行。由于制冷系统需提前于赛事开机，在休赛期赛事准备阶段即需按照赛事安排配置人员及执行相关工作。

应 急 应 对 工 作　　　　　　　　　　　　　　表 4-2-4

预测情况	应急措施
TWPS 系统发生基础设施损坏	迅速通知赛道设施组长并通知塔台； 登记报修； 根据相应故障设施问题进行处理，安排相关人员，制定抢修方案； 根据需要调集工具、设备及备件； 故障排查维修； 故障抢修完毕后，相关业务领域填写确认单
设施位置调整	迅速通知赛道设施组长并通知塔台； 登记调整移位； 根据位置安排相应人员，制定移位方案； 根据需要调集工具、设备及备件； 移位完毕后，相关业务领域填写确认单
赛道中发现工具、杂物	迅速通知塔台，暂停下一项滑行任务； 通知赛道设施组长，安排赛道服务人员进入赛道，清理工具、杂物

（一）氨制冷运行制度

服务工作保障团队按照相关法律法规和规范要求编制了齐备的安全生产规章制度和操作规程，并严格执行。安全生产规章制度包括但不限于：安全生产责任制度；安全生产例会制度；安全生产教育和培训制度；安全检查管理制度；设备设施（含特种设备）安全管理制度；检查维修管理制度；生产安全事故隐患排查治理制度；灭火器材、防护器材、劳保用品配备和管理制度；作业环境氨浓度检测制度；用电管理制度；安全作业管理制度；安全费用投入保障制度；安全生产奖励和处罚制度；应急管理制度；生产安全事故报告和调查处理制度；安全保卫管理制度；氨制冷系统重大危险源安全管理详细制度及要求；氨制冷系统重大危险源防范安全事故处理方法；氨制冷系统应急预案；针对氨制冷系统重大危险源的人员培训内容及要求；事故应急管理制度及应急处置措施；氨制冷系统事故应急预案、联动机制及疏散方案；针对项目的应急演练内容及相关要求；氨企业设计的规范清单列表；制冷机房运维期间重大危险源制度及要求；氨制冷系统重大危险源方面所有需要上墙的文件；《氨制冷企业安全规范》（AQ 7015—2018）和《液氨使用与储存安全技术规范》（DB11/1014—2013）中要求的其他相关制度及操作手册；运行管理过程需要的工作流程、操作手册等必要的管理文件；与制冷运行有关的要求（例如环保要求等）。

操作规程包括但不限于：螺杆压缩机操作规程、蒸发式冷凝器操作规程、氨泵操作规程、压力管道操作规程、压力容器操作规程、自控系统操作规程、SIS（安全仪表系统）操作规程、放油作业操作规程、放空气器操作规程、水处理系统操作规程、氨制冷系统岗位安全操作规程。

（二）应急应对工作

氨制冷系统应急处置工作包括：氨制冷系统紧急检修、备件更换、氨气检测、事故排风等。关键设备厂家技术工程师 24 小时全程保驾，其他安全事故根据《国家雪车雪橇中心氨制冷系统生产安全事故综合应急预案》组织应急处置。

CHAPTER THREE 第三章

延庆冬奥村赛事保障工作

03

延庆冬奥村（冬残奥村）是延庆赛区运行时间最长、运行连续性要求最高的场馆；所处山区冬季平均 −10℃的严寒更对赛事保障工作提出了严峻的考验。

北京国家高山滑雪有限公司作为延庆冬奥村工程建设和赛事保障项目的业主单位，承担着北京冬奥会、冬残奥会比赛期间延庆冬奥村（冬残奥村）的场馆与基础设施、清废、景观、引导标识四个领域的后勤保障工作。

从 2022 年 1 月 21 日进入延庆赛区的闭环管理状态，至 3 月 16 日延庆冬残奥村正式闭村，北京国家高山滑雪有限公司赛时保障团队的 29 名成员经历了 50 多天夜以继日的奋战，即便在万家团圆的新春佳节也仍然坚守在海陀山上；在北京冬奥会和冬残奥会期间保持"24 小时服务不打烊"，以最高标准、最严组织、最实措施，高质量完成了延庆冬奥村和冬残奥村的赛事服务保障工作，累计为 126 个代表团近 1900 名运动员及随行官员提供了优质服务，得到了国际奥委会、各代表团运动员及官员的称赞和感谢。

01 | 第一节　服务保障体系

一、安全保障"零事故"

为了保证延庆冬奥村设备设施正常运转和发生故障时及时得到抢修，北京国家高山滑雪有限公司在赛前组织各协作单位制订维修手册及应急预案，反复论证，精准演练，按照设备类型及数量采购相应的备品备件、工具材料（在进入闭环管理状态前全部采购到位）；详细制订保障人员规划，合理分配班次，在确保赛时人员够用的前提下，兼顾赛后改造人员准备的需要。

进入保障期后，基础设施领域团队加强设备设施、机房管道巡检，及时掌握设备运转情况，消除隐患；找出易冻、易损高风险区域，增加巡查频次，发现问题时，在保证使用功能无碍的前提下第一时间安排处理。赛时，受各方特殊需求及极寒天气影响，冬奥村增加了一些用电设备。为了保证用电安全，基础设施领域团队会同电力领域团队统计、排查大功率用电设备情况，对临时新增用电设备执行报备审核制度，既保证了电力系统运行安全，也保证了突如其来的大雪降温天气下临时采暖需求能够得到满足。在紧张的 44 个小时冬残奥村转换期内，基础设施领域团队对冬奥村 706 间客房展开系统性的维修检查，对 79 间无障碍客房进行重点测试，新增、修整 20 余处无障碍设施，确保冬残奥会期间冬残奥村面貌焕然一新。

延庆冬奥村（冬残奥村）在闭环状态下运行的 54 天内，共接到报修 1200 项，除个别因运动员人为损坏无法及时修复的情况外，均及时维修完成，保证了冬奥村（冬残奥村）的正常运行；未出现坍塌、触电、火情、地灾等场馆设施质量问题及安全事故。

二、赛时保障"零失误"

景观及标识团队于延庆冬奥村开村之前完成了所有冬奥景观点位的安装工作，在开村乃至冬奥会开赛后保持每天进行两次全村巡场工作，确保了无重大的牌体损坏现象发生；及时妥善处理接到的各领域维修、增补需求，做到小问题不过夜，较大问题 2 天内解决。在冬残奥村的转换期内，景观及标识团队对 40 余个点位、近百项景观造型进行调整更换，仅用 10 小时即完成 134 处标识的转换，为冬残奥村顺利开村提供了物质保障。

清废团队按照"绿色除雪、边下边除、雪中路通、雪停路畅"的原则和"先保证通行、再向外延展"的工作思路，高标准完成闭环后的三次降雪后扫雪铲冰任务；特别是在"2·13 暴雪"中，出动 128 人次，采取机械为主、人工为辅、人机结合的方式，连续奋战 25 小时，确保了赛时人员和车辆的顺利通行。

清废团队还负责冬奥村（冬残奥村）超 130000m² 工作面积内的清洁卫生，在赛事期间每天对冬奥村（冬残奥村）室外道路、露台、庭院、停车场、升旗广场、临厕、6 组团、公共组团公共区域室内以及打蜡房、领队会议室和卫生间等进行巡回式清扫保洁，对路边护栏、广告标识等街设家具进行清洗擦拭；为做好废弃物管理，采取 3 班制 24 小时的作业模式，严格按照"两袋一箱"标准，共计清理生活垃圾 21000 箱、餐厨垃圾 29000 箱，做到了各类垃圾日产日清。

三、疫情防控"零感染"

北京国家高山滑雪有限公司认真落实时任北京市委书记、北京冬奥组委主席蔡奇的相关批示，加强对服务保障人员的管理，加强疫情防控。

后勤保障全体人员按照北京冬奥组委要求每日进行核酸检测（全程所有人员检测结果均为阴性），按规定做好个人防护和消杀。冬奥村（冬残奥村）属防疫高风险区域，保障团队坚持狠抓疫情防控工作落实，每天利用晨会时机，传达学习各级疫情防控制度、规定和要求，利用晚上时间组织学习疫情防控手册；管理人员利用作业检查时机，重点对定时、定点、按流程消杀，以及个人防护等方面情况进行检查，确保制度落实到位、防疫物资保障到位、个人防护用具穿戴到位。整个赛时，基础设施领域和清废领域共计使用隔离服近 9000 套、二级防护服 150 套。

整个冬奥村（冬残奥村）按照功能、工作内容及接待类型，分为若干防疫等级不同的区域。后勤保障团队对不同的区域分别制订工作流线和防疫、防护要求；所有服务保障人员根据工作内容和工作区域穿戴相应的防护用品，尤其是基础设施领域维修、巡检人员在不同的工作场所穿戴相应防护用品，按规定流线进出工作场所，确保了人身健康安全。

通过坚持不懈地抓疫情防控管理、抓防疫制度落实、抓个人防护等，延庆冬奥村（冬残奥村）成功实现了服务保障人员"零感染"和"零事故"的工作目标。

四、真情服务"零舆情"

为了让各代表团运动员及随队官员体验到中国传统文化的独特魅力，度过一个难忘的中国新年，冬奥村酒店大堂及各个居住组团高高挂起六角造型宫灯，每间运动员公寓都贴上了春联和福字，场馆显著位置悬挂起了中国结、小灯笼、剪纸窗花等工艺品。广场区还搭建起了大型冰灯"冰长城"。它兼具形象景观和防疫隔离功能，所用冰块全部取自玉渡山风景区忘忧湖，可在白天和夜晚呈现不同的视觉效果。在冬奥村（冬残奥村）服务工作中，保障团队始终坚持以运动员为中心，为参赛运动员和随队官员提供了 24 小时不间断的保障服务，展现了中国人民热情好客的风范，给他们留下了温暖、舒适、安全、友善的冬奥印象，得到了他们真诚的点赞；也促成了整个赛会期间，未有负面舆情及不良信息出现的和谐氛围。

02 | 第二节　应急处突

一、提前谋划、准备充分

北京国家高山滑雪有限公司赛时保障团队始终坚持忧患意识和底线思维，提前规划好针对各类风险及突发事件的防范应对措施，从预案、机制、人力、物资等各方面做好充分的应急准备，在实践过程中细化职责分工、完善体系方案；强化值班值守，加大巡查力度、加密巡查频次；每日组织分析研判，发现问题及时部署、主动出击。基于提前谋划、超前部署，保障团队科学高效地处置了各种突发情况。

2022 年 2 月 10 日晚 11 时许，外国运动员不慎撞坏喷淋头，导致消防水泄漏，楼道大量漫水。基础设施团队接报后迅速出击，人员到达现场关闭上水阀门、泄水、更换喷淋头、清扫积水、进行消防管道补水，全程仅

冒雪保通

用时 20 余分钟，得到了奥委会领导及外国运动员的称赞。

2 月 11 日，气象服务部门发布了降温、降雪预报，预测延庆赛区将迎来一次持续时间长、气温下降幅度大、能见度低的降雪过程。恶劣天气不仅会给高山滑雪等竞赛项目的举行和缆车运行带来挑战，也会对赛区内人员的出行安全和居住体验带来影响。北京国家高山滑雪有限公司赛时保障团队根据预报及时启动应急预案，积极组织北京住总、中建一局、北控城服、京能集团等多家签约服务供应商，提前制定了包括供热保温、扫雪铲冰、设备设施等工作方案，力争最大限度减轻天气可能给赛事带来的不利影响。

基础设施领域团队 24 小时值班，每两个小时进行一次用电设备及线路、给水设备及管线、供暖设备等的巡检，并随时待命，准备应对突发状况；2 月 12 日降温过程中，对重点区域定时测温，及时采取措施，保证了严寒中冬奥村的供电、供热安全、稳定。清废业务领域团队及时启动扫雪铲冰应急预案，完成相关人员及物资准备，提前一天即到达预定点位开始备勤。2 月 12 日夜，大雪如期而至，清废业务领域团队第一时间对路面进行清扫，在严寒风雪中连续作业；各领域团队通力协作，在雪情挑战下保证了冬奥村人员出行和赛事的顺利进行。

二、协调配合、勠力同心

北京国家高山滑雪有限公司赛时保障团队坚持内部不分领域紧密团结、协同配合；同时与其他赛时保障服务团队及时沟通，互相给予支持，集聚各方力量，最终形成了冬奥会、冬残奥会保障的强大合力。

1 月 30 日晚，为了满足防疫要求，餐饮领域团队要连夜更换运动员餐厅餐桌隔离屏。因工具、人手不够，餐饮经理在冬奥村运营工作微信群里发出求援信息。基础设施领域团队随即派出 40 人，携带工具、分工合作、流水作业，加班到凌晨 3 点多，全面完成更换工作。

在 "2·10 漏水" 事故中，基础设施领域团队及时维修，清废领域及住宿领域团队及时支援清扫楼道积水，避免了损失扩大，保护了外国代表团的人身和财产安全。

在遭遇下水主管道因居住组团设备使用不当而堵塞的情况时，为了减少对入住各代表团的影响，基础设施领域团队选择在设备使用率低的夜间加班维修；同时，清废领域团队及时跟进清理管道中疏通出来的杂物，公共卫生领域团队及时跟进消杀，防止产生病害。

清理索道支架上的冰

延庆赛区无障碍设计及无障碍服务

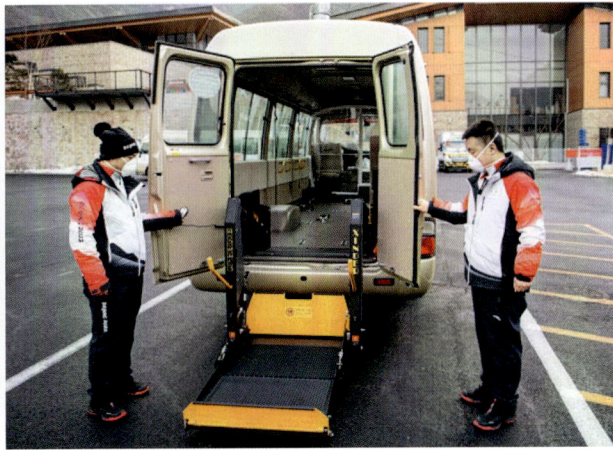

冬奥村里过春节

延庆冬奥村智能机器人"服务团队"